写真で見るソフトマテリアルの世界

Graphical Abstracts

Part 2

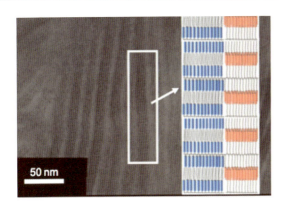

1章　液晶分子を有するスチレン誘導体の精密ラジカル重合で得られたブロック共重合体の階層構造のTEM像（p.52 参照）

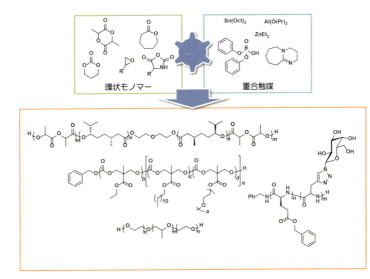

2章　開環重合を基盤とした機能性ブロック共重合体（p.58 参照）

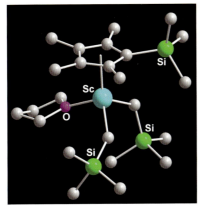

3章　ハーフサンドイッチ型スカンジウム錯体触媒の構造（p.69 参照）

4章　伸縮性をもつ半導体ブロック共重合体（p.76 参照）

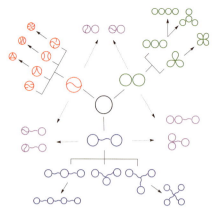

5章 環状トポロジーの系統図（Ring family tree）（p.84 参照）

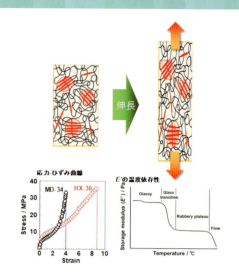

8章 セグメント化ポリウレタンのミクロ相分離構造の模式図（伸長前後，上図），応力-ひずみ曲線（左図），動的貯蔵弾性率の温度依存性の模式図（右図）（p.106 参照）

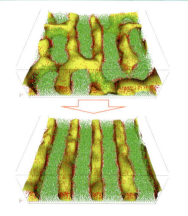

6章 DSAプロセスのシミュレーションのスナップショット（p.93 参照）

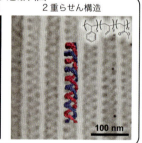

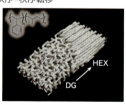

9章 電子顕微鏡によるブロック共重合体の形態変化の観察（p.116 参照）

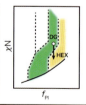

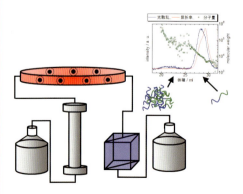

7章 SEC-MALSによるブロック共重合体会合体の解析（p.100 参照）

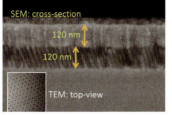
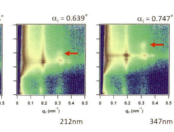

10 章 高エネルギー加速器研究機構放射光研究施設のビームライン BL15A2 に設置されたテンダー X 線領域の斜入射小角 X 線散乱装置（上段の左図）

上下構造の異なる試料（断面 SEM 像と試料表面からの TEM 像：上段の右図）からの GISAXS パターンの入射角（侵入深度）依存性（下図，赤矢印は下の構造からの散乱）．(p.123 参照)

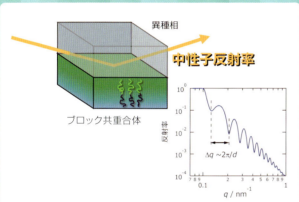

11 章 平滑な単層膜界面における中性子反射率曲線の例（p.135 参照）

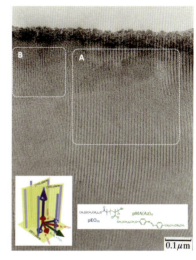

12 章 PEO-*b*-PMA(Az) の膜断面 TEM 像
2002 年春，土屋肇氏（日東分析センター）提供．
(p.142 参照)

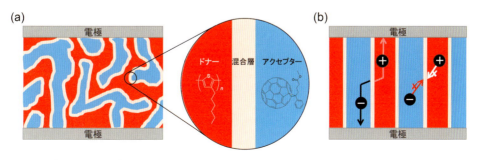

13 章 半導体ポリマー／フラーレン化合物の混合バルクヘテロ接合とその界面構造(a)，半導体ジブロック共重合体のミクロ相分離構造の模式図(b) (p.151 参照)

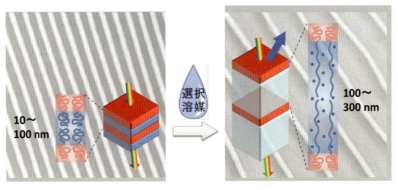

14章 ブロック共重合体膜と溶媒膨潤ブロック共重合体フォトニック膜の透過型電子顕微鏡写真(背景)とそのナノ構造模式図(p.157 参照)

15章 100%の引張変形を与えて除荷した後の試験片(p.164 参照)

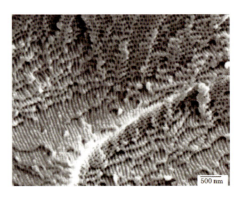

16章 エポキシ／アクリルブロック共重合体ブレンドの配列ナノシリンダー相構造(硬化樹脂破断面)(p.171 参照)

17章 不織布支持体上に形成されたモザイク荷電膜(p.179 参照)

紫色部分はメチルバイオレットで染色された陰イオン交換層(約 370 μm 厚),オレンジ色部分はメチルオレンジで染色された陽イオン交換層(約 250 μm 厚).
ソルトサイエンス研究財団平成 27 年度研究報告書, Higa et al., (2016).

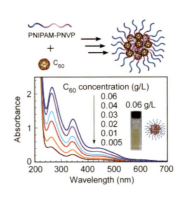

18章 水溶性の感温性ジブロック共重合体とフラーレン(C60)によるコンプレックス形成と,吸収スペクトルの変化および溶液の様子(p.183 参照)

CSJ Current Review

29

Material Sciences of Block Copolymers

構造制御による革新的ソフトマテリアル創成

ブロック共重合体の
精密階層制御・解析・機能化

日本化学会 編

化学同人

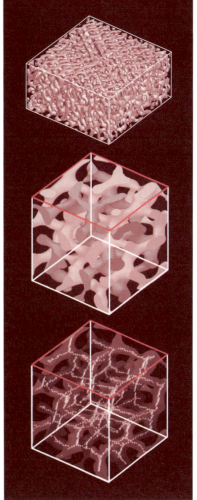

『ＣＳＪカレントレビュー』編集委員会

【委員長】
大倉 一郎　東京工業大学名誉教授

【委　員】
岩澤 伸治　東京工業大学理学院　教授
栗原 和枝　東北大学未来科学技術共同研究センター　教授
杉本 直己　甲南大学先端生命工学研究所　所長・教授
高田 十志和　東京工業大学物質理工学院　教授
南後 　守　大阪市立大学複合先端研究機構　特任教授
西原 　寛　東京大学大学院理学系研究科　教授

【本号の企画・編集WG】
石曽根 　隆　東京工業大学物質理工学院　教授
小椎尾 　謙　九州大学先導物質化学研究所　准教授
高田 十志和　東京工業大学物質理工学院　教授
高野 敦志　名古屋大学大学院工学研究科　准教授
高原 　淳　九州大学先導物質化学研究所　教授
竹中 幹人　京都大学化学研究所　教授
横山 英明　東京大学大学院新領域創成科学研究科　准教授

総説集『CSJ カレントレビュー』刊行にあたって

　これまで㈳日本化学会では化学のさまざまな分野からテーマを選んで，その分野のレビュー誌として『化学総説』50巻，『季刊化学総説』50巻を刊行してきました．その後を受けるかたちで，化学同人からの申し出もあり，日本化学会では新しい総説集の刊行をめざして編集委員会を立ちあげることになりました．この編集委員会では，これからの総説集のあり方や構成内容なども含めて，時代が求める総説集像をいろいろな視点から検討を重ねてきました．その結果，「読みやすく」「興味がもてる」「役に立つ」をキーワードに，その分野の基礎的で教育的な内容を盛り込んだ新しいスタイルの総説集『CSJ カレントレビュー』を，このたび日本化学会編で発刊することになりました．

　この『CSJ カレントレビュー』では，化学のそれぞれの分野で活躍中の研究者・技術者に，その分野を取り巻く研究状況，そして研究者の素顔などとともに，最先端の研究・開発の動向を紹介していただきます．この1冊で，取りあげた分野のどこが興味深いのか，現在どこまで研究が進んでいるのか，さらには今後の展望までを丁寧にフォローできるように構成されています．対象とする読者はおもに大学院生，若い研究者ですが，初学者や教育者にも十分読んで楽しんでいただけるように心がけました．

　内容はおもに三部構成になっています．まず本書のトップには，全体の内容をざっと理解できるように，カラフルな図や写真で構成された Graphical Abstract を配しました．

　それに続く Part I では，基礎概念と研究現場を取りあげています．たとえば，インタビュー（あるいは座談会），そして第一線研究室訪問などを通して，その分野の重要性，研究の面白さなどをフロントランナーに存分に語ってもらいます．また，この分野を先導した研究者を紹介しながら，これまでの研究の流れや最重要基礎概念を平易に解説しています．

　このレビュー集のコアともいうべき Part II では，その分野から最先端のテーマを12～15件ほど選び，今後の見通しなどを含めて第一線の研究者にレビュー解説をお願いしました．この分野の研究の進捗状況がすぐに理解できるように配慮してあります．

　最後の Part III は，覚えておきたい最重要用語解説も含めて，この分野で役に立つ情報・データをできるだけ紹介します．「この分野を発展させた革新論文」は，これまでにない有用な情報で，今後研究を始める若い研究者にとっては刺激的かつ有意義な指針になると確信しています．

　このように，『CSJ カレントレビュー』はさまざまな化学の分野で読み継がれる必読図書になるように心がけており，年4冊のシリーズとして発行される予定になっています．本書の内容に賛同していただき，一人でも多くの方に読んでいただければ幸いです．

今後,読者の皆さま方のご協力を得て,さらに充実したレビュー集に育てていきたいと考えております.

最後に,ご多忙中にもかかわらずご協力をいただいた執筆者の方々に深く御礼申し上げます.

2010年3月 　　　　　　　　　　　　　　　　　　　編集委員を代表して
　　　　　　　　　　　　　　　　　　　　　　　　　　大倉　一郎

はじめに

　精密重合の進歩は著しく，それによって多様な機能をもったブロック共重合体が数多く合成され，分子特性解析，精密階層構造制御，物性評価が行われている．ブロック共重合体は生医学材料，電子材料，分離膜材料などとして多分野で応用されている，いま注目のソフトマテリアルである．

　ブロック共重合体が合成されてからすでに60年以上が経過している．1940年代後半にPluronics系界面活性トリブロック共重合体が登場し，その後1956年のリビングアニオン重合によるブロック共重合体の合成，1960年代からの微細構造観察のための電子顕微鏡観察技術・小角X線散乱の発展，物性評価技術の発展，相分離形成理論の提案により物理・化学の両面から発展してきて80年代にはほぼ成熟した分野のように認識されていた．しかしながら1980年代後半から深化した精密高分子合成技術による多様な組成，分子量，形状のブロック共重合体の合成が可能となり，これに加えて電子線トモグラフィー，放射光X線散乱技術の発展によるさまざまな新しい相の発見とその理論的な裏付けにより，新しいサイエンスが幅広く展開されている．また90年代の後半から急速に発展したリビングラジカル重合により新規ブロック共重合体の合成が構造・物性の研究者にも身近なものになり，ブロック共重合体の科学の発展を推進した．このようにブロック共重合体はソフトマテリアル科学における最も重要な材料の一つとなっている．

　本書は，このようなブロック共重合体を中心とする革新的ソフトマテリアルの合成・構造・物性・機能展開に関して，第一線の研究者による広い視野からの最新の解説と総説よりなっている．

　第1部（Part I）「基礎概念と研究現場」は，座談会と基礎の総説から構成されている．第1章のフロントランナーに聞く（座談会）では，第一線でご活躍の研究者にお集まりいただき，ブロック共重合体研究の歴史から動向や課題について，独創性，国際的な観点から語っていただき，人工知能の活用も含めた将来に向けた議論が交わされている．次の第2章ブロック共重合体の基礎では合成，分子特性解析，構造・物性に関する基礎が述べられており，第3章ではブロック共重合体化学の歴史と将来展望が合成，構造・物性，機能の点から紹介されている．

　第2部（Part II）「研究最前線」は，「精密合成」，「相分離理論」，「精密構造解析」，「物性評価」，「高性能材料」，「機能性材料」の六つの分野の第一線の研究者により，最新の成果と展望がまとめられている．とくにブロック共重合体に特徴的なさまざまな階層構造を得るための精密合成技術，その階層構造と物性と物性解析のための新しい技術，さらに階層構造を巧みに利用した機能材料としての応用が注目すべき内容である．

これらに続く第3部（Part Ⅲ）「役立つ情報・データ」には，第1部，第2部で取り上げたさまざまなブロック共重合体の科学の発展をもたらした革新論文が紹介され，また重要な用語解説も含まれている．革新論文の解説は，従来の引用文献欄にはないものが数多く含まれており，実際にあまり知られていない歴史的に重要な論文の紹介が特徴です．また関連するネット情報より，三次元顕微画像などのさまざまなデータへのアクセスができ本書の内容の理解に役立つと確信している．

　最後に，座談会で活発なご意見をいただいた先生方と，各章の執筆をお引き受けいただいた先生方に感謝申し上げます．本書を通じて，ブロック共重合体を始めとするソフトマテリアルの現在と未来について，さまざまな分野の方々に興味を与え，高分子化学と高分子物理はもとより，より広範にわたる分野に日本発の革新的ソフトマテリアルが波及し，新たな展開をもたらす一助となれば幸いである．

2018年4月

編集ワーキンググループを代表して

高原　淳

CONTENTS

Part I 基礎概念と研究現場

1章 Interview
002 フロントランナーに聞く（座談会）
臼杵 有光博士，竹中 幹人教授，
早川 晃鏡教授，増渕 雄一教授
高原 淳教授（司会）

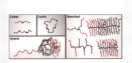

2章 ブロック共重合体の基礎

★ Basic concept-1
012 精密合成技術
上垣外 正己

★ Basic concept-2
020 相分離の理論・高次構造形成
竹中 幹人

★ Basic concept-3
030 分子キャラクタリゼーションと溶液中での自己集合体形成
高橋 倫太郎・佐藤 尚弘

3章 ★Present and future
040 ブロック共重合体化学の歴史と将来展望
平井 智康・高原 淳

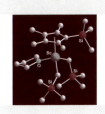

CONTENTS

Part II 研究最前線

1章 付加重合を用いた
050 ブロック共重合体の合成　　早川 晃鏡

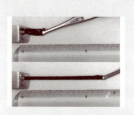

2章 開環重合を用いたブロック
058 共重合体の合成　　磯野 拓也・佐藤 敏文

3章 希土類錯体触媒を用いたブロック
069 共重合体の合成　　西浦 正芳・侯 召民

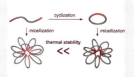

4章 高分子反応を用いたブロック
076 共重合体の合成　　東原 知哉

5章 環状ブロック共重合体の合成
084 　　手塚 育志

6章 ブロック共重合体の自己組織化
093 シミュレーション　　森田 裕史

7章 先端液体クロマトグラフィーによる
100 共重合体の分離分析　　松田 靖弘

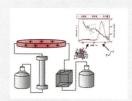

8章 ブロック共重合体が示す多彩な
106 力学物性　　小椎尾 謙

9章 電子顕微鏡による形態学的観察・
116 評価　　陣内 浩司

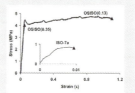

CONTENTS

Part II　研究最前線

10章 小角X線・中性子散乱法の最前線
123　　　　　　　　　　　　　　　　　　　　　　山本　勝宏

11章 薄膜の表面・界面解析手法
135　　　　　　　　　　　　　　　　　犬束　学・田中　敬二

12章 液晶ブロック共重合体薄膜が拓く
142　　ナノ材料科学
　　　　　　　　　　　　　　　　　　　　　　　彌田　智一

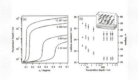

13章 半導体ブロック共重合体を使った
150　　有機薄膜太陽電池の高効率化
　　　　　　　　　　　　　　　　　　　　　　　但馬　敬介

14章 フォトニック材料
157　　　　　　　　　　　　　　　　　野呂　篤史・松下　裕秀

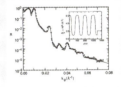

15章 高性能熱可塑性エラストマー：
164　　オレフィン系
　　　　　　　　　　　　　　　　　　　　　　　山口　政之

16章 エポキシ／ブロック共重合体ポリ
171　　マーブレンドの自己組織化ナノ相
　　　　構造と強靭化
　　　　　　　　　　　　　　　　　　　　　　　岸　　肇

17章 高性能分離膜
177　　　　　　　　　　　　　　　　　比嘉　充・谷口　育雄

18章 高分子ミセルとドラッグデリバリー
183　　システム（DDS）
　　　　　　　　　　　　　　　　　　　　　　　遊佐　真一

CONTENTS

Part III 役に立つ情報・データ

① この分野を発展させた革新論文 43　　192

② 覚えておきたい関連最重要用語　　202

③ 知っておくと便利！関連情報　　205

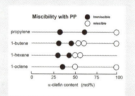

索　引　208

執筆者紹介　211

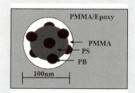

★本書の関連サイト情報などは，以下の化学同人 HP にまとめてあります．
→ https://www.kagakudojin.co.jp/search/?series_no=2773

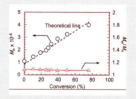

Part I

基礎概念と研究現場

フロントランナーに聞く ▶▶▶▶▶▶ 座談会

（左より）臼杵有光先生（京都大学・豊田中央研究所），増渕雄一先生（名古屋大学），
高原淳先生（司会：九州大学先導物質化学研究所），竹中幹人先生（京都大学），早川晃鏡先生（東京工業大学）

ブロック共重合体の明日に期待して

Profile

臼杵　有光（うすき　ありみつ）
京都大学生存圏研究所特任教授，豊田中央研究所リサーチ・アドバイザー．1955年愛知県生まれ．1980年名古屋大学大学院工学研究科修士課程修了．1997年名古屋大学工学博士．研究テーマは「自動車用高分子材料の開発」

高原　淳（たかはら　あつし）
九州大学先導物質化学研究所教授．1955年長崎県生まれ．1983年九州大学大学院工学研究科博士後期課程修了．工学博士．研究テーマは「ソフトマテリアル表面の精密構造制御と特性解析」

竹中　幹人（たけなか　みきひと）
京都大学化学研究所教授．1963年愛知県生まれ．1992年京都大学大学院工学研究科博士後期課程単位取得退学〔博士（工学）〕．研究テーマは「自己組織化による高性能高分子材料の創製」

早川　晃鏡（はやかわ　てるあき）
東京工業大学物質理工学院教授．1971年愛知県生まれ．2000年山形大学大学院理工学研究科博士後期課程修了．博士（工学）．研究テーマは「高分子合成」「高分子薄膜」「自己組織化材料」

増渕　雄一（ますぶち　ゆういち）
名古屋大学工学研究科教授．1968年東京都生まれ．1996年名古屋大学工学研究科博士課程修了．博士（工学）．研究テーマは「レオロジー」「計算科学」

ブロック共重合体の革新的ソフトマテリアルとしての可能性

　昨今，精密重合や精密構造制御に基づくブロック共重合体の進歩は著しく，それによって多様な機能をもったブロック共重合体が数多く合成されている．ブロック共重合体はエラストマー，複合材料，電子材料，医用材料，界面活性剤などとして多分野で応用されている，いま注目のソフトマテリアルである．

　この座談会では，第一線でご活躍の研究者，高原　淳先生（司会），臼杵有光先生（企業），早川晃鏡先生（合成），竹中幹人先生（構造），増渕雄一先生（物性／計算科学）にお集まりいただき，ブロック共重合体の最近の研究動向や課題について，それぞれのご専門の立場から語っていただいた．

1 日本人研究者の果たした役割

日本人研究者が先駆的な研究を行い，後から世界に広がっていった

高原　この分野では日本人研究者の貢献度が非常に大きいと思いますが，歴史的なことも含めて，そのあたりのお話から竹中先生，口火を切っていただけませんか．

竹中　わかりました．モルフォロジーに関しては，京都大学の橋本竹治先生（ERATO 橋本相分離構造プロジェクトの総括責任者），河合弘迪先生あたりから始まると思います．合成技術に関しては，あまり前面には出てきませんが，長岡技術大学の故藤本輝雄先生の貢献度は非常に大きいのではないでしょうか．実際に，名古屋大学の松下裕秀先生のところにしても，私の研究室の先輩である長谷川博一先生も，藤本先生のリビングアニオン重合技術の流れをくむといってよいです．

　橋本先生はあまり人のやっていないブロック共重合体を相図の面から精力的に展開し，また松下先生はモルフォロジーにたいへん興味があって，そこからいろいろ面白い展開が始まりました．詳しいことは本文を参照していただくとして，この分野では優れた基礎研究が日本から数多く出ていますね[※1]．

高原　海外と比べても，日本は高いレベルの研究を行っていたわけですね．

竹中　ええ，もともと橋本先生が先鞭をつけ，後からアメリカ・ミネソタ大学の F. S. Bates 教授やライス大学の E. L. Thomas 教授とか，あの辺の研究者が始めたという感じですかね．

　F. S. Bates 教授を中心とするミネソタ大学のグループは，T. P. Lodge 教授，M. A. Hillmyer 教授，M. W. Matsen 教授，G. H. Fredrickson 教授，合成と物性と理論がうまく組み合わさって，新しい展開が出てきました．

　橋本先生から聞いた話ですが，E. L. Thomas 教授はもともとあまり興味がなかったようです．橋本先生がブロックポリマーにホモポリマーを混ぜていろいろなモルフォロジーを変える研究

> **※1　日本におけるブロック共重合体の優れた基礎研究**
> 松尾正人氏（日本ゼオン）は電子顕微鏡観察，動的粘弾性測定によりブロック共重合体のミクロ相分離構造を明らかにした．橋本竹治先生（京都大学）はジブロック共重合体のドメイン間隔の分子量依存性を初めて明らかにし，ジブロック共重合体の無秩序状態を初めて観測した．松下裕秀先生（名古屋大学）は，ブロック共重合体において初めて準結晶構造を見いだしている．

を見て，これは面白いということでやり始めたそうです．その意味でいうと，橋本先生がとくに海外に積極的に出て行かれて，ディスカッションされたことが非常に大きかったと思います．

高原 マサチューセッツ大学のアマースト校グループもありますね．

竹中 いわゆるUMassグループですね．あそこから出てくるのが，T. P. Russell教授．彼はブロック共重合体の薄膜におけるモルフォロジーに関して新しい展開をしましたね．

高原 UMassのW. J. MacKnight教授とかR. S. Stein教授の師匠にA. V. Tobolsky先生（プリンストン大学）がいて，彼が最初にブロック共重合体を合成して，物性測定からミクロ相分離を確認しており，A. V. Tobolskyを中心とするアカデミックファミリーツリーができました．

竹中 その裾野は，いまでもずっと広がっていると感じます．

高原 過去を見ますと，ブロック共重合体の科学の発展に企業の方も相当かかわっていましたね．たとえば，日本ゼオンの松尾正人氏が電子顕微鏡で相分離を観るとか，高分子の電子顕微鏡観察に必要な染色法を開発した東レの加藤嵩一氏がいました．当時の企業の基礎研究がいかに素晴らしかったということですよね．臼杵さんは，企業サイドからどのように見ていますか．

臼杵 企業の基礎研究はニーズに基づいた研究が多いので，役に立つことが最優先です．それも地道な基礎研究の積み重ねがないとできないと思います．

いまの歴史的な話からちょっとそれますが，私はとくにユーザーサイドから材料を見ることが多いです．その意味で，ブロック共重合体に何を期待しているかというと，2種類，3種類のポリマーが相分離はしているけれども，きちんとした一体の形として分子のなかに存在していて，1本の分子でありながら多様な機能をもっているというところです．たとえば，自動車や家電分野でその特徴をうまく取り込んで使っていますが，いろいろな機能を一つの材料のなかに付与できるポリマーは利用価値が高いのです．

高原 どんな使われ方をするのでしょうか．

臼杵 まさに縁の下の力持ちみたいなかたちで，ブロック共重合体を少し加える．主役というより脇役的な働きですね．最近ですと，車体にポリプロピレン（PP）という素材を半分以上使っていますが，PPにポリ乳酸を入れて，PPとポリ乳酸のブロック共重合体にして使うわけです（バイオプラとよばれる環境に優しいプラスチック）．現在では，それがないと逆に使えなかったりする．こんなに役に立つポリマーはないので，もっとバラエティーを増やしてほしいなと，常々思っています．

2 合成技術でもトップを走り続ける

これからどういう用途に使われるかを考慮して，分子設計・高分子合成の精密さがさらにもう一段求められるようになる

高原 いま臼杵先生から合成技術への要請がありましたが，これまでの日本人の合成関連の仕事はいかがでしょうか．

早川 先ほど竹中先生から藤本先生のご紹介がありましたが，他に挙げますと，アニオン重合をけん引されてきた中浜精一先生，平尾明先生，石曽根隆先生のグループは，元来，アニオン重合による精密重合が難しかった極性モノマーに保護基を導入することで，重合の一次構造制御，とくに分子量や分子量分布などの制御技術を確立されたことから，いままでにないブロック共重合体を多数合成することに成功されています．このような多種のモノマーや新規合成法の開拓を世界に先駆けられたことが，この分野の発展に強くつながっているように思います．

さらに平尾先生は，通常の AB タイプの線状ブロック共重合体だけではなくて，スター型のポリマーやグラフト型のポリマーでもユニークなブロック共重合体を数多く合成されています．まだ実際に明確な利用価値のある機能材料には至っていないかも知れませんが，そのような多様なポリマーをつくれる合成手法や学術基盤を構築されています．

高原 それは素晴らしい功績だと思いますね．

早川 ええ，それともう一つ合成技術があってこその発展のお話を加えますと，高分子ナノファブリケーションがこのブロック共重合体の世界で非常に興味深く取り組まれていることです．

先の中浜先生や平尾先生らの東工大グループで，現在は韓国の光州科学技術院教授の J.-S. Lee 先生が博士課程の学生の折に取り組まれたお仕事[*2]をきっかけに，アメリカで「ブロック共重合体リソグラフィー」が始まったとも言われています．その論文の価値は非常に高いと思いますね．

高原 もちろん，いま名前が挙がらなかった研究者もたくさんいらっしゃいますが，日本人高分子合成研究者の層は厚く際立っているように思います．この合成方面では今後どういう展開があるのでしょうか．

早川 一言で簡潔に述べることは難しいかも知れませんね．精密重合という一つのキーワードとその技術が高分子合成分野において，この 20 年で非常に発展してきました．リビングアニオン重合に代表されるイオン重合を皮切りに，澤本光男先生，上垣外正己先生らによって開発されたリビングラジカル重合も同様です．言ってみれば 20 年ほど前は特殊な重合方法だったわけで，ある限られた合成研究チームしか

※2 J.-S. Lee 先生の論文
Macromolecules, **21**, 274 (1988).

できなかったものが，最近では構造物性を研究されている皆さんにも広く浸透し，所望のブロック共重合体が合成できるようになりました．

　今後，もう少し詰めなければいけない点は，分子量分布をどこまで狭くできるかということ．もう一点は，ブロック共重合体鎖の狙った位置に，狙った数だけの官能基を導入するなどのブロック共重合体でしょうか．いわゆるテーラーメードなブロック共重合体の合成が，これからもう少し発展してくるのではないかと予想しています．それが，これからどういう用途に使われるかも含めて継続的に考える必要はありますが，精密さとそのポリマーでなくてはならないというユニークさに由来する高分子合成への極みがさらにもう一段求められるようになってくるように思います．

高原　そういう意味では，日本の研究者はカチオン，ラジカル，アニオン，それから重縮合系，すべてのリビング重合系においてトップ集団を走っていますよね．

早川　たとえば重縮合ですと，神奈川大学の横澤 勉先生は間違いなくその分野をけん引されていて，横澤メソドロジーと言ってもいいぐらいの新しい合成概念とその技術を開拓されました．他国をリードしていることは間違いありません．

高原　構造物性のほうから合成に関して何かコメントはありませんか．

竹中　先ほども話が出ましたが，実は自分たちでも意外と簡単に合成できてしまうこともありますが，究極的に一次構造から物性，それらをすべて結びつけようとすると，変わった形状や面白いものはどうしても合成の専門の方に頼まないといけないのが現実です．もちろん，構造が複雑になれば非常にチャレンジングですから，そういうものをどうキャラクタリーゼーションするかという興味もあります．

　もし可能なら，こういう形のチェーンがあったらこういうモルフォロジーができますよ，というような予測ですね．最近，進歩著しいシミュレーションでそれができるなら，われわれもそういうのをぜひ見てみたいです．

早川　関連することですが，高分子合成分野で重合化学の進展が顕著にあったことを述べましたが，構造物性やシミュレーションの研究者の方々からも，こういった機能を発現するポリマーを組み合わせたブロック共重合体をつくってみては，というようなお声がけやご相談が最近とても多くなってきたように感じます．これまでのお話のように，従来の重合化学ではなかなかできなかったようなブロック共重合体もたくさん創られ始めています．それらを基盤に，構造物性とシミュレーション分野で改めて深く研究していただけると，現状とはまったく違った面白い展開が期待できそうな予感もしています．

竹中　先日，高分子学会の発表でちょっと衝撃を受けたことがあります．シミュレーションで一次構造から直接

力学物性を予測するような研究を実際行っていることです．もしそれが成功すれば，われわれは物性を測る必要がなくなって，要するにモルフォロジー解析はいらないという話になる．さらに，最近話題のAI[*3]がこの分野に参入してきたらおそらく，そのようなことはこれからいくらでも起こるのではないかと，ちょっと心配になりました．期待でもあるのですが……．

※3　AI
Artificial Intelligence.

3 ブロック共重合体における Ohta-Kawasaki 理論の果たした役割

Ohta-Kawasaki 理論は高い学術的価値をもっており，その影響力は絶大

高原　いまのシミュレーションとAIの話題については後ほど議論するとして，その背景にある理論分野での日本人の寄与はどうでしょうか．

増渕　大きな貢献があると思いますが，国際的には十分に認識されていないのかもしれませんね．たとえば，*Macromolecules* 誌の50周年を記念したF. Bates教授の論文[*4]がありますが，日本人の理論研究が1件も引用されていません．Ohta-Kawasaki 理論[*5]すら入っていません．1000回以上も引用されているのに残念なことです．Ohta-Kawasaki 理論はジブロック共重合体の自由エネルギーに関するものです．ブロック間の結合による長距離相互作用を簡潔な形で記述しつつ，散乱関数をよい精度で与えます．この理論を端緒として川勝年洋先生や古賀毅先生，谷口貴志先生など，物理の先生方がブロック共重合体の理論的研究を進められました．また土井正男先生のプロジェクトの研究員であった日本ゼオンの本田隆さんがつくったシミュレーション用プログラム OCTA[*6]/SUSHI[*7]の開発にもつながっています．フリーソフトとして配布され，スパコンの京コンピュータでも走っていますし，海外にもユーザーがいます．

※4　Bates 教授の論文
Macromolecules, **50** 3 (2017).

※5　Ohta-Kawasaki 理論
Macromolecules, **19** 2621 (1986).

※6　OCTA（Open Computational Tools for Advanced materials design）
2003年に土井正男先生たちによって名古屋大学で開発された，ソフトマターシミュレーションのためのプログラムパッケージ．

4 シミュレーションはどこまで有効か

実験側からこういう構造があるはずだというインプットがないと，計算条件の設定はできない

高原　さて，早川先生と竹中先生からシミュレーションに関してご意見が出ましたが，それについてご専門の増渕先生はどのようにお考えですか．

増渕　結論から言いますと，人間が想像していないような構造は，基本的にシミュレーションで出すのはきわめて困難です．シミュレーションでは，計算に使う方程式の選択，計算する系の設定，計算条件の設定の三つが必要で

※7　SUSHI（Simulation Utilities for Soft and Hard Interfaces）
平均場理論に基づいて，直鎖ポリマーやブロックポリマーのブレンドによって，平衡状態や非平衡状態でつくられる種々の自己組織構造を計算で予測するプログラム．任意の構造の分岐ポリマーを扱うことができ，またブロック共重合体も扱うこともできる．

す．これらを上手に設定して，望むものを見るのです．

高原 それは設定できる具体的なものがないと，無理だということですね．

増渕 そうです．実験側からこういう構造なり現象なりがあるはずだ，というインプットをいただいて，想像力を働かせて，シミュレーションの設定をします．その意味で，先ほど早川先生や竹中先生がおっしゃったようなことにはならないと思います．とくに人間の想像を超えるような面白いものであればあるほど，その可能性は低いと思います．人間の想像力を補うかたちでAIを上手に使えるとよいかもしれません．

臼杵 企業サイドでもシミュレーションとか計算機で材料設計を行っていますが，私はどちらかというと，批判的な立場です．そんなことできるわけがないだろうと．

ビッグデータのなかの延長線上にあるものであれば，機械が類推してくれるかもしれませんが，私が一番欲しいのは，むしろそこから外れたものです．そうでなければ，ぽんと飛躍するものにはならないし，これまでの延長線なら材料としてはあまり面白くない．ですから，あっと言わせるようなものが計算屋から出てきたら，私は驚きとともに尊敬しますね．現状ではまだそこまでいっていないと思いますし，一次構造から物性が予測できるなどというのは，まずあり得ない．表面的にはできても，実際に使えるものにはならないのでは……．

増渕 同感です．シミュレーションは後付けの解析方法の一つとして使われることはあっても，臼杵先生がおっしゃるように，思いもつかない新奇のものを見つけるような使い方は困難だと思います．シミュレーションの範囲でパラメータを振って，このへん面白そうだから，こっちのほうのものを実験で1回作ってみてください，というような実験のガイドとして使うことはよくやりますが，いずれにせよ計算機のなかだけで完結させるのは，現状ではまだ無理がありますね．

臼杵 乗り越えるべき課題でしょうが，相当時間がかかるような気がします．信頼に値するものはなかなか難しいでしょうね．

高原 つまり，この分野にはまだまだ多くの重要な研究が残されているとも言えますね．

増渕 たくさんあると思います．高分子は分子が巨大で運動が遅く，非平衡状態で利用されています．そういう系を計算するための理論や手法の開発は，実験をベースにしながら少しずつ進んでいます．しかし結晶化のように，重要でありながら未解決な課題がたくさん残されています．

竹中 なるほど．いずれにしても，今後のコンピュータや理論系の発展次第ということになりますね．

5 AIがこの分野にもたらす効果

本質がわからなくても経験知的なもので勝負できるなら，AIは強烈なツールになる

高原 大いに期待しましょう．このシミュレーションとも関連しますが，先ほど増渕先生からご指摘のあった，いま話題の人工知能AIがこの分野にもたらす影響について考えてみたいと思います．増渕先生，いまどんな動きがあるのでしょうか．

増渕 2017年に"Inverting the design path for self-assembled block copolymer"という総説[*8]が出ました．AIをブロック共重合体の材料開発における逆問題解析[*9]に使おうという内容です．従来は「ポリマーをつくって，つくったらどういう相分離構造を形成するから，それをこういう機能に生かして」というアプローチですが，これを順問題とします．先のレビューは，AIを使って，このプロセスを逆に回してみようということです．つまり，「こういう機能が求められているから，それにはこういう相構造が妥当で，その相構造をつくるためにはこういう分子が最適では」という逆のプロセスを，AIの力を借りて解析するわけです．

高原 この逆問題のアプローチは，日頃われわれもそれに似たことは実際に行っていますよね．

増渕 それができる方がエキスパートだと思いますが，エキスパートでない方でもAIを使ってシステマティックかつ精密にやろうということです．簡単に材料設計ができるのでは，という期待感が非常に強い．たとえば，「マテリアルゲノム」[*10]とか，そういう方面で活発に動いている印象があります．

高原 それは日本でもかなり進んでいるのでしょうか．

増渕 産総研の森田裕史先生が始めています．

竹中 中身はあまりわかりませんが，AIはむしろ人間が考えるようなやり方はしないわけですよね．

増渕 東北大学の西浦廉政先生によれば，AIで出てくる答えの科学的な本質が何かを理解するには，あと10年ぐらいはかかるだろうということです．

竹中 本質がないのかもしれないですね．われわれ高分子分野でも，製薬とか医学分野でも同様でしょうが，あまりに複雑すぎるからかもしれませんね．

増渕 本質をすっ飛ばしてでも，経験知的なもので勝負できるなら，AIは強烈なツールになるような気はしています．ただ一つ懸念は，AIは数値化や文章化されていない情報は拾えないし，失敗情報も拾ってこられないということです．人間はものを考えるときに文章化されていないノウハウや，失敗した経験も踏まえて答えを出しているはずです．

高原 ですから，AIを役に立つように鍛えないといけない．企業でもいまAIが盛んに言われていますよね．

臼杵 そのようですが，僕はそれで何か新しいものが出てくるとは，正直あまり期待していませんね．ただ，最適な道を選ぶようなことは得意でしょうから，工程の開発期間の短縮などに使えそうですね．

本当に頭脳が必要なところは人間がちゃんと考えて，それに到達するため

※8 **2017年の総説**
K. R. Gadelr, A. F. Hannon, Caroline A. Ross, A. Alexander-Katz, *Mol. Sys. Design & Eng.*, **2**, 539 (2017).

※9 **逆問題解析**
入力（原因）から出力（結果）を求めていくのが順問題であり，それとは逆に結果から原因を推定するアプローチを逆問題とよぶ．

※10 **マテリアルゲノム**
アメリカが2011年から始めた国家プロジェクトで，最新の情報技術や計算科学を使って，マテリアル分野に技術革新をもたらそうという計画．日本では材料ゲノム計画と言われることもある．ゲノムと名前がついているが，必ずしも遺伝情報を利用するわけではなく，生命科学分野の「ヒトゲノム解析計画」を真似たものと思われる．

のいろいろなプロセスのなかから最適なものを見つける役割をAIにやってもらう．そういうきっちりと棲み分けをした使い方をするなら，AIは有効になるかもしれませんね．

増渕 人間も同じですが，AIもどれだけいい師匠につけるかですね（苦笑）．

高原 今後のAIの動向を注視していかないといけませんね．

早川 自分たちがそれにどう関わっていくか，そのことが次世代を担う人びとに直接関係してきますからね．

臼杵 同感です．その意味では，年寄りもうまく使わないとダメですね．先ほど話題に出た，失敗もいろいろ経験していますし，そういう経験者の考えもちゃんと汲み入れてほしいですね．

高原 要するに勘のデータですね．それも重要な経験知ですね．

臼杵 そうそう，勘とかコツ．それは絶対必要だと思いますよ．

高原 その辺をAIに反映できたなら，相当堅固なツールになりますね．ゆくゆくはAIによって，ブロック共重合体などの構造や物性が逆問題解析により材料設計にフィードバックされ，思いもつかない新しい高分子材料が合成されるような時代がくるかもしれません．

6 今後に望むこと

スタンダードからずれているところから新しい学問を構築していくことが重要

高原 最後に，この分野をさらに発展させるには，いま何が必要とされているのか，若者へのメッセージも含めてお話しいただけませんか．

早川 われわれはもともと分子構造設計と合成化学を中心に研究してきましたが，国のプロジェクトなども通して，普段関わり合えないような先生方にいろいろご教示いただきました．先ほどAIのお話の中でもありましたが，そういう諸先輩方の貴重な経験や知恵をヒントに合成化学にフィードバックした結果，研究に新たな展開を生み出すことができました．私にとって，このことは非常に大きかったです．

その意味では，分子構造設計や精密合成技術，構造制御や物性，成膜や成型加工プロセスに至るまでを常に横断的に考えて一つの研究に取り組んでいくことが，これからますます重要になると思います．基礎研究と応用研究の区別が話題になることがありますが，それぞれの研究を横断的に捉えて取り組むことで，基礎の中の応用，応用の中の基礎が常に存在するため，高分子全体を広く，また深く研究し勉強することができるのではないかと思っています．

臼杵 私は自動車用の高分子材料を中心に，既存の高分子をなんとか車に使えるように，いろいろなフィラーを高分子複合化して，新しい材料を開発する研究をずっと続けてきました．フィラーの表面修飾をしてポリマーに合わせるような研究ですね．いまポリマー研究者に望むことは，ポリマー側から見るだけではなく，組み合わせたい相手によってその極性や形状を合わせこむようなことが必要だと考えています．そのためには若い時代には地道な基礎研究からスタートして，広い見識をもって，できるだけ若いうちにモノに

する研究に携わることが必要だと思っています．

ポリマー側は実はあまり構造を変えないんですね．そこをちょっと変えたり，こういうブロック共重合体のようなものを新たに加えることで，フィラー系の複合材料の世界ももっと広がるんじゃないかなという気がします．

竹中 われわれの研究室は長年ブロックポリマーの基礎研究を中心に研究を進めてきましたが，とくに応用を考える場合は，異分野の人たちとの協働によっていろいろ面白いことが展開できる可能性はある．協働で何かを進めるのはそう簡単ではありませんが，とてもいい刺激になります．

ですから，別分野のまったく違う言葉を話す人たちに，平気で自分の材料を売り込むぐらいの情熱と積極性は重要かなと（笑）．できるだけ離れた分野の人たちと交流するほうが絶対面白い仕事ができるという感じはしています．そのことをぜひ若い人に伝えたいですし，そういう指導を心がけたいですね．

今後この分野をさらに発展させるためには，多成分ブロック共重合体における自己組織化によるモルフォロジー形成過程の解明およびその制御が必要であると考えます．その解明によって，新奇なモルフォロジー・物性をもったものがまだまだできる可能性があると思っています．

増渕 京都大学の故升田利史郎先生は，「われわれの世代は，高分子の普遍性に注目して研究してきた．これからの世代は，個性がどう生まれているのかをちゃんと見極めなければダメだ」とおっしゃいました．実験やシミュレーションの結果を教科書的な普遍性に基づいて解析しがちですが，そうではなく，どうずれているか，なぜずれているかをしっかり考えなさいという教えです．AIを使いこなすときに従来のスタンダードにこだわってはいけないという教えかもしれません．ずれていることから新しい学問を構築していくステージに入る必要性を強く感じます．

高原 私は測定装置を自作してポリマーの構造と物性を調べる研究を長年行ってきました．いまの若い人は，サンプルさえあれば解析まで行ってくれるブラックボックス化された装置が溢れているので，どのような理論を背景に解析されたかも知らずに実験データを議論している人が多いですね．そういう意味では背景となる物理や物理化学の基礎，装置の原理をきちんと習得し，どのような手法で得られたデータで解析しているのかという基礎の学問に戻って得られた解析を行う必要があります．とくに高分子系では溶液系ならば溶媒の種類，濃度，温度などを，また固体系であれば溶媒蒸発速度，熱履歴，測定周波数，昇温速度などを，表面であれば溶媒，基板，雰囲気などを考慮する必要があります．このようなパラメータをいかに整理して，試料調製，測定を行うかが研究を行う視点で重要です．また基礎的な教科書をきちんと読んで理解することも若い方に心がけて欲しいことです．

これまで中心的に話し合ってきたシミュレーションやAIにしても，問題は山積しています．コンピュータ世代の若者は，こういう難題に果敢に挑んで，明日の高分子材料化学をけん引する担い手になっていただければ幸いです．本日は長い時間ありがとうございました．

精密合成技術

上垣外 正己
(名古屋大学大学院工学研究科)

1 ブロック共重合体の合成方法

近年,さまざまなリビング重合に加えクリック反応などの精密合成技術の急速な発展により,多種多様なブロック共重合体の合成が可能となり,その幅広い研究展開とともに工業化も行われている[1~9].ブロック共重合体は,互いに異なるモノマーから構成されるポリマー鎖が共有結合で連結した構造を有しており,二成分から成る AB 型ジブロック重合体,ABA 型トリブロック重合体,三成分から成る ABC 型やマルチブロック共重合体など,その構造は多様である.分子量やブロック鎖長が制御されたブロック共重合体の精密合成には,リビング重合や高効率な末端変換反応が必要である.すなわち,ポリマー末端が活性を失わないで,モノマーの重合反応,変換反応,他のポリマー末端との結合反応などを定量的に起こすことが重要である[7~9].ブロック共重合体の合成経路は千差万別であるが,いくつかの方法に分類することが可能である.ここでは,図1に示すような四つの分類,すなわち,(1) モノマー添加による方法,(2) 活性種変換を経由する方法,(3) ヘテロ二官能性開始剤を用いる方法,(4) ポリマーカップリングを用いる方法に分けて,その概要を説明する.

2 モノマー添加による方法

モノマー添加による方法は,リビング重合を用いてブロック共重合体を合成するうえで,最も直接的な方法である.すなわち,あるモノマーのリビング重合を行い,そのモノマーが消費された時点で,別のモノマーを添加して引き続きリビング重合を行うことで,一つの容器の中,すなわちワンポットでブロック共重合体の合成が可能となる.

ブロック鎖長が制御され分布の狭い"きれいな"ブロック共重合体を合成するためには,それぞれのモノマーのリビング重合が進行すること,最初のモノマーから生じたリビングポリマー末端が次のモノマーのリビング重合を定量的かつ迅速に開始することが重要である.さまざまな活性種によるリビング重合において,モノマー添加による方法は広く用いられており,対象モノマーの重合に共通なリビング重合系を用い,適切な順序でモノマーを重合することで可能となる.活性種によって重合可能なモノマーの種類が異なるため,その活性種特有なブロック共重合体の合成が多数報告されている.図2に,活性種の異なる各重合系でリビング重合可能なモノマーの構造の例を示した[1~5].以下では,各重合系におけるリビング重合可能なモノマーや特徴をごく簡単に述べる.各系における最近の研究動向については,Part II の合成技術を参考にしていただきたい.

リビングアニオン重合は,適切な開始剤から安定な炭素アニオンやエノラートアニオン生長種を生成することで進行し,スチレン誘導体,共役ジエン,メタクリル酸エステル,アクリル酸エステルなど,さまざまな共役二重結合を有するビニルモノマーに対して可能である.アルコールなどのプロトン性官能基を有するモノマーは,適切な保護基を用いることでリビング重合が進行し,ブロック鎖へのさまざまな官能基導入も可能である.ブロック重合においては,最初のモノマーから生じるアニオンの求核性が,次のモノマーから生じるアニオンより高い必要があるため,反応性の低いモノマーから重合され,たとえば,α-メチルスチレン<スチレン~ブタジ

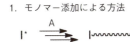

図1 ブロック共重合体の合成方法の分類

図3 活性種変換を経由するさまざまな方法と例

エン＜メタクリル酸エステルの順にモノマーが添加される．

　リビングカチオン重合は，炭素-ハロゲン結合などの共有結合種（ドーマント種）をルイス酸で可逆的に活性化し炭素カチオンを生成することで，ビニルエーテル，イソブテン，スチレン誘導体，ビニルカルバゾールなど，電子供与性の置換基を有するモノマーに対して可能である．アルコールやアミンなどの極性官能基には保護基が必要である．ブロック重合では，通常，反応性の高いモノマーから順（たとえば，ビニルエーテル＞アルコキシスチレン＞スチレン＞イソブテンの順）に添加される．これは，反応性の高いモノマーから生じるドーマント種の方が活性化されやすく，速やかに炭素カチオンを生じるためである．

　リビングラジカル重合は，ニトロキシドを用いた重合，遷移金属触媒を用いた重合（ATRP），硫黄化合物を用いた重合（RAFT重合）など，安定なドーマント種を，熱，光，触媒，ラジカル種などにより可逆的に活性化することで，共重合まで含めるとほぼすべてのビニルモノマーで可能である．イオン重合と異なり，ラジカル生長種は極性官能基と反応しないため，保護基の必要はなく，水などの極性物質を除く必要もなく，操作も簡便で，広範なビニルモノマーを重合可能なため，さまざまなブロック重合体の合成に広く用いられている．リビングラジカル重合では，モノマー添加による方法よりも，得られたポリマーを単離してマクロ開始剤として用い，二段目のモノマーをブロック重合する手法が一般的である．これは，ドーマント末端の多くは空気中でも安定に取り扱うことができ，一方，モノマー濃度が低下する重合後期ではラジカル生長種どうしの停止反応の寄与が大きくなるため，一段目の重合をモノマーが枯渇するまで追い込むことを避けるためである．ブロックの順番は重合系にも依存するが，たとえばATRPでは，ドーマント種の炭素-ハロゲン結合が活性化されやすい順に重合され，メタクリル酸エステル＞アクリル酸エステル＞アクリルアミド＞スチレンの順になる．

　配位重合は，生長ポリマー末端の金属触媒に，モノマーが配位・挿入する機構で進行し，エチレンやプロピレン，α-オレフィン，環状オレフィン，スチレンや共役ジエンに加え，アクリル系モノマーやアレン，イソシアニド，イソシアナートなどのリビング重合が，適切な配位子を有する遷移金属や希土類金属触媒を用いることで可能となっている．配位重合では，立体規則性など特徴ある制御構造を与えることが可能であり，それに基づく物性をもつブロック鎖の導入も可能である．モノマー添加により，同種のモノマー間に加え，オレフィンからスチレン，共役ジエン，メタクリル酸エステルなど異種モノマーへのブロック共重合も可能である．

　オレフィンメタセシス重合では，ルテニウム，モリブデンなどの適切な金属触媒を用いることで，ノルボルネン，シクロペンテンなどの環状オレフィンやアセチレン誘導体などのリビング重合が可能である．とくに，ルテニウム錯体は極性基に対する耐性が高く，さまざまな官能基をもつブロック共重合体の合成が行われている．また，ルテニウム錯体は，側鎖にポリマー鎖を有するノルボルネン誘導体マクロモノマーを，高重合度まで効率的に重合することが可能で，高分子量のブラシブロック共重合体が合成され，フォトニック結晶に応用可能な長周期からなるミクロ相分離構造の形成が報告されている．

　ヘテロ原子をもつ環状モノマーの開環重合は，アニオン，カチオン，ラジカル重合機構があり，重合可能なモノマーは機構に依存するが，エポキシドなどの環状エーテル，ラクトン，ラクタム，オキサゾリン，α-アミノ酸無水物，環状シロキサンなどさまざまなリビング重合が報告されている．側鎖に異なる置換基をもつオキサゾリンやα-アミノ酸無水物など同種のモノマーからなるブロック共重合体が，モノマー添加法によって報告されている．

　縮合重合は元来，逐次機構で進行するものと捉えられていたが，近年，モノマーがポリマー末端と優先的に反応する連鎖機構に基づく種々の重合系が見いだされ，分子量および分子量分布の制御に加え，ブロック共重合体合成へも展開されている．たとえば，置換基効果によりモノマーとポリマー末端の反応性の差をつけることで，芳香族ポリアミド，ポリエステル，ポリエーテルなどの分子量制御が，また，ニッケルやパラジウムなどのクロスカップリング触媒のポリマー分子内での移動を用いることで，ポリチオフェン，ポリフェニレン，ポリピロールなどの

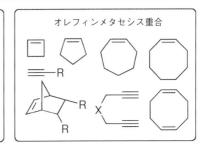

図2 各重合系におけるリビング重合可能なモノマーの例

分子量制御も可能である．いずれも，モノマー添加によりブロック共重合体が合成されており，後者においては，ドナー型とアクセプター型のブロック鎖から成る共重合体が合成され，共役系高分子の新しい展開が期待されている．

活性種変換を経由する方法

上述のように，重合可能なモノマーの種類は活性種に大きく依存するため，一つの活性種から合成できるブロック共重合体には制約がある．異なる活性種を組み合わせることで，ブロック共重合体の種類と数は格段に増大する．近年の精密合成技術の発展により，リビング重合で得られたポリマー末端を他の活性種や末端に定量的に変換し，異種モノマーを別の機構でリビング重合することがさまざまな重合間で可能となり，多種多様なブロック共重合体の合成が行われるようになってきた[8,10]．たとえば，リビングアニオン重合からリビングラジカル重合のようにビニルモノマー間どうしのみならず，付加重合から開環重合のようにビニルポリマー骨格とヘテロ原子を主鎖に含む骨格から成るもの，付加重合から縮合重合のようにランダムコイル鎖とロッド鎖から成るものなど，種々のリビング重合技術を，適切な末端変換反応を介して組み合わせることで，主鎖構造や性質の異なるブロック鎖から成る共重合体が合成可能である．

活性種変換の方法として，リビング重合末端を酸化還元剤などにより別の活性種に直接変換する方法，ドーマント末端をそのまま単離し異なる活性化により別の活性種を発生させる方法，化学反応を経てリビング重合末端を別の末端に変換する方法などがある．図3に，各方法について一例のみ示した．

さらに，重合中に活性末端間での変換を可逆的に起こしながら進行するリビング重合系を設計すると，マルチブロック共重合体の合成が可能である[11]．たとえば，チオエステルを共通のドーマント種とするリビングカチオン重合とRAFTラジカル重合を同時に行うことで，ビニルエーテル単独連鎖とアクリル酸エステルとの共重合連鎖から成るものが合成可能である（図4）．配位重合においては，モノマー選択性が異なる二種の金属触媒上での生長鎖を，可逆的な連鎖移動剤を介して交換させることで，エチレンとα-オレフィンの含有量が異なるマルチブロック鎖からなるポリオレフィンが合成され工業化もされている．

ヘテロ二官能性開始剤を用いる方法

異なる活性種を与えるヘテロな開始点をもつ化合物を用いて，異なる種類のモノマーのリビング重合を順番あるいは同時に行うことで，ブロック共重合体の合成が可能となる[8,12]．きれいなブロック共重合体が生成するには，どちらの重合条件においても，それぞれの開始点や活性末端が，他の開始点，活性末端，触媒などと反応することなく，失活せずに安定に存在することが必要である．この方法は，異なる活性種を用いる点では，上記の活性種変換を伴う方法に似ているが，開始剤に存在する開始点からそれぞれの重合が両方向に進行するため，片方の活性末端の停止による失活が起きても，ともに定量的な開始反応が起これば，ブロック共重合体の構造は保たれる．

ヘテロ二官能性開始剤の一例として，ヒドロキシ基とアルコキシアミンを有する化合物は，ヒドロキシ基から金属アルコキシド触媒存在下でラクトンの開環重合が，アルコキシアミン結合からは熱によりスチレン類のリビングラジカル重合が進行し，ブロック共重合体が生成する（図5）．また，適切な炭素–ハロゲン結合をもつルテニウムカルベン錯体を用いると，シクロオレフィンの開環メタセシス重合とビニルモノマーのリビングラジカル重合が同時に進行する．アルコキシアミン結合と炭素–ハロゲン結合をもつ化合物は，反応条件によって選択的に片方のみからリビングラジカル重合を開始させることができ，異なるモノマーを順番に重合することで，ブロック共重合体の合成が可能である．

ポリマーカップリングによる方法

異なるポリマーの末端にお互いに反応する反応性基を導入し，ポリマー末端間でのカップリング反応を行うことによりブロック共重合体の合成が可能となる．これまでの上記の方法とは異なり高分子間で

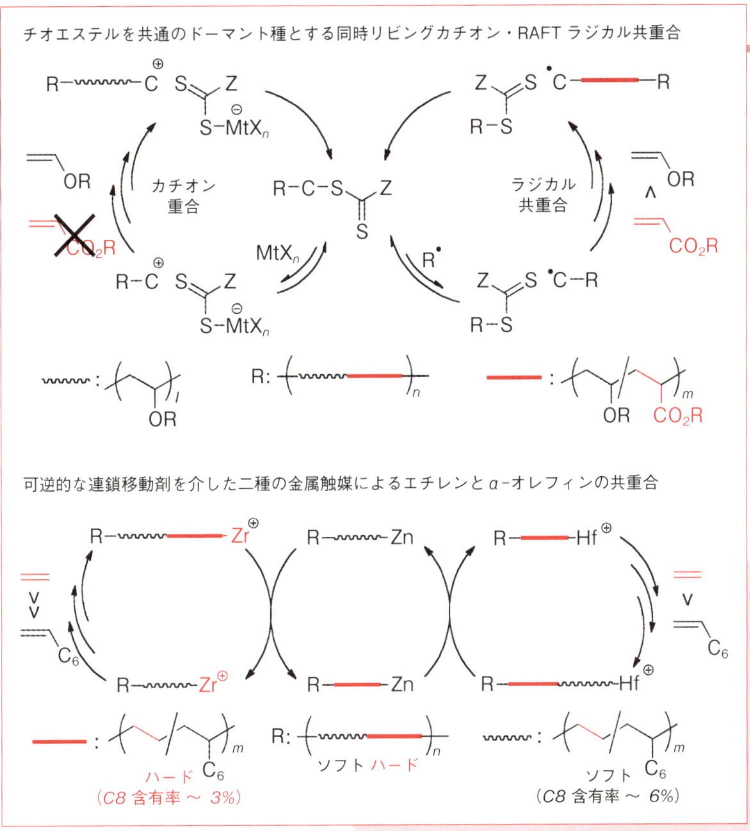

Chap 2 精密合成技術

図4 重合中の可逆的な活性末端変換によるマルチブロック共重合体の合成

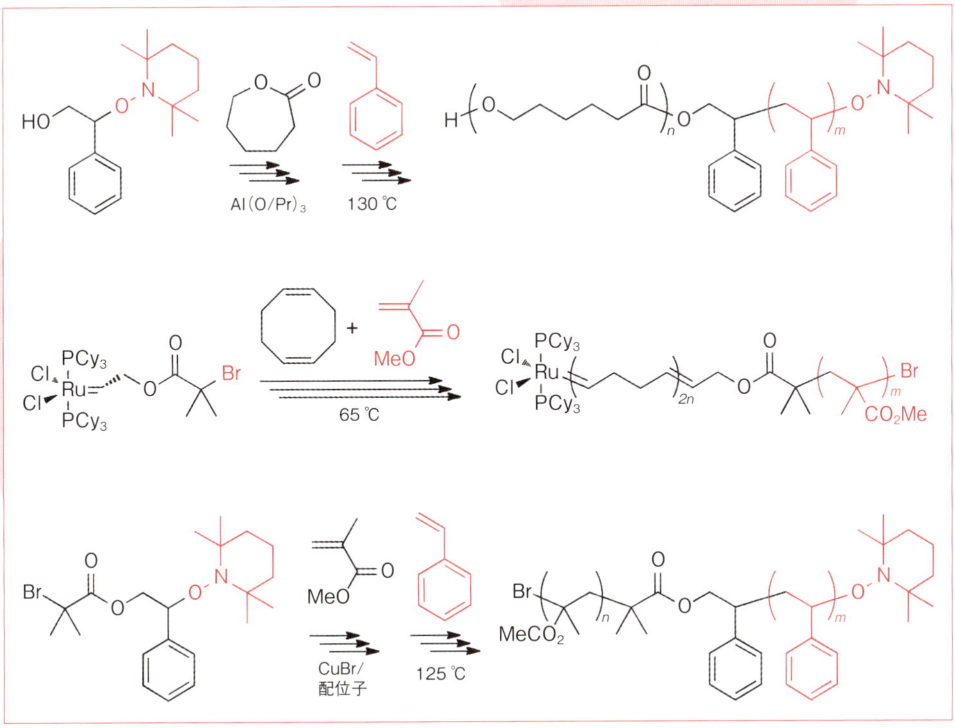

図5 ヘテロ二官能性開始剤を用いる方法の例

の反応であり，ポリマーの分子量が高くなると末端反応性基の割合が相対的に低下するので，一般にブロック効率は低下する．

　カップリング法には，リビング重合を停止する際にポリマー間での反応により行う直接的な方法と，リビング重合により末端に反応性基を導入した後，別の反応によりカップリングを行う間接的な方法がある．前者は，たとえばリビングアニオン重合とリビングカチオン重合末端間の反応や，反応性基を末端に有するマクロ停止剤によるリビングポリマーの停止反応などがあげられる．後者に関しては，温和な条件下で高選択的かつ高効率に進行するクリック反応の著しい進展により，リビング重合技術と組み合わせることで，さまざまなカップリング反応によるブロック共重合体の合成が報告されている[8, 13〜15]．図6にその一例を示した．銅触媒によるアジド−アルキン環化反応に加え，チオール−エン反応，マイケル付加反応，ディールス・アルダー反応，ヘテロディールス・アルダー反応などを用いて，さまざまなブロック共重合体が合成されている．たとえば，ATRPで得られる炭素−ハロゲン結合は，アジド化により容易にアジド基へと変換可能であり，またRAFT重合で得られるチオエステル末端はジエンとのヘテロディールス・アルダー反応に直接用いることができる．より高効率なカップリング反応を用いる展開や，タンパク質などの天然高分子とのカップリング反応によるブロック共重合体合成へも展開されている．

◆　文　献　◆

[1]『CSJカレントレビュー20　精密重合が拓く高分子合成−高度な制御と進む実用化』，日本化学会 編，化学同人（2016）．

[2]『ディビジョンレポート−化学研究の現状と最前線− Chemistry 2008』，日本化学会（2009）．

[3]『高分子の合成（上）（下）』，遠藤 剛 編，講談社（2010）．

[4] 上垣外正己，佐藤浩太郎，『高分子基礎科学One Point 1　精密重合I：ラジカル重合』，高分子学会 編，共立出版（2013）．

[5]『高分子基礎科学One Point 2　精密重合II：イオン・配位・開環・逐次重合』，高分子学会 編，中 建介 編，共立出版（2013）．

[6] N. Hadjichristidis, S. Pispas, G. Fluodas, "Block Copolymers," Wiley-Interscience (2003).

[7] M. Lazzari, C. Liu, S. Lecommandoux, "Block Copolymers in Nanoscience," Wiley-VCH (2006).

[8] M. U. Kahveci, Y. Yagci, A. Avgeropoulos, C. Tsitsilianis, "Polymer Science: A Comprehensive Reference," ed. by K. Matyjaszewski, M. Möller, p.455, Elsevier (2012).

[9] K. Sugiyama, "Encyclopedia of Polymeric Nanomaterials," ed. by S. Kobayashi, K. Müllen, Vol. 1, 224 (2015).

[10] Y. Yagci, M. A. Tasdeln, *Prog. Polym. Sci.*, **31**, 1133 (2006).

[11] 上垣外正己，佐藤浩太郎，内山峰人，高分子，**67**, 30 (2018).

[12] K. V. Bernaerts, F. E. Du Prez, *Prog. Polym. Sci.*, **31**, 671 (2006).

[13] R. K. Iha, K. L. Wooley, A. M. Nyström, D. J. Burke, M. W. Kade, C. J. Hawker, *Chem. Rev.*, **109**, 5620 (2009).

[14] K. K. Kempe, A. Krieg, C. R. Becer, U. S. Schubert, *Chem. Soc. Rev.*, **41**, 176 (2012).

[15] G. Delaittre, N. K. Guimard, C. Barner-Kowollik, *Acc. Chem. Res.*, **48**, 1296 (2015).

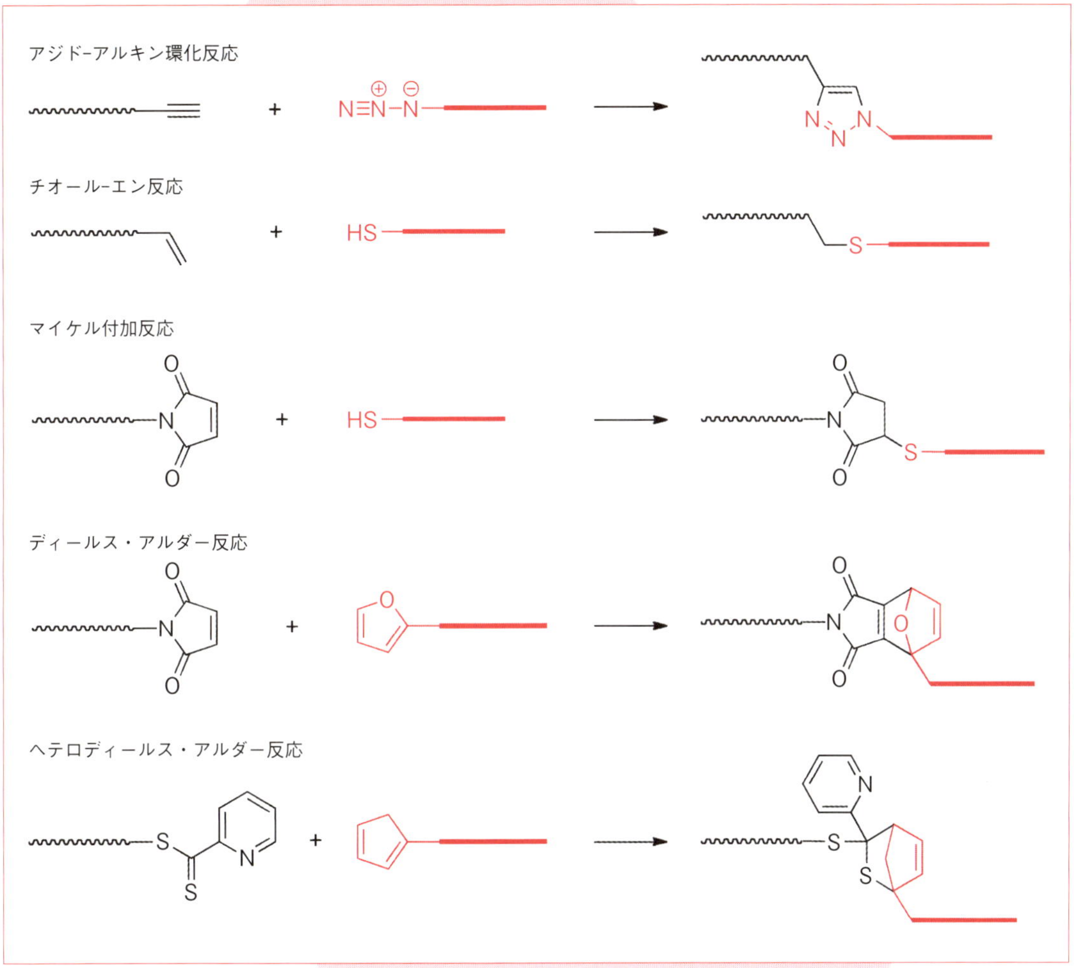

Chap 2 精密合成技術

図6　クリック反応を用いたポリマーカップリングによる方法の例

- アジド-アルキン環化反応
- チオール-エン反応
- マイケル付加反応
- ディールス・アルダー反応
- ヘテロディールス・アルダー反応

Chap 2
Basic Concept-2
相分離の理論・高次構造形成

竹中 幹人
(京都大学化学研究所)

1 はじめに

ブロック共重合体は2種類以上の高分子を共有結合で連結した高分子であり，ブロック自己組織化により形成されるミクロ相分離構造に起因した優れた物性により，熱可塑性エラストマー，アスファルトの添加剤，粘着テープなど身近なものから，ナノテクノロジー，医療などの先端材料まで幅広い応用展開がなされている．さまざまな分野で使われるブロック共重合体の優れた物性は，ブロック共重合体の自己組織化により形成されるミクロ相分離構造に起因するものであり，ブロック共重合体の相転移およびミクロ相分離構造は統計物理学の格好のテーマとなっている．本章においては，ブロック共重合体の自己組織化により形成される相分離構造とその形成過程のダイナミクス，さらにブロック共重合体薄膜における自己組織化について紹介する．

2 ブロック共重合体の相分離

2–1 秩序無秩序転移

ブロック共重合体はどのような相分離構造をつくるのであろうか？　ここでは図1(a)に示すようなAポリマーとBポリマーからなる一番単純なABジブロック共重合体について考えよう．一般に二成分系の混合系の状態は，異種成分間の混合によって系の乱雑さが増加することによるエントロピーの増加と，異種成分間の接触数の増加に伴うエンタルピーの増加との競合によって決定される．AB間の偏斥力が弱いときには図1(b)に示すようにAとBとは相溶しているが，偏斥力が増加すると，AとBはお互いに凝集し相分離しようとする．このとき，AとBとの間に結合がなければ，系は水と油が分かれるように大きく相分離することができるのが，ABジブロック共重合体ではAB間に共有結合が存在するため，お互いが分子の大きさ以上に界面から離れることができず，図1(c)に示すように分子鎖の大きさ程度の周期的な界面をもった相分離構造を形成することになる．その結果，ジブロック共重合体の回転半径程度の周期で長距離秩序をもつ構造が自発的に形成される．この現象はミクロ相分離とよばれるブロック共重合体の相転移に伴う自己組織化であり，ミクロ相分離した状態を秩序状態，相溶した状態を無秩序状態という[1～3]．秩序状態から無秩序状態への相転移を秩序無秩序転移(Order-Disorder Transition：ODT)という．またミクロ相分離により形成された相分離構造はミクロドメイン構造とよばれている．図2に秩序状態と無秩序状態の対称組成をもつ重合度200程度のポリスチレン-ポリイソプレンジブロック共重合体の，無秩序状態と秩序状態の透過型電子顕微鏡(TEM)像を示す[4]．無秩序状態においては凍結された濃度揺らぎが観測されており，等方的な共連続構造とよく似た構造が見られる．一方秩序状態では，ラメラ構造を反映した白黒のストライプが観測されているのがわかる．

相転移を特徴づけるAとB間の偏斥力はAB間のセグメント単位のFlory-Huggins相互作用パラメータχとブロック共重合体の重合度であるNの積であるχNにより表される．ここで偏斥力と重合度が比例する理由は，Flory-Huggins理論に見られるように，混合に伴うエントロピーの増加が重合度の逆数に比例することによる．通常χは温度の逆数に比例しており，$\chi = A + B/T$(T：絶対温度，AおよびBは定数)で表される[1～3]．Leiblerは乱雑位相近似を

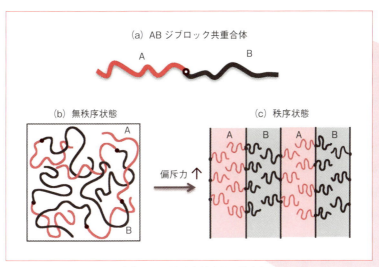

図1 ABジブロック共重合体(a)の秩序無秩序転移
(b)無秩序状態，(c)秩序状態．

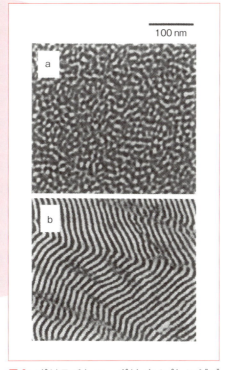

図2 ポリスチレン-ポリイソプレンジブロック共重合体の無秩序状態(a)と秩序状態(b)の透過型電子顕微鏡像

用いた平均場理論[3]により，ジブロック共重合体は組成 0.5 において $\chi N = 10.5$ に秩序無秩序転移の臨界点をもつことを導き，それ以外の組成では一次相転移の秩序無秩序転移が起こることを示した．この臨界点をジブロック共重合体の結合点から切り離した A/B 混合系（重合度がそれぞれ $N/2$ の高分子 A と高分子 B の組成が 0.5 の混合系）の臨界点 $\chi N = 4$ と比較すると，より偏斥力の大きいところまでジブロック共重合体は相溶していることがわかる．これは，AB 間の結合効果により揺らぎが抑制されているためである．

2-2 無秩序状態

A と B とは相溶している無秩序状態では A と B の熱的濃度揺らぎが存在する．この濃度揺らぎは乱雑位相近似を用いた平均場理論により以下のように与えられる[1〜3]．

$$\langle |\psi(q)|^2 \rangle_T \sim S(q) = \frac{1}{\Sigma(q)/W(q) - 2\chi} \quad (1)$$

$\psi(q)$：A モノマーの数密度の平均値からの揺らぎの波数 q-フーリエ成分

$S(q)$：系の構造関数

$\Sigma(q)$ および $W(q)$ は以下の式で表される．

$$\Sigma(q) = S_{AA}(q) + S_{AB}(q) + S_{BA}(q) + S_{BB}(q) \quad (2)$$
$$W(q) = S_{AA}(q)S_{BB}(q) - S_{AB}(q)^2 \quad (3)$$

ここで $S_{ij}(q)$（$i, j = $ A または B）は i, j セグメントの応答関数であり，Debye 関数 $g(f, x)$ により以下のように表される．

$$S_{AA}(q) = Ng(f, x) \quad (4)$$
$$S_{BB}(q) = Ng(1-f, x) \quad (5)$$
$$S_{AB}(q) = S_{BA}(q) = (N/2)[g(1, x) - g(f, x) - g(1-f, x)] \quad (6)$$
$$g(f, x) = (2/x^2)[fx + \exp(-fx) - 1] \quad (7)$$
$$x = q^2 R_g^2 \quad (8)$$

N：AB ブロック共重合体の重合度
R_g：AB ブロック共重合体の回転半径
f：ブロック共重合体中の A の組成

構造関数は，散乱関数に比例したものであり，小角 X 線散乱法や小角中性子散乱法により測定することができる．構造関数は $q = q_m \sim 1/R_g \sim N^{-1/2}$ で極大値をとる．これは A と B が繋がっているために回転半径より大きな揺らぎを起こすためには高分子鎖が広がらなければならず，エントロピー的に不利なため大きな波長の濃度揺らぎが起こりにくいことに由来する．また χN が増加し偏斥力が増加すると $q = q_m$ 周りの構造関数は増加し，$\chi_s = \Sigma(q)/W(q)$ で定義される平均場理論におけるスピノーダル点で $q = q_m$ において発散する．式(1)〜(3)は二成分のブロック共重合体の構造関数に対する一般式であり，ABA トリブロック共重合体や AB スターポリマー $(AB)_n$[1]などさまざまな形態のブロック共重合体の無秩序状態の構造関数およびスピノーダル点を計算することができる．計算された構造関数を用いて散乱実験をフィッティングすることにより，χ パラメータの温度依存性の評価が行われている．

2-3 ジブロック共重合体の相図

ジブロック共重合体のミクロ相分離の構造は，温度と A と B の体積分率に依存する．Khandpur らがポリスチレンポリイソプレンジブロック共重合体において実験的に求めた相図およびそのモルフォロジーを図 3 に示す[5]．ポリイソプレンの体積分率 $f = 0.5$ 付近ではラメラ構造(L)をとり，組成が偏るにしたがって，$Ia3\bar{d}$ 相のダブルジャイロイド構造(DG)，六方格子に配列したシリンダー(C)，体心立方格子上に球がある構造(S)へと転移する．また温度を下げることにより無秩序相からの DG，C への直接の転移が観測されている．最近の結果では $Ia3\bar{d}$ 相とラメラ相の間に図 4 に示すような新しい共連続構造である Fddd 相が存在することもわかっている[6]．

これらの相図の予測する理論としては自己無撞着場理論(self-consistent field theory：SCFT)がある．SCFT においては相互作用する多数の高分子鎖を自己無撞着場として得られた平均場中の 1 本の高分子鎖と近似を行い，高分子鎖の挙動を計算する．計算量は多くなるが，相図，空間組成分布，さらには高分子鎖のコンフォメーションまで計算することができる．図 5 に SCFT により計算された相図を示す[5, 7]．$f = 0.5$ 付近では L をとり，組成が偏るに従って，DG，

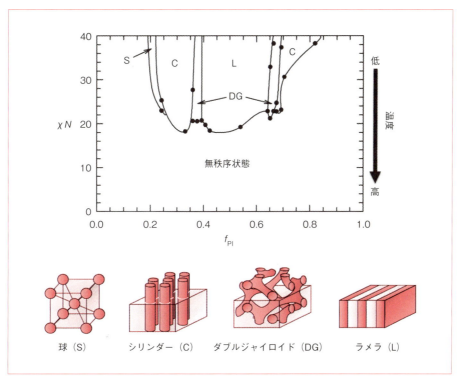

図3 ポリスチレンポリイソプレンジブロック共重合体の相図およびそのモルフォロジー
f_{PI}：ポリイソプレンの体積分率，χ：偏斥力の強さを表すFlory-Hugginsのχパラメータ，N：ジブロック共重合体の重合度．L：ラメラ相，C：シリンダー相，DG：ダブルジャイロイド相，S：球相．

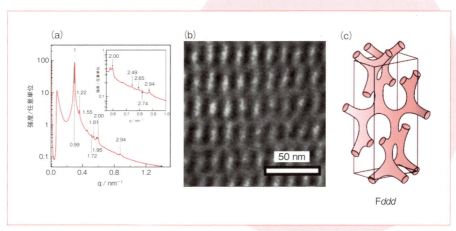

図4 ポリスチレンポリイソプレンジブロック共重合体の$Fddd$構造
(a) SAXSプロファイル，(b) TEM像，(c) モデル．

C, S へと転移する．さらにその外側に非常に狭い最密充填した球（CPS）領域が予測されている．強い偏斥の領域では，DG の領域が消えて L, C, S, CPS が存在し，ほぼ組成のみに依存したものになっている．理論計算は定性的に図4に示された実験結果をよく表しているが，いくつかの点で異なっている．

まず，ODT 近傍において理論においては $\chi N = 10.5$ に臨界点が存在し，$f = 0.5$ 付近で非対称な組成において χN を増加させていくと無秩序状態から S, C, DG, L の構造へと転移することが予測されている．しかし，実験では $\chi N = 20$ あたりから秩序構造へと転移が起こり，かつ無秩序相からの DG, C への直接の転移が観測されている．この相違は，SCFT は平均場理論の範囲内であり，熱雑音の効果は入れられていないことによる．相図に対して熱雑音を考慮した場合，重合度の低い系では平均場理論で予測される ODT 近傍が無秩序状態になる．そのため，$f = 0.5$ 付近の非対称組成では無秩序状態からラメラ構造，ダブルジャイロイド構造，シリンダー構造への直接の転移が起こることになる．また，SCFT などの平均場理論においては $f = 0.5$ は ODT の臨界点となり，$f = 0.5$ においては二次相転移が起こると予測されているが，熱雑音の効果は $f = 0.5$ において一次相転移となることが予測されており，ODT 臨界点近傍の小角 X 線散乱実験の観測結果と一致している．このことからも，ODT 臨界点近傍の偏斥力の弱い領域においては，熱雑音の効果が相図の大きな影響を及ぼしていることがわかる．

さらに，実験で観測されている相図が $f = 0.5$ に対して非対称になっている．これは，実験のジブロック共重合体のスチレンとイソプレンのモノマーの大きさや形が異なっていることによる．統計的セグメント長の非対称性が理論に取り入れられていないためである．この非対称性に対して補正する方法が提案されており，この補正により相図の非対称性が半定量的に説明できる．SCFT はブロック共重合体の相図を広い χN の領域でかなりうまく計算できるため，ABA トリブロック共重合体やスターブロックなどの相図も計算されている．

$\chi N > 100$ の強偏斥極限（strong segregation limit）においては，ミクロドメインの界面の厚み（AB 両成分混ざり合った領域）が $a\chi^{1/2}$（a：高分子の統計セグメント長）となり，ミクロドメイン相の厚みに比べて非常に小さく各相はほぼ完全に組成が 0 と 1 の状態に相分離している．強偏斥状態における平衡状態のドメイン間距離 d は界面自由エネルギーを最小化させようとする効果と非圧縮条件下での高分子鎖の形態エントロピーを増加させようとする効果の釣り合いにより決まる．よってこの二つの相反する寄与の和の自由エネルギーを最小化することより d に対して以下のスケーリング則が得られている．

$$d \propto aN^{2/3}\chi^{1/6} \qquad (9)$$

小角 X 線散乱の実験により求められた d の分子量依存性は 2/3 となり Helfand らの理論計算（実線）とよく一致している[8]．

ジブロック共重合体に対して，一方の成分のホモポリマーを加えたり，鎖のアーキテクチャーを変化させると，ジブロック共重合体単体では現れない構造を形成させることができる．高木らは polybutadiene-poly(ε-caprolactone)/polybutadiene 混合系において準結晶に近い Frank-Kasper σ 相[9]を見いだした．図6にその小角散乱プロファイルとその構造を示す．Wang らは，一方の鎖をグラフト鎖にしたポリスチレンポリイソプレンブロックグラフト共重合体において Ordered Bicontinuous Double Diamond 構造[10]を見いだしている．

さらに，成分を一つ加えたトリブロック共重合体においては図7に示すような，球・シリンダー・ラメラの構造を組み合わせたような構造[11]や，図8に示すような複雑なネットワーク構造が発見されている[12]．さらに松下らは図9に示すような準結晶[13]を見いだしており，メタマテリアルなどへの応用が期待されている．

3 ブロック共重合体の秩序化過程のダイナミクス

ジブロック共重合体の無秩序な状態からの秩序化過程は，均一核生成と異方的な三次元的な成長によって起こる．図10に対称組成近傍のスチレンイソプレンジブロック共重合体において，無秩序状態から秩序状態に急冷した場合の秩序化過程初期の透

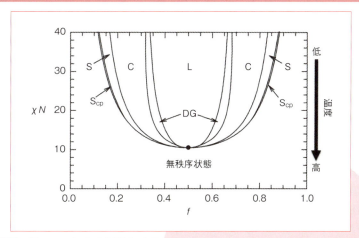

図5 MatsenらのSCFTにより求められたABジブロック共重合体の相図
f：Aの体積分率，χ：AB間の偏斥力の強さを表すFloly-Hugginsのχパラメータ，N：ジブロック共重合体の重合度，L：ラメラ相，C：シリンダー相，DG：ダブルジャイロイド相，S：球相，S_{CP}：最密充填球相．

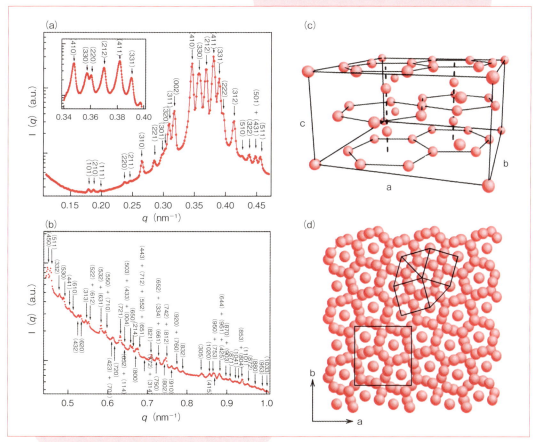

図6 polybutadiene-poly(ε-caprolactone)/polybutadiene 混合系における準結晶に近いFrank-Kasper σ相
(a), (b)小角散乱パターン[J. Phys. Condens. Matter., **29**, 204002 (2017)]とその(c) (d)モルフォロジー[Science, **330**, 349 (2010)].

過型電子顕微鏡像を示す[14, 15]．無秩序状態のなかにラメラミクロドメイン構造のグレインが孤立して存在しているのがわかる．このグレインは異方的でありラメラの法線方向に細長い構造をとっていることがわかる．これはミクロドメイン構造の異方性に由来するものであり，界面の自由エネルギーの障壁が法線方向に低いことによる．グレイン構造はモルフォロジーによって異なり，シリンダー構造のグレインはレンズ状の楕円体と異方的になるのに対して，球状ミクロドメインのグレインは等方的になることが明らかにされている[16]．

4 ブロック共重合体の薄膜における自己組織化

ブロック共重合体の薄膜においては，比表面積がバルクの場合に比べて非常に大きいため，表面・界面におけるブロック共重合体と空気あるいは基盤表面との相互作用がミクロ相分離構造のモルフォロジーおよび配向に与える影響が大きい[1, 17]．さらに，これらの相互作用に加え，膜厚や基板の表面形状などの空間的拘束による外部要因もミクロ相分離構造に大きく影響する．

バルク状態での平衡状態でのドメイン間距離 d_0 の数倍程度の厚み t_f の薄膜におけるブロック共重合体の自由エネルギー（F）は薄膜内部構造の寄与（F_{bulk}）と表面・界面の寄与（$F_{surface}$）からなる．

$$F = F_{bulk} + F_{surface} \quad (10)$$
$$F_{bulk} = F_{A/B} + F_{conformation} \quad (11)$$
$$F_{surface} = \gamma_{A/sub} + \gamma_{B/sub} + \gamma_{A/air} + \gamma_{B/air} \quad (12)$$

F_{bulk} はバルク状態と同様にミクロ相分離構造における異種ブロック鎖の接触エンタルピーの項 $F_{A/B}$ とブロック鎖の形態エントロピーに由来する項 $F_{conformation}$ で表される．薄膜では t_f と d_0 の整合性が悪い場合（たとえば $t_f = 3.3d_0$ など d-spacing が平衡状態からずれる場合など）$F_{conformation}$ の F_{bulk} に対する寄与が大きい．$F_{surface}$ は A 成分と基板との表面自由エネルギー $\gamma_{A/sub}$，B 成分と基板との表面自由エネルギー $\gamma_{B/sub}$，A 成分と空気との表面自由エネルギー $\gamma_{A/air}$，B 成分と空気との表面自由エネルギー $\gamma_{B/air}$ からなる．先にも述べたように膜厚がバルク中のミクロ相分離構造のドメイン間距離の数倍程度以下の薄膜の場合，その比表面積はバルクと比べ桁違いに大きい．したがってバルクでは $F_{surface}$ の F に対する寄与が無視できるのに対し，薄膜では $F_{surface}$ の寄与が大きくなる．

図 11 に基板上に形成された厚さ t_f の薄膜においてシリンダーまたはラメラ状ミクロドメイン構造をもつ AB ジブロック共重合体がとる構造における $\gamma_{A/air}, \gamma_{A/sub}, \gamma_{B/air}, \gamma_{B/sub}$ の大小関係および t_f の影響を示す．1 成分が他成分に比べて基板との表面自由エネルギーが低い場合（たとえば，$\gamma_{A/sub} < \gamma_{B/sub}$），あるいは 1 成分が他成分に比べて空気との表面自由エネルギーが低い場合（たとえば，$\gamma_{A/air} < \gamma_{B/air}$）は，表面自由エネルギーが低い成分が基板表面や膜表面を覆うことにより F が小さくなるため，基板や膜表面と平行にミクロ相分離構造の界面が形成される．このとき，ブロック共重合体が厚さ方向にドメイン間距離 L_0 の周期構造をつくる場合を考える．A 成分が B 成分に比べて基板との表面自由エネルギーも空気との表面自由エネルギーも両方低い場合（$\gamma_{A/sub} < \gamma_{B/sub}$ および $\gamma_{A/air} < \gamma_{B/air}$）には，(a)に示すように t_f は表面自由エネルギーを小さくするために A が表面（空気界面）と基板界面の両方に面するように（対称的濡れの場合）$t_f = nL_0$（n は整数）でなければならない．この場合両界面における A ドメインのサイズは膜内部の A ドメインサイズの 1/2 になっている．それに対して，A が B に比べて基板との表面自由エネルギーが低いが B が A に比べて空気との表面自由エネルギーが低い場合（$\gamma_{A/sub} < \gamma_{B/sub}$ および $\gamma_{A/air} > \gamma_{B/air}$）には，(b)のように異種成分がそれぞれ表面と基板界面に面するので $t_f = (n + 0.5)L_0$ となる．

両成分の基板との表面自由エネルギーが等しく（$\gamma_{A/sub} \sim \gamma_{B/sub}$），かつ両成分の空気との表面自由エネルギーの等しい（$\gamma_{A/air} \sim \gamma_{B/air}$）場合，どちらの成分も空気あるいは基板と接触しても表面自由エネルギーが変わらないため，わずかな t_f と L_0 の整合性がミクロドメインの配向に影響を及ぼすことになる．t_f と L_0 の整合性がない場合は(c)のように基板に対して垂直配向したシリンダー構造あるいはラメラ構造をとる．非選択性の界面（$\gamma_{A/sub} \sim \gamma_{B/sub}$）と選択制の空気界面（$\gamma_{A/air} < \gamma_{B/air}$）の場合は(d)のように複雑なモルフォロジーが形成される．

Chap 2 相分離の理論・高次構造形成

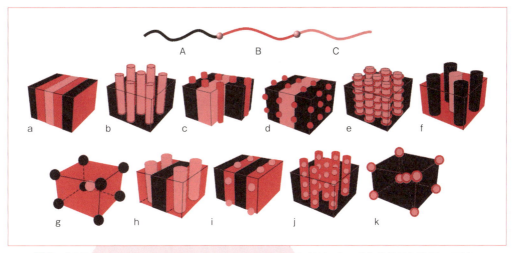

図7 ABCトリブロック共重合体の球とシリンダーとラメラによってとりうるモルフォロジー

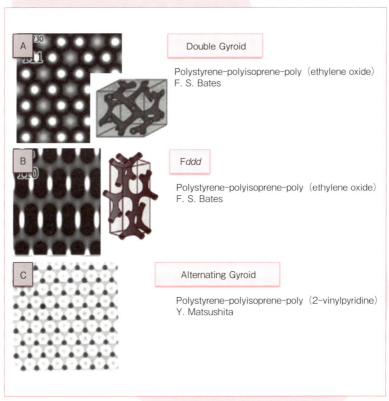

図8 ABCトリブロック共重合体のネットワーク構造
[*Macromolecules*, **42**, 7221 (2009)].

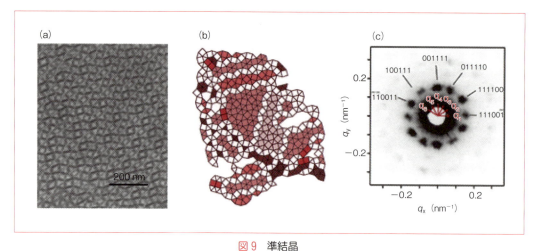

図9 準結晶
(a)広域透過型電子顕微鏡像.(b)は正三角形と正方形を用いて,(a)から転写した転写模式図.(c)12回対称準結晶構造からの12個の回折点[13(b)].

◆ 文 献 ◆

- [1] (a)『ブロック共重合体の自己組織化技術の基礎と応用』,竹中幹人,長谷川博一 監修,CMC出版(2013);(b) 竹中幹人,橋本竹治,ABの相分離と構造形成,ポリマーABCハンドブック,NTS出版(2001).
- [2] W. Hamley, in "Block Copolymers," Oxford University Press (1999).
- [3] L. Leibler, *Macromolecules*, **13**, 1602 (1980).
- [4] 坂本直紀,橋本竹治,高分子加工 **47**, 362 (1998).
- [5] (a) A. K. Khandpur, S. Förster, F. S. Bates, I. W. Hamley, A. J. Ryan, W. Bras, K. Almdal, K. Mortensen, *Macromolecules*, **28**, 8796 (1997);(b) M. Matsen, *J. Phys.Condens. Matter.*, **14** R21 (2002).
- [6] M. Takenaka, T. Wakada, S. Akasaka, S. Nishitsuji, K. Saijo, H. Shimizu, M. I. Kim, H. Hasegawa, *Macromolecules*, **40**, 4399 (2007).
- [7] M. W. Matsen, M. Schick, *Phys. Rev. Lett.*, **72**, 2660 (1994).
- [8] H. Hasegawa, H. Tanaka, K. Yamazaki, T. Hashimoto, *Macromolecules*, **20**, 1651 (1987).
- [9] H. Takagi, R. Hashimoto, N. Igarashi, S. Kishimoto, K. Yamamoto, *J. Phys. Condens. Matter.*, **29**, 204002 (2017)
- [10] Y. C. Wang, M. Wakabayashi, H. Hasegawa, M. Takenaka, *Soft Matter*, **13**, 8824 (2017).
- [11] F. S. Bates, G. H. Fredrickson, *Phys. Today.*, **52**, 33 (1999).
- [12] F. S. Bates et al., *Macromolecules*, **42**, 7221 (2009).
- [13] (a) A. Takano, W. Kawashima, A. Noro, Y. Isono, N. Tanaka, T. Dotera, Y. Matsushita, *J. Polym. Sci., Part B*, **43**, 2427 (2005);(b) K. Hayashida, T. Dotera, A. Takano, Y. Matsushita, *Phys. Rev. Lett.*, **98**, 195502 (2007).
- [14] N. Sakamato, T. Hashimoto, *Macromolecules*, **31**, 3292 (1998).
- [15] N. Sakamato, T. Hashimoto, *Macromolecules*, **31**, 3185 (1998).
- [16] N. Sakamato, T. Hashimoto, *Macromolecules*, **31**, 8493 (1998).
- [17] H.Yoshida, M.Takenaka, "Nanolithography: The Art of Fabricating Nanoelectronic and Nanophotonic Devices and Systems," ed. by M Feldman, Woodhead Publishing (2013).

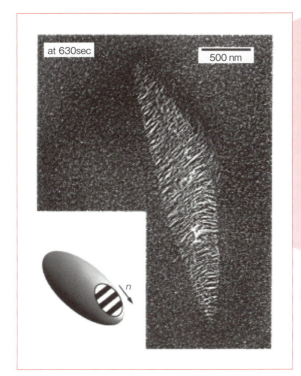

図10 無秩序状態(172 ℃)から秩序無秩序転移温度近傍(97.0 ℃)に急冷後のポリスチレンポリイソプレンジブロック共重合体の 630 秒における凍結された構造の TEM 像
Inset はグレイン構造の模式図.

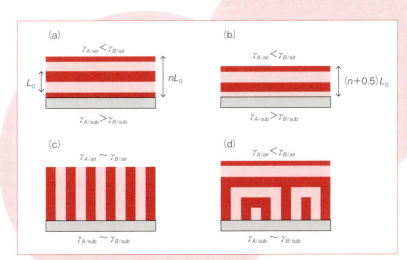

図11 AB ブロック共重合体薄膜における空気および基板界面の自由エネルギーがミクロ相分離構造の配向に及ぼす効果(ラメラ構造またはシリンダー構造)

Chap 2
Basic Concept-3
分子キャラクタリゼーションと溶液中での自己集合体形成

高橋倫太郎　佐藤 尚弘
（北九州市立大学大学院国際環境工学研究科）（大阪大学大学院理学研究科）

1 はじめに

本章第1節で述べられたように，近年の重合技術の進歩により，非常に多種類のブロック共重合体が精密に合成されるようになってきた．合成されたブロック共重合体を実際に材料として利用しようとするとき，要求される材料物性を保証するために，その共重合体の各ブロック鎖の分子量・分子量分布を正確に特性化しておく必要がある．

また最近は，水溶液中でブロック共重合体が形成する高分子ミセルの中に薬剤を内包させた状態で人体に投与するドラッグデリバリーシステム（DDS）の研究が活発に行われている（第18章参照）．このように，溶液中で形成する高分子ミセル内に機能性物質を内包させ，さまざまな用途のナノキャリアやナノリアクターとして利用しようというナノテクノロジーに，ブロック共重合体は重要な役割を演じている．これらナノキャリアやナノリアクターとして利用する場合，ミセルのモルフォロジーやサイズを制御する必要がある．ブロック共重合体の溶液中でのミセル形成やミセル特性の制御には，各ブロック鎖の分子量・分子量分布に加え，各ブロック鎖と溶媒間および両ブロック鎖間の相互作用が重要な役割を演じる．

ブロック共重合体の分子特性化の方法論についてはすでに確立しているが[1]，自己集合体の構造制御については，現在盛んに研究されている．本節では，ブロック共重合体の分子キャラクタリゼーションについて簡単に紹介したのち，溶液中での自己集合体の形成機構と構造解析について述べる．

2 ブロック共重合体の分子キャラクタリゼーション

AB型ジブロック共重合体は，通常リビング重合により，まず片方のモノマーAを重合させた後，もう一方のモノマーBを重合系に添加して共重合させる．したがって，初めのモノマーAの重合が終了した時点で生成したAのホモポリマー（前駆体）を重合系から抜き取り，その分子量分布を調べれば，最終的に合成されたABブロック共重合体中のAブロック鎖のキャラクタリゼーションが行える．

ホモポリマーの分子量分布や平均分子量は，サイズ排除クロマトグラフィー（SEC）を用いて調べるのが標準的である．SECの測定原理については第7章に譲るが，Aブロック鎖（前駆体）の数平均分子量 $M_{n,A}$ と重量平均分子量 $M_{w,A}$ がSECで得られた溶出曲線より計算される．溶出曲線の横軸を溶出体積（溶出時間）から分子量 M_A に変換して得られる重量分率曲線 $w(M_A)$ を用いて，平均分子量は次のようにして計算される．

$$M_{w,A} = \int M_A w(M_A) dM_A,$$
$$M_{n,A} = 1/\int M_A^{-1} w(M_A) dM_A \quad (1)$$

ただし，Aホモポリマーと異なる種類の標準試料を用いてつくった校正曲線を用いてSEC測定をした場合には，溶出体積から M_A への変換が正しくないので，正しい平均分子量は一般に求まらない．光散乱検出器を有するSECを利用すれば，校正曲線を用いずに $w(M_A)$ が得られるので，正しい平均分子量が得られる．ただし，SECカラムの分解能が十分でない場合には，上式(1)の2番目の式が正確でなくなるので，$M_{n,A}$ には誤差を生じる（$M_{w,A}$ については，

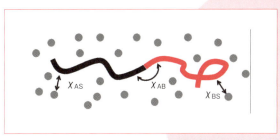

図1 溶液中でのブロック共重合体の相互作用パラメータ

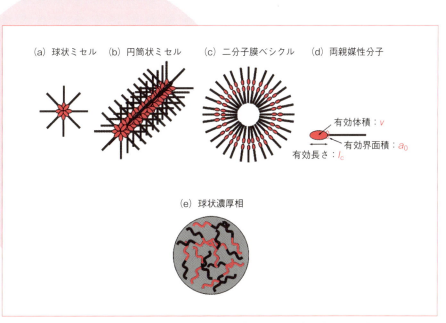

図2 ブロック共重合体の溶液中でのさまざまな自己集合体(a〜c, e)とそれらを形成する両親媒性分子(d)

カラム分解能にかかわらず正しい値が得られる).

Aブロック鎖前駆体にBモノマーを反応させて得られたブロック共重合体のモノマー組成(A, Bモノマー単位の各モル分率, x_A, x_B)は, 通常分光学的方法により決定される. 各モノマー単位固有のNMRピークや紫外吸収ピークがあれば, それらのピーク強度比からモノマー組成が計算される. ブロック共重合体中のBブロック鎖の数平均分子量を$M_{n,B}$, またA, Bモノマー単位当たりの分子量をそれぞれM_{0A}とM_{0B}とすると, モル分率x_Aとx_Bは次の式で表される.

$$x_B = 1 - x_A = \frac{M_{n,B}/M_{0B}}{(M_{n,A}/M_{0A}) + (M_{n,B}/M_{0B})} \quad (2)$$

よって, ブロック共重合体全体の数平均分子量M_nは, $M_{n,A}$とx_Aを使って次式から計算される.

$$M_n = M_{n,A} + M_{n,B} = (x_A M_{0A} + x_B M_{0B})\frac{M_{n,A}}{x_A M_{0A}} \quad (3)$$

もし, Aブロック鎖の開始末端に固有のNMRシグナルを呈するプロトンがある場合には, 共重合体におけるそのシグナル強度とA, Bモノマー単位に帰属されるシグナル強度の比から, $M_{n,A}$とM_nが求められる. ただし, 高分子量になるほど末端のシグナル強度は弱くなるので, 精度が低下する. また, ブロック共重合体やBブロック鎖の重量平均分子量をSECや光散乱法から求める際には注意が必要である. 組成分布をもつ共重合体に対して通常のホモポリマーと同じ解析法を適用すると, 正しい平均分子量は一般には得られない[1]. さらに, ABブロック共重合体に対する選択溶媒中で測定すると, 一本鎖の分子量ではなく自己集合体のモル質量が得られる.

溶液中での分子間相互作用と自己集合

溶液中でのAB型ブロック共重合体の分子間相互作用は, 図1に示すように, 3種類の相互作用パラメータで表される. 溶媒条件を変えることにより, 各ブロック鎖モノマー単位と溶媒間の相互作用パラメータχ_{AS}とχ_{BS}が変化し, χ_{BS}をχ_{AS}より(あるいはχ_{AS}をχ_{BS}より)大きくしていくと, ブロック共重合体の両親媒性が強くなる.

ブロック共重合体の分子特性($M_{n,A}$, $M_{n,B}$)や分子間相互作用(χ_{AS}, χ_{BS}, χ_{AB})を変化させることにより, ブロック共重合体は溶液中でさまざまなモルフォロジーの自己集合体を形成する. 選択溶媒中で強い両親媒性をもてば, ブロック共重合体は, 図2に示すような球状ミセル(a), 円筒状ミセル(b), あるいは二分子膜ベシクル(c)を形成しうる. ミセルのモルフォロジーは, 図2(d)に示すように, ブロック共重合体の疎水部を特徴づける有効体積v, 有効界面積a_0, および有効長l_cを使って定義される充填パラメータ

$$\lambda \equiv v/a_0 l_c \quad (4)$$

によって規定され, $\lambda \lesssim 1/3$では球状ミセル, $1/3 \lesssim \lambda \lesssim 1/2$では円筒状ミセル, $1/2 \lesssim \lambda$ではベシクルが形成されるとされている[2].

ブロック共重合体の両親媒性がそれほど強くない場合には, ミセルではなく溶液の液-液相分離が起こることが知られており, 相分離した濃厚相はコロイド状粒子[図2(e)]として存在したり, 巨視的な相分離を起こしたりする[3~5]. 以下では, ブロック共重合体の溶液中でのミセル化と相分離について簡単に熱力学的考察を行う.

ブロック共重合体が均一に分散している溶液の混合Gibbsエネルギー密度Δg_h(単位格子当たり)は, Flory-Huggins理論に基づき, 以下の式で与えられる.

$$\frac{\Delta g_h}{k_B T} = \phi_S \ln \phi_S + \frac{\phi_P}{P} \ln \phi_P + \overline{\chi} \phi_S \phi_P \quad (5)$$

ここで, $k_B T$はBoltzmann定数と絶対温度の積, ϕ_Pとϕ_S($=1-\phi_P$)はそれぞれ高分子と溶媒の溶液中での体積分率, Pは1本の共重合体鎖がもつセグメント数, そして$\overline{\chi}$は平均の相互作用パラメータで, 次式で定義される.

$$\overline{\chi} \equiv x_A \chi_{AS} + x_B \chi_{BS} - x_A x_B \chi_{AB} \quad (6)$$

ここで, x_A, x_Bは各ブロック鎖のセグメント分率を表す.

溶媒がどちらのブロック鎖に対しても良溶媒で, $\overline{\chi}$がゼロに近い値の場合, 式(5)で与えられるΔg_h対ϕ_Pの曲線は, すべてのϕ_Pの範囲で下に凸であるが, 溶媒がA鎖, B鎖, あるいはその両方に対して貧溶媒化していくと, $\overline{\chi}$の値が大きくなり, 図3の太い実線で示すようにΔg_h対ϕ_Pの曲線には上に凸のこぶが現れ, 共通接線(図中の細い直線)が引ける

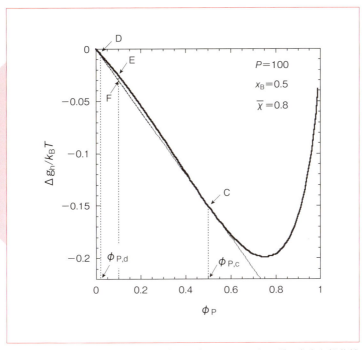

図3 ブロック共重合体の均一溶液の混合Gibbsエネルギー密度と相分離

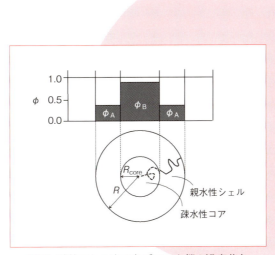

図4 球状ミセル内の各ブロック鎖の濃度分布

ようになる．いま，共通接線の二つの接点の ϕ_P を $\phi_{P,d}$ と $\phi_{P,c}$ ($\phi_{P,d} < \phi_{P,c}$) とすると，仕込みの濃度 ϕ_P が $\phi_{P,d}$ と $\phi_{P,c}$ の間にあるブロック共重合体溶液は，濃度 $\phi_{P,d}$ の希薄相と $\phi_{P,c}$ の濃厚相に相分離する．仕込みの濃度が ϕ_P の均一溶液の混合 Gibbs エネルギー密度が図中の点 E の縦軸の値であるのに対して，相分離を起こしたときの溶液の混合 Gibbs エネルギー密度は図中の点 F の縦軸の値で，後者の方がより低く，熱力学的により安定になるからである[6]．

次にブロック共重合体が図4 に示すような，濃度分布をもつ球状ミセルを形成した場合の混合 Gibbs エネルギー密度 Δg_m を考える．疎水性コアの半径 R_{core} とミセル全体の半径は各ブロック鎖のセグメント数 $x_A P$ とセグメント数 $x_B P$ を使って次のように表されると仮定する．

$$R_{core} = a(x_B P)^\alpha, R = a[(x_A P)^\alpha + (x_B P)^\alpha] \quad (7)$$

ここで，a はセグメントサイズ（単位格子サイズ），α はスケーリング指数を表す（ここでは，コア部とシェル部での指数の違いを無視する）．また，ミセルの平均内部濃度 ϕ_P，コア内の B ブロック鎖濃度 ϕ_B，およびシェル部の A ブロック鎖濃度 ϕ_A の間には次の関係が成立する

$$\phi_P = \frac{3PN_p a^3}{4\pi R^3}, \phi_B = \frac{x_B R^3}{R_{core}^3}\phi_P, \phi_A = \frac{x_A R^3}{R^3 - R_{core}^3}\phi_P \quad (8)$$

理論の詳細は省略するが，Flory-Huggins 理論を応用して，Δg_m として次式を得る．

$$\frac{\Delta g_m}{k_B T} = -\frac{\Delta s_m}{k_B} + [(x_A \chi_{AS}(1-\phi_A) + x_B \chi_{BS}(1-\phi_B) - x_A x_B \chi_{AB}]\phi_P + \frac{\Delta g_I}{k_B T} \quad (9)$$

ここで，Δs_m はミセルを形成したときの混合エントロピー密度，Δg_I は疎水性コアと親水性シェル間の界面張力 Gibbs エネルギー密度を表す．具体的な表式は文献を参照されたい[7]．この式を用いて計算した Δg_m 対 ϕ_P の曲線を図5 に示す．図3 と同じ P, x_B, $\bar{\chi}$ の値を用い，$\chi_{AB}=0.3$ に固定し，$\chi_{BS}=1.4$（$\chi_{AS}=0.35$），$\chi_{BS}=1.54$（$\chi_{AS}=0.21$），および $\chi_{BS}=1.7$（$\chi_{AS}=0.05$）と選んだときの結果をそれぞれ図中の赤の点線，破線，一点鎖線で示している．また，図中の黒の太い実線と細い直線は，それぞれ図3 の黒の太い実線と細い直線と同じである．両親媒性が弱いとき（$\chi_{BS}=1.4$，$\chi_{AS}=0.35$）の赤の点線は，液-液相分離に対応する黒の細い直線よりも上にあり，ミセル相よりも液-液相分離を起こす方が熱力学的に安定である．これに対して，両親媒性が強い条件（$\chi_{BS}=1.7$，$\chi_{AS}=0.05$）である赤の一点鎖線は，希薄領域の黒の実線より濃厚領域の赤の一点鎖線とで共通接線（図中の赤の細い直線）が引け，その接線が液-液相分離の細い実線よりも下にある．すなわち，接点 D' と M の濃度 $\phi'_{P,d}$ と $\phi_{P,m}$ の間に仕込み濃度を有するブロック共重合体溶液は，濃度が $\phi'_{P,d}$ の希薄相とミセル相が共存し（たとえば $\phi_P=0.1$ の溶液ならば図中の G で示した混合 Gibbs エネルギー密度をとり），液-液相分離の状態（図中の F で示す混合 Gibbs エネルギー密度をもつ）よりも熱力学的に安定となる．また，図5 には示していないが赤の一点鎖線は濃厚領域でも黒の実線と共通接線が引け，ミセル相は均一な濃厚相とも共存する．さらに，中間の χ_{BS}（$=1.54$）では，液-液相分離を示す共通接線（黒の細い直線）が，赤の一点鎖線にも接しており，希薄相がミセル相とも均一の濃厚相とも共存する可能性がある．

図6 には，$P=100$, $x_B=0.5$, $\chi_{AB}=0.3$, $\chi_{AS}=0.785$ に固定し，χ_{BS} を変化させたときの共存する $\phi_{P,d}$, $\phi_{P,c}$, $\phi'_{P,d}$, $\phi_{P,m}$ を，図5 に示したような Δg_h 対 ϕ_P および Δg_m 対 ϕ_P の曲線の共通接線の接点から求めた相図を示す．図中には，不安定な液-液相分離の共存組成曲線（黒の破線）と $\phi_{P,m}$ から式(8)を利用して求めた疎水性コアの内部濃度 ϕ_B（赤の一点鎖線）も示してある（ミセルと共存している希薄相の濃度 $\phi'_{P,d}$ は非常に希薄で，この図では不安定な液-液相分離の希薄側の共存組成曲線とほとんど重なっている）．ブロック共重合体の両親媒性が強まるとともに，液-液相分離からミセル化に転移している様子が見て取れる．

ポリイオンコンプレックスを形成するブロック共重合体混合物の水溶液中での自己集合

ブロック共重合体の希薄溶液中での相分離とミセル化の競合，およびミセルのモルフォロジー転移について，図7 に示す中性-アニオン性ブロック共重

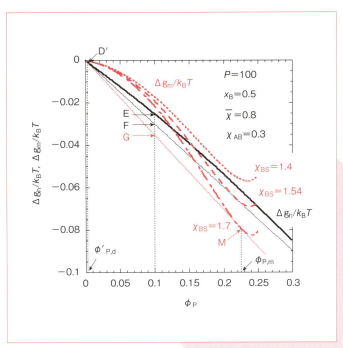

図5 ミセル相に対する Δg$_m$ 対 φ$_P$ の曲線

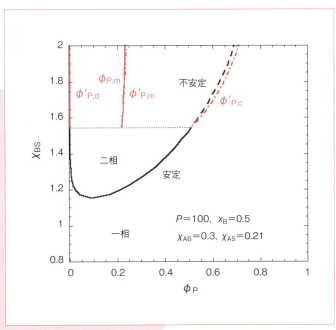

図6 ブロック共重合体溶液の相図

合体(AB⁻)と中性-カチオン性ブロック共重合体(AB⁺)の混合物水溶液系を例にして紹介する[8,9]．以下，共重合体 AB⁺と AB⁻の混合比は，溶液中の B⁺モノマー単位と B⁻モノマー単位のモル濃度 C_{0+} と C_{0-} を使って次式で定義される，B⁺モノマー単位のモル分率で表す．

$$x_+ \equiv C_{0+}/(C_{0+} + C_{0-}) \quad (10)$$

ブロック共重合体 AB⁺と AB⁻の混合物水溶液において，カチオン性モノマー単位 B⁺とアニオン性モノマー単位 B⁻は静電相互作用により，以下のように一部中性複合体 N を形成すると仮定し

$$B^+ + B^- \xrightleftharpoons{K} N \quad (11)$$

平衡定数 K は添加塩濃度 C_S の減少に伴い増加するものとする．すなわち，この水溶液系中には，A，B⁺，B⁻，N の4種類のモノマー単位が存在し，このうち N は電荷を失っているために水に対する親和性が低下し，疎水性モノマー単位として振る舞う．

図8には，ブロック共重合体 AB⁺と AB⁻の混合物水溶液系において，塩濃度 C_S および両ブロック共重合体の混合比を変えたときの相図およびミセルモルフォロジー転移の結果をまとめる．まず，$x_+ = 0.6$，共重合体の全質量濃度 c を 0.005 g/cm³ に固定し，図中の縦の点線に沿って C_S を変化させる．$C_S > 0.9$ M の高塩濃度では，B⁺と B⁻間の静電相互作用が弱く，上式(10)の平衡はほとんど左に偏っていて両ブロック共重合体鎖は分子分散し，溶液は均一一相状態にある．ところが，0.9 M $> C_S >$ 0.5 M では上平衡が少し右に偏り，形成された中性複合体 N が平均の相互作用パラメータ $\bar{\chi}$ を増加させ，液-液相分離を起こし，水溶液は白濁する．さらに C_S を減少させると水溶液は再び均一一相状態になるが，両ブロック共重合体鎖は分子分散しているのではなく，ミセルを形成していることがわかる(次の項参照)．B⁺-B⁻間の静電引力が強くなり，式(10)の平衡がずっと右に偏るので，疎水性の中性複合体 N が増えてイオンコンプレックス鎖の相互作用パラメータ(χ_{BS})がさらに増加し，図6に示すように，相分離よりもミセル化の方が熱力学的に安定化されたと考えられる．また，ミセル領域で C_S を減少させると，ベシクルから円筒状ミセルへのモルフォロジー転移

を見いだした(次の項参照)．C_S 減少にともない，中性複合体 N が増えてミセルの疎水性ドメインから溶媒の水が排除されて(図4の ϕ_B が高まって)ドメイン体積が減少し，式(4)で定義される充填パラメータ λ が減少してモルフォロジー転移が起こったと考えられる[8]．

また，$C_S = 0.1$ M，$c = 0.005$ g/cm³ に固定し，混合比 x_+ を化学量論比からずらすとベシクルから球状ミセルへのモルフォロジー転移が見いだされた(図8参照)．ポリイオンコンプレックスを形成しない過剰共重合体成分がミセルにより多く挿入し，ミセルの疎水性ドメインがより電荷を帯び，静電エネルギーの増加がベシクルを不安定化させたと考えられる[9]．

5 ブロック共重合体が溶液中で形成するミセルの構造解析

最後に，前項の議論の基礎となったミセルの構造解析について簡単に紹介する[10]．

図9には，ブロック共重合体 AB⁺と AB⁻の混合物($x_+ = 0.6$)水溶液系において，異なる塩濃度 C_S での小角 X 線散乱(SAXS)の散乱関数 $R_\theta/K_e c$ を示す．ここで，R_θ は散乱 X 線の過剰 Rayleigh 比，K_e は SAXS における光学定数，c は共重合体の全質量濃度を表す．同時に測定した R_θ が既知の標準溶液の散乱強度から共重合体溶液の R_θ の絶対値を計算し，密度測定より得られた高分子の部分比容から K_e を計算した[8,9]．$C_S = 2$ M の散乱関数は，ここでは示していない AB⁺と AB⁻の混合前の水溶液に対する散乱関数とほぼ重なり，この塩濃度で AB⁺と AB⁻の混合物は複合体を形成せず，分子分散していることがわかる．これに対して，塩濃度を下げていくと，散乱波数 k の低い領域での散乱光強度が次第に増加し，AB⁺と AB⁻の混合物の複合体形成を実証している．また，k が低い領域での散乱関数はいったん傾きが急になってから，$C_S = 0.01$ M では k 依存性が弱くなっており，絶対値も下がっている．これは，$C_S = 0.1$ M と 0.01 M とで，形成された自己集合体のモルフォロジーが異なることを示唆している．また，図9の挿入図からわかるように，$C_S = 0.1$ M と 0.01 M の散乱関数には，それぞれ $k = 0.35$ nm⁻¹ と 0.25 nm⁻¹ 付近

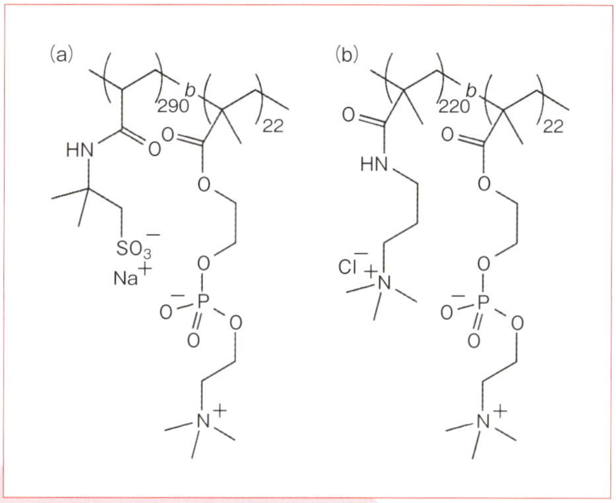

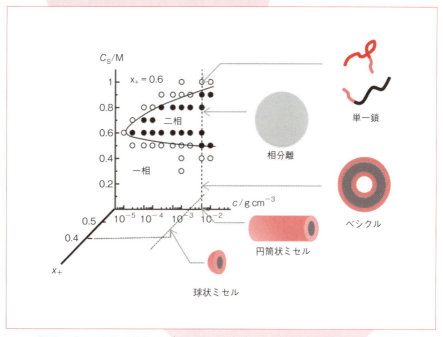

図7 研究対象とした中性－アニオン性ブロック共重合体（AB⁻）と中性－カチオン性ブロック共重合体（AB⁺）の化学構造

図8 ブロック共重合体 AB⁺と AB⁻の混合物が水溶液中で形成するさまざまな自己集合体
［Reprinted with permission from Ref.8. Copyright 2016 American Chemical Society］

にわずかなピークが観察される．図8のC_s＝0.1 Mと0.01 Mの散乱関数をフィットしている実線は，それぞれベシクルと円筒状ミセルに対する理論線[8]であり，中間のk領域でのわずかなピークは，ベシクルあるいは円筒状ミセルの疎水性ドメインの厚みに対応する回折ピークである．これら散乱関数の結果に対応して，図9に示すように，C_s＝0.1 Mと0 Mでの自己集合体の電子顕微鏡写真には，それぞれ球状とひも状の構造物が観察されている．

◆ 文　献 ◆

[1] in "Light Scattering from Polymer Solutions," by H. Benoit, D. Froelich, ed. by M. B. Huglin, Academic Press, London & New York, (1972), p.467.
[2] "Intermolecular and Surface Forces (third edition)", by J. N. Israelachvili, Academic Press (2011).
[3] R. Takahashi, T. Sato, K. Terao, X.-P. Qiu, F. M. Winnik, *Macromolecules*, **45**, 6111 (2012).
[4] T. Sato, K. Tanaka, A. Toyokura, R. Mori, R. Takahashi, K. Terao, S. Yusa, *Macromolecules*, **46**, 226 (2013).
[5] R. Takahashi, X.-P. Qiu, N. Xue, T. Sato, K. Terao, F. M. Winik, *Macromolecules*, **47**, 6900 (2014).
[6] 松下裕秀 編者,『高分子の構造と物性』, 講談社サイエンティフィック (2013) 第2章.
[7] T. Sato, R. Takahashi, *Polym. J.*, **49**, 273 (2017).
[8] R. Takahashi, T. Sato, K. Terao, S. Yusa, *Macromolecules*, **48**, 7222 (2015).
[9] R. Takahashi, T. Sato, K. Terao, S. Yusa, *Macromolecules*, **49**, 3091 (2016).
[10] J. S. Pedersen, *Adv. Colloid Interface Sci.*, **70**, 171 (1997).

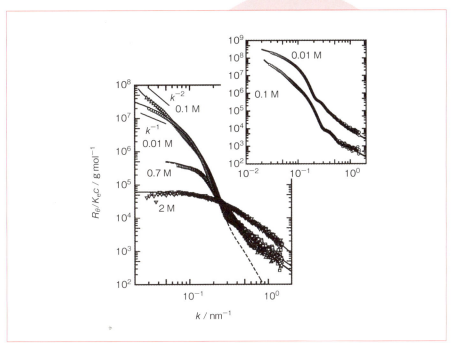

図9 AB⁺−AB⁻混合物(x_+=0.6)の異なる塩濃度のNaCl水溶液に対する小角X線散乱曲線

右上の挿入図では，C_S=0.01 Mの散乱関数を縦軸方向に10倍ずらしてある．
横軸のkは散乱波数を表す．

[Reprinted with permission from Ref.8. Copyright 2016 American Chemical Society]

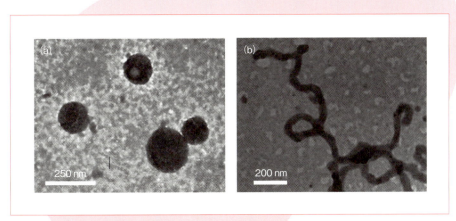

図10 AB⁺−AB⁻混合物(x_+=0.6)の(a) 0.1 Mおよび(b) 0 M NaCl水溶液中での自己集合体の透過型電子顕微鏡写真

[Reprinted with permission from Ref.8. Copyright 2016 American Chemical Society]

Chap 3
ブロック共重合体化学の歴史と将来展望

平井　智康　　高原　淳
(大阪工業大学)　(九州大学先導物質化学研究所)

1 はじめに

ブロック共重合体が合成されてからすでに60年以上が経過している．1940年代後半のPluronics（商品名：BASF-Wyandotte）のようなポリ(エチレンオキシド-b-プロピレンオキシド-b-エチレンオキシド)（PEO–PPO–PEO）系界面活性ブロック共重合体に始まり[1]，リビングアニオン重合によるブロック共重合体の発見による多様なブロック共重合体への展開，精密高分子合成の技術による多様なブロック共重合体の合成が行われてきた．図1は現在までに合成されているブロック共重合体の例である．初期の線状のものから，環状，くし形，また生体高分子のハイブリッドまで発展しており，マクロな力学物性のみならず界面活性剤，高密度メモリー素子，有機EL，ドラッグデリバリー特性などのさまざまな機能特性を発現させることが可能となり，ブロック共重合体はソフトマテリアルの中心的材料と位置づけられる．この分野を発展させたのは分子量，シークエンスを制御可能な精密高分子合成技術の発展のみならず，透過型電子顕微鏡観察，走査型フォース顕微鏡，放射光小角X線散乱などの解析技術の発展，また平均場近似などのミクロ相分離構造の理論的な予測が背景にあげられる．この章では，合成，特性解析，機能化の観点から過去のブレイクスルーを解説し，将来展望を議論する．

2 アニオン重合によるブロック共重合体の合成

リビング重合の存在はFloryにより予言されていたが，Szwarcによりナトリウム−ナフタレン錯体を開始剤としたスチレンのリビングアニオン重合が初めて報告されて以来[2]，分子量が精密に制御され，かつ分子量分布の狭いブロック共重合体がリビングアニオン重合法に基づき調製されている[3]．リビングアニオン重合法を利用したブロック共重合体の調製法には，①モノマーを系に対して順次添加していく方法と，②あらかじめ重合より調製した高分子の末端基どうしをカップリングする方法が存在する．前者でブロック共重合体を調製するためには，

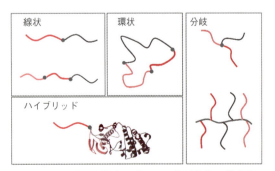

図1　さまざまな構造のブロック共重合体の模式図

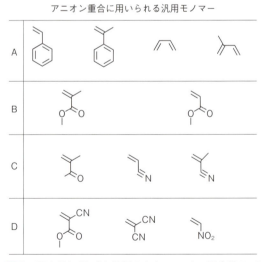

図2　反応性に基づき分類されたアニオン重合性モノマー

重合に用いられるモノマーの反応性と高分子鎖成長末端に生じたカルバニオンの反応性を考慮する必要がある．アニオン重合におけるモノマーの反応性はTsurutaらによって極性効果に関与する e 値が低いものから順に A〜D の四つの群に体系的にまとめられている（図 2）．

ここで，A 群に属するモノマーほどアニオン（開始剤）に対する反応性が低く，D 群に属するモノマーほどアニオンに対する反応性が高いことを意味している．e 値の値は二重結合の電子密度に依存し，置換基の電子吸引効果が大きくなるほど大きな値を示す．開始剤とモノマーが反応することで生じたカルバニオンの反応性は，e 値の大きな D 群では電子吸引効果により A 群のモノマーより生じたカルバニオンと比較して著しく抑制される．そのため，A 群から生じた高分子末端カルバニオンを利用して B〜D 群のモノマーを重合することでブロック共重合体が得られる一方で，B 群以下から生じた高分子末端カルバニオンからは A 群のモノマーを重合し，ブロック共重合体を得ることは困難を極める．ジブロック共重合体を調製する場合には添加順序の制限は問題とならないが，トリブロック共重合体以上からなるブロック共重合体を調製する際には，その組成は大きく制限される．②の手法は反応過程が増えるものの，複雑なマルチブロック共重合体の調製を可能にする．また①および②に共通する問題であるが，極性官能基を導入した B 群以下のモノマーは，開始剤あるいは A 群から生じたカルバニオンによる副反応に伴い重合がリビング的に行われないことがある．副反応を抑制する添加剤[4]の発見により，B 群のモノマーまではリビングアニオン重合に基づき高分子が得られるようになってきたが，C 群以下のモノマーでは重合反応がリビング的に進行しないため，A 群もしくは B 群より調製したカルバニオンに対して，C 群以下のモノマーを加えることで調製したブロック共重合体の分子量および組成の制御は難しく，また系中には副反応より生じた不純物が存在するため，ブロック共重合体を分別沈殿法などの手法に基づき単離・精製する必要がある．C 群以下のモノマーをリビング的に進行させる添加剤，重合条件の探索が今後のリビングアニオン重合を利用したブロック共重合体開発における大きな課題である．

3 ラジカル重合によるブロック共重合体の合成

1960 年代に，ポリプロピレンオキシドの両側ヒドロキシ基を 2,4-トルエンジイソシアネートで保護した化合物に対して，tert-ブチルヒドロペルオキシドを作用することで得られるペルオキシ末端からなるポリプロピレンオキシド誘導体をマクロ開始剤として，スチレン，アクリロニトリル，メチルメタクリレートをラジカル重合することで，ブロック共重合体の調製が可能であることが Tobolsky と Rembaum によって初めて提唱された．それ以来[5]，マクロ高分子の末端にラジカル開始剤を導入することでブロック共重合体を調製する試みが行われてきた（図 3）．

当時ブロック共重合体の調製に用いられた重合はいわゆる"フリーラジカル重合"であり，ブロック共重合体の分子量，組成，分子量分布の制御は成し遂げられていなかった．1990 年代に入り，澤本[6]，Matyjaszewski[7]らによって遷移金属を用いた制御ラジカル重合が確立された後，分子量，組成，分子量分布を精密に制御したブロック共重合体の調製が可能となった．さらに近年では，ニトロキシドを用いた重合（NMP）やジチオエステル誘導体を用いた重合（RAFT）に基づき，アニオン重合法では制御困難な極性官能基を導入したブロック共重合体も数

■ マクロ開始剤を利用したブロック共重合体の調製

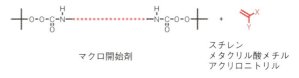

図 3 フリーラジカル重合法を利用したブロック共重合体の調製

多く調製されている．制御ラジカル重合の課題は，厳密にリビング的に進行しているわけでなく，重合後期において成長鎖末端どうしの停止反応が起こるところにある．A-Bジブロック共重合体をワンポットで重合することを考えると，Aモノマーが完全に消費される前にBモノマーを添加する必要があり，部分的に共重合体組成から成るポリマーが生じてしまう．A-Bの厳密な組成から成るジブロック共重合体を調製するためには，Aモノマーが完全に消費する前に取り出し，さらに精製を行った後，Aポリマーをマクロ開始剤としてBモノマーを重合する煩雑な工程が必要となる．厳密にリビングで進行するラジカル重合法の確立がラジカル重合における今後の課題である．

4 重縮合によるブロック共重合体の合成

重縮合に基づくブロック共重合体の調製にはテレケリックポリマーが汎用的に用いられてきた．テレケリックポリマーどうしあるいはテレケリックポリマーと二官能性モノマーを混合することでマルチブロック共重合体が得られる．しかしながら，この手法では分子量や分子量分布の精密な制御はできない．さらに近年では分析技術の発展に伴い，縮合反応が進み官能基の数が減少する反応後期では，オリゴマー間での反応よりオリゴマー自己末端基間での反応が支配的となり，環状高分子が生成することが明らかにされてきた[8]．これは逐次重合の宿命とされてきたが，2000年頃から重縮合に連鎖重合の概念を導入した連鎖縮合重合法が横澤らにより開発され，分子量，分子量分布を精密に制御したポリアミド骨格からなる線状ブロック共重合体の調製が可能となってきた(図4)[9]．

さらに連鎖縮合重合法は末端官能基化が容易であり，リビングアニオン重合，制御ラジカル重合法に基づき調製した高分子とカップリングすることで，いわゆる"ロッド-コイル"からなるブロック共重合体が調製されている．また，触媒移動型連鎖縮合重合により，p型の有機半導体として幅広く用いられているポリ3-ヘキシルチオフェン(P3HT)の分子量，分子量分布さらにはそのレジオレギュラリティーを精密に制御したブロック共重合体も調製されている．連鎖縮合重合が開発されるまでは，縮合系のブロック共重合体で明瞭なミクロ相分離構造を観察することは不可能であったが，近年では，多くの縮合系高分子でミクロ相分離構造が観測されるようになってきている．その一方で，高分子量は得られていないものの，多段階合成に基づき分子量分布をもたない(単分散)オリゴエーテルスルホンとオリゴエーテル

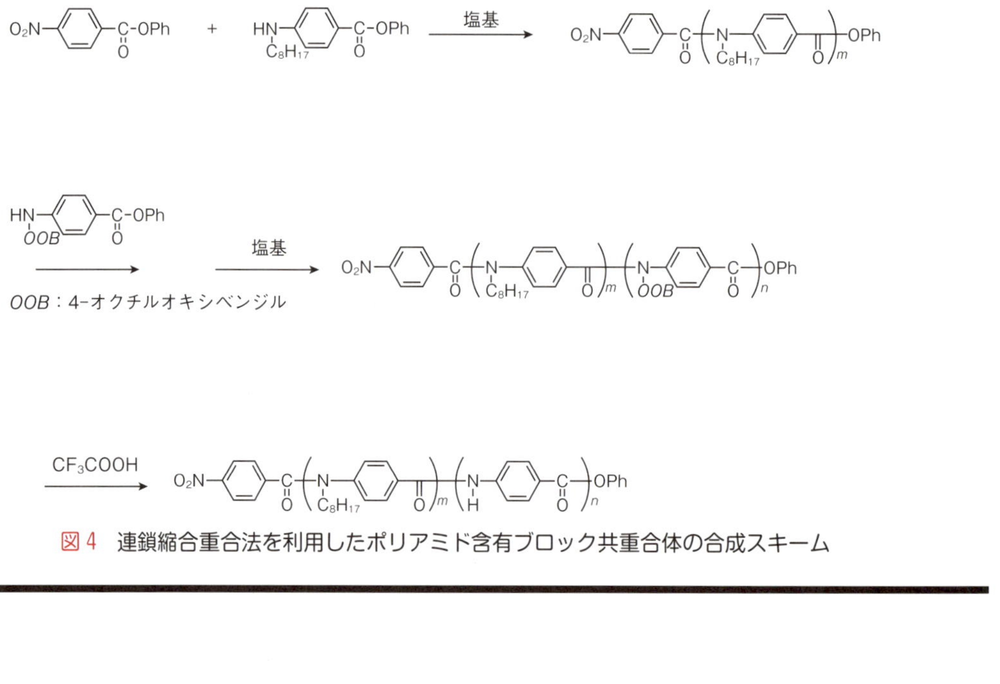

図4 連鎖縮合重合法を利用したポリアミド含有ブロック共重合体の合成スキーム

ケトンからなるブロック共重合体も調製され,明瞭なミクロ相分離構造が観察されている[10].

一次構造の制御を可能にする重縮合の課題として,連鎖縮合重合ではモノマーの重合順序や芳香族ポリエステルを扱う際には高分子量が得られないことなどがあげられる.多段階合成法の課題は,その煩雑さにあり,工業的な応用展開には限界がある.また,連鎖縮合重合および多段階合成法の共通の課題として,使用可能なモノマーが芳香族炭化水素誘導体に限定されるところにある.モノマーの多様化が今後の重縮合の課題である.

5 ブロック共重合体のミクロ相分離構造の発見とミクロ相分離構造形成機構の体系化

ブロック共重合体のミクロ相分離構造は1960年代後半の松尾らによる透過型電子顕微鏡(transmission electron microscope:TEM)による直接観察[11],動的粘弾性の温度依存性からの相分離構造の証明,Hendusらによる小角X線散乱に基づくミクロ相分離構造の同定[12]などを経由して,Meierの熱力学的な相分離の考察,Molauの組成に伴うモルフォロジー変化の図で,組成に伴うミクロ相分離構造の変化が理解されてきた[13]〔図5(a)〕.橋本らは小角X線散乱による実験的なアプローチから,ミクロ相分離構造のドメイン間距離は分子量の2/3乗となることを見いだした[14].

その後Leiblerはブロック共重合体の相分離構造を詳細に解析するために場の理論に基づいて自由エネルギー理論を定式化した[15].Leibler理論では相分離構造が安定になるかどうかは散乱関数によって決まり,与えられたミクロ相分離構造に対応する自由エネルギーを計算することで相図が得られることを提案した.また,太田,川崎はブロック共重合体の散乱関数について詳細に検討し,単純ながら高精度な散乱関数の近似形と自由エネルギーモデルを導出した[16].

Ohta-Kawasaki理論によれば,ブロック共重合体の相分離構造は複数の寄与の競合で決まると解釈される[15].局所的にはブロック共重合体は高分子ブレンドと同様に相分離しようとするが,化学結合のためマクロスケールで相分離することはできない.さらに,相分離界面では過剰な自由エネルギーをもつ.これらの寄与のバランスした結果として各種ミクロ相分離構造が発現する.Ohta-Kawasaki理論はブロック共重合体の相図やミクロ相分離構造のドメインサイズの分子量依存性などをよく記述できることが知られている.

一方,1980年代頃より,精密リビングアニオン重合の技術が進展してさまざまなブロック,グラフト共重合体が合成され,1980年代後半からMolauのモルフォロジーの図に当てはまらない構造が発見された.TEM観察像では観察方向により像が複雑に変化し,小角X線散乱でも非常に複雑な散乱像を与

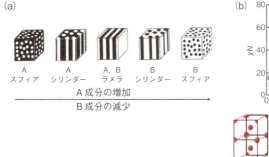
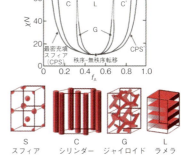

図5 (a) Molauにより提案されたミクロ相分離構造の模式図, (b) Matsen, Batesにより提案されたミクロ相分離の相図と相分離構造の模式図

えたため，構造解析は困難を極めた．初期にはダイヤモンド格子が二重に入り組んだ共連続構造（ダブルダイヤモンド構造）と説明されたが，1990年代前半のThomasらの詳細な構造解析[17]とMatsen, BatesによるSCFT解析により，Gyroid骨格を基本とする二重Gyroid構造であると結論づけられた[18〜20]〔図5(b)〕．現在では，脂質などの両親媒性分子，液晶などほかのソフトマターにも共通して見られる構造としてよく知られている．また2010年には複雑合金で観測されたフランク・カスパー相（σ相）がポリイソプレンーポリ乳酸（PI-PLA）ジブロック共重合体で発見された[21]．このような複雑な構造の直接観察には三次元透過電子顕微鏡（TEMT），超小角も含めた放射光SAXSの手法の発展の寄与が大きい．また近年では薄膜化によりブロック共重合体が基板との相互作用により特異的な相分離構造を形成することが明らかにされてきた．その構造の解明には放射光を利用した微小角入射小角X線散乱（Grazing-Incidence Small-Angle X-ray Scattering：GISAXS）とTEMTが大きな役割を果たしている．今後は成形加工などで安定な相分離構造をいかに形成させるか，球状のドメインのループ・ブリッジ鎖をどのように制御するか，複雑な一次構造の系での相分離状態の制御などの課題が残っている．また測定法ではドメインの運動性をいかに評価するか，変形過程などを放射光X線散乱のデータからどのようにしてリアルタイムで可視化するかなどの課題がある．

6 ブロック共重合体の応用

(1) ブロック共重合体リソグラフィー

ブロック共重合体のミクロ相分離構造がバルク中において直接観察され構造が明らかにされるなか，1980年後半頃から，溶媒キャストに基づき調製した薄膜表面の構造解析[22]に注目が集まった．接触角の評価[23]や分光学的な手法[24]に基づきブロック共重合体の表面自由エネルギーがミクロ相分離構造の配向に大きな影響を及ぼすことが示された．大面積に対して均一な薄膜を調製するためには，スピンキャスト法に基づく薄膜調製が求められる．1995年にMansky, Thomasらによりスピンキャスト法に基づき調製したポリ（スチレン-b-ブタジエン）（PS-b-PB）膜に対して熱処理を施すことにより，膜中に形成されるスフィア構造の秩序化，さらには秩序構造のリソグラフィー材料としての応用が提案された[25]．図6にブロック共重合体のミクロ相分離から得られる構造のまとめを示す．基板に対して垂直に配向したラメラ構造，あるいは基板に対して水平に配向したシリンダー構造からはライン構造が得られる．さらに基板に対して垂直に配向したシリンダー構造およびスフィア構造からはドット構造が得られる．ブロック共重合体を鋳型としてエッチング後に得られる周期構造のアスペクト比を考慮すると，ライン構造形成には基板に対して垂直に配向したラメラ構造，ドット構造形成には基板に対して垂直に配向したシリンダー構造の形成が望ましい．ミクロ相分離構造の配向制御は1996年にRussellらにより初めて報告されており，バルク中においてシリンダー構造を形成するポリ（スチレン-b-メタクリル酸メチル）（PS-b-PMMA）スピンキャスト膜に対して，電場を印加しながら熱処理を行うことで垂直方向に配向したシリンダー構造の形成が成し遂げられた[26]．さらに，1997年にRussell, HawkerらによりPSとPMMAのランダム共重合体ブラシ（ニュートラルレイヤー）が開発され[27]，このランダム共重合体をシリコン基板に対して塗布し，その後，PS-b-PMMA薄膜をランダム共重合体ブラシ上に製膜することで，ブロック共重合体に対して基板表面が中性となることでミクロ相分離構造が基板に対して垂直に配向することが明らかにされた[28]．これらの技術開発により，ミクロ相分離構造の配向に関する課題は克服されたが，薄膜中のポリグレインの存在が依然課題として取り残されていた．

2000年に入り，Segalman，横山，Kramerらはフォトリソグラフィーにより調製した凹凸パターン中にポリ（スチレン-b-2ビニルピリジン）（PS-b-P2VP）を製膜することで，モノグレインからなるミクロ相分離構造形成を成し遂げた[29]．さらに，2003年には自己組織化単分子膜をシリコン基板上に調製し，フォトリソグラフィーより調製したマス

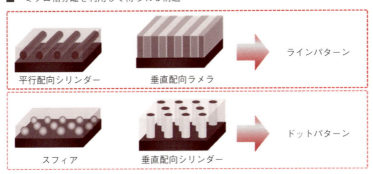

図6 ミクロ相分離を鋳型としたパターン構造

クを介して単分子膜に対してソフトX線を照射することで親水・疎水性からなる表面を創成し、さらにその上にPS-b-PMMAを塗布することで、親水性のPMMAと疎水性のPSがこのドメインを認識することで、ミクロ相分離構造がフォトリソグラフィーにより調製した任意のパターン上に1：1で配置できることが見いだされた（ケミカルレジストレーション法）[30].

半導体の開発においてラインあるいはドット構造の微細化が進められていたが、Parkらによりブロック共重合体のミクロ相分離構造を鋳型とすることで、Si_3N_4基板上に微細周期構造を実際に転写することが可能となるDirected Self-Assembly (DSA)の概念が示された[31]. この概念は、半導体微細加工分野を牽引してきた光リソグラフィーの未踏領域である16 nm以下のハーフピッチからなる微細周期構造の形成を可能にする革新的なものであった. 近年ではミクロ相分離構造の微細化、高アスペクト比のパターン形成を目指し、有機一無機からなるブロック共重合体も数多く用いられている. しかしながら、ポリマーに応じて配向・配列制御の条件探索をしなくてはならないことや、ブロック共重合体の化学組成によっては、両セグメント間の表面自由エネルギーが大きく異なることに起因して片側セグメントに表面が覆われてしまうため、エッチングにより表面層を除去する必要がある場合がある[32]. 無機物の選択的な表面偏析の抑制が期待されるポリヘドラルオリゴメリックシルセスキオキサン（POSS）を含有するブロック共重合体も開発され[33], 微細でかつ高アスペクト比からなる周期構造が得られるようになってきたが、今後、鋳型としてライン、ドットなどの単純な構造だけでなく、複雑な構造の制御が求められることが予想される. 簡便でかつ自在に求められる構造形成を可能にする材料・技術開発が求められる.

7 ブロック共重合体のバイオ材料への応用

高分子がバイオマテリアルとして応用される初期に、ブロック共重合体が形成するミクロ相分離構造が血液適合性に及ぼす影響が議論されてきた. Lymanにより、セグメント化ポリウレタン（SPU）上において相分離構造が生体適合性に及ぼす影響が検討され[34,35], さらにSPUの優れた力学物性を背景に、SPUの人工心臓や人工血管への応用にも展開され、それとともにCooperらによる構造と生体適合性に関する研究が精力的に展開された[36,37]. SPUはすでに補助人工心臓などで多くの症例がある. 岡野らは、PS-PHEMA系のブロック共重合体表面でポリスチレン（PS）、ポリヒドロキシメチルメタクリレート（PHEMA）のホモポリマーあるいはこれらのランダム共重合体では発現することのない抗血栓性が発現されることや、さらにミクロ相分離表面における血小板の活性化の阻害を見いだした[38,39]. その後、多くの研究が展開され、血小板は組織化した吸着タンパク質層を介して高分子膜のミクロ相分離構造を認識することが提案されている.

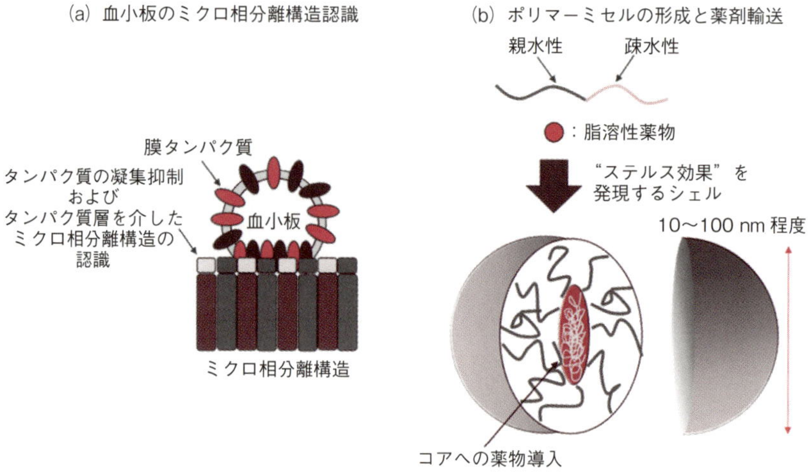

図7 (a)血小板の高分子膜表面のミクロ相分離構造認識概念図，(b)ブロックポリマーミセルのDDSとしての利用

しかしながらその詳細なメカニズムの解明には至っていないのが現状である〔図7(a)〕．ミクロ相分離仮説の検証にはDSAで調製された表面の相分離の明確な系で評価が必要である．この場合は血液環境に類似した条件での表面構造解析が重要となる．

トリブロック共重合体の熱可塑性エラストマーとしての特性を生体材料に応用した例としては，動脈硬化などの治療に用いられる薬剤溶出型ステント(DES)のコーティングの例がある．DESには，血管に機械的支持を与えるだけでなく，血管が再び閉塞するのを防ぐ働きをするパリタキセルなどの薬剤がトリブロック共重合体にブレンドされているものがある．DESを血管に留置すると，数週間にわたって薬剤が直接血管壁に溶出され，薬剤には，ステント留置後，再狭窄を抑制する働きがある．トリブロック共重合体としてはスチレン-イソブチレン-スチレン(SIBS)トリブロック共重合体がDESに初めて採用された．SIBSは優れたエラストマー特性，ステントの密着性，生物学的な安定性，パリタキセルと反応しない，パリタキセルを徐放するなどの特性を注している．SIBSを用いたDESは2003年頃から実用化されている．しかしながらDESの安全性に関しては不十分な面もあり，ステント内血栓症の発生率の低い材料の開発が求められている[40]．

親水-疎水性からなるブロック共重合体は水中で疎水性相互作用に基づき，100分子程度の高分子が会合しポリマーミセルを形成する．ここで形成されるポリマーミセルは，疎水性のコアが親水性のシェルで覆われた二層構造からなっており，疎水性部分に抗がん剤を始めとする脂溶性薬物を封入することでキャリア，いわゆるドラッグデリバリーシステム(DDS)として利用することが可能となる〔図7(b)〕．初期にはPluronic系の界面活性剤ミセルが検討され，近年，さまざまなミセル形成ブロック共重合体が合成されている．ブロック共重合体ミセルの大きな特徴として，サイズが大きいため，腎糸球体によるろ過排除の影響を受けにくいことや，ポリマー鎖の交換反応速度がきわめて小さいため，ミセルが安定であることがあげられる．代表的な高分子としては，親水性部分には(ポリエチレングリコール)PEGが，疎水性部分にはポリアミノ酸誘導体などが用いられる．パクリタキセル，シスプラチン，ドキソルビシンなどの抗がん剤のキャリアとして開発が行われ，臨床治験中の薬剤も複数存在する．また，1995年頃には，反対電荷を有するブロック共重合体どうしを混合することで得られる，ポリイオンコンプレックスを基盤とした高分子ミセルも調製さ

れ[41]，ミセルに対するDNAの導入も可能になり遺伝子ベクターとしての応用も展開されている[42]．

8 より精密な構造制御へ

本章ではこれまでのブロック共重合体化学の歴史と将来展望について解説してきた．今後は人工知能による構造・物性予測が逆問題解析により材料設計にフィードバックされ精密合成技術によりさまざまな新しい高分子材料が合成されると期待される．この発展のためには階層構造の時空間的な発展のその場解析が必要不可欠であり，シミュレーションと実験との融合により初めて未踏領域の開拓が可能になる．この分野は山積する課題もあり，学会・産業界が一体となって新材料の発展を進めて欲しい．

◆ 文　献 ◆

[1] T. H. Vaughn, H. R. Suter, L. G. Lindsted, M.G. Kramer, *J. Am. Oil. Che. Soc.*, **28**, 294 (1951).
[2] M. Szwarc, *Nature*, **178**, 1168 (1956).
[3] C. M. Bates, F. S. Bates, *Macromolecules*, **50**, 3 (2017).
[4] "Controlled And Living Polymerizations: Methods And Materials," ed. by A. H. E. Mueller, K. Matyjaszewski, Wiley-VCH Verlag GmbH & Co. KGaA, (2009).
[5] A. V. Tobolsky, A. Rembaum, *J. Appl. Polym. Sci.*, **8**, 307 (1964).
[6] M. Kato, M. Kamigaito, M. Sawamoto, T. Higashimura, *Macromolecules*, **28**, 1721 (1995).
[7] J. S. Wang, K. Matyjaszewski, *J. Am. Chem. Soc.*, **117**, 5614 (1995).
[8] H. R. Kricheldorf, G. Schwarz, *Macromol. Rapid. Commun.*, **24**, 359 (2003).
[9] T. Yokozawa, M. Ogawa, A. Sekino, R. Sugi, A. Yokoyama, *J. Am. Chem. Soc.*, **124**, 15158 (2002).
[10] T. Hayakawa, R. Goseki, M. A. Kakimoto, M. Tokita, J. Watanabe, Y. G. Liao, S. Horiuchi, *Org. Lett.*, **8**, 5453 (2006).
[11] M. Matsuo, T. Ueno, H. Horino, S. Chujyo, H. Asai, *Polymer*, **9**, 425 (1968).
[12] H. Hendus, K. H. Illers, E. Ropte, *Kolloid-ZZ. Polym.*, **110**, 216, (1967).
[13] G. E. Molau, "Colloidal and Morphological Behavior of Block and Graft Coppolymers in *Block Polymers*," ed. by S. L. Aggarwal, Plenum, New York, (1970) p79.
[14] T. Hashimoto, M. Shibayama, H. Kawai, *Macromolecules*, **13**, 1237 (1980).
[15] L. Leibler, *Macromolecules*, **13**, 1602 (1980).
[16] T. Ohta, K. Kawasaki, *Macromolecules*, **19**, 2621 (1986).
[17] D. A. Hajduk, P. E. Harper, S. M. Gruner, C. C. Honeker, G. Kim, E. L. Thomas, L. J. Fetters, *Macromolecules*, **27**, 4063 (1994).
[18] A. K. Khandpur, S. Forster, F. S. Bates, I. W. Hamley, A. J. Ryan, W. Bras, K. Almdal, K. Mortensen, *Macromolecules*, **28**, 8796 (1995).
[19] M. W. Matsen, M. Schick, *Phys. Rev. Lett.*, **72**, 2660 (1994).
[20] M. W. Matsen, A M. Schick, *Macromolecules*, **27**, 4014 (1994).
[21] S. Lee, M. J. Bluemle, F. S. Bates, *Science*, **330**, 349 (2010).
[22] C. S. Henkee, E. L. Thomas, L. J. Fetters, *J. Mater. Sci.*, **23**, 1685 (1988).
[23] A. K. Rastogi, L. E. Stpierre, *J. Colloid Interface Sci.*, **31**, 168 (1969).
[24] H. R. Thomas, J. J. Omalley, *Macromolecules*, **12**, 323 (1979).
[25] P. Mansky, P. Chaikin, E. L. Thomas, *J. Mater. Sci.*, **30**, 1987 (1995).
[26] T. L. Morkved, M. Lu, A. M. Urbas, E. E. Ehrichs, H. M. Jaeger, P. Mansky, T. P. Russell, *Science*, **273**, 931 (1996).
[27] P. Mansky, Y. Liu, E. Huang, T. P. Russell, C. J. Hawker, *Science*, **275**, 1458 (1997).
[28] E. Huang, L. Rockford, T. P. Russell, C. J. Hawker, *Nature*, **395**, 757 (1998).
[29] R. A. Segalman, H. Yokoyama, E. J. Kramer, *Adv. Mater.*, **13**, 1152 (2001).
[30] S. O. Kim, H. H. Solak, M. P. Stoykovich, N. J. Ferrier, J. J. de Pablo, P. F. Nealey, *Nature*, **424**, 411 (2003).
[31] M. Park, C. Harrison, P. M. Chaikin, R. A. Register, D. H. Adamson, *Science*, **276**, 1401 (1997).
[32] Y. S. Jung, C. A. Ross, *Nano Lett.*, **7**, 2046 (2007).

[33] T. Hirai, M. Leolukman, C. C. Liu, E. Han, Y. J. Kim, Y. Ishida, T. Hayakawa, M. Kakimoto, P. F. Nealey, P. Gopalan, *Adv. Mater.*, **21**, 4334 (2009).

[34] D. J. Lyman, D. W. Hill, R. K. Stirk, C. Adamson, B. R. Mooney, *Trans. Am. Soc. Art. Int. Org.*, **18**, 19 (1972).

[35] D. J. Lyman, C. Kwangett, H. H. J. Zwart, A. Bland, N. Eastwood, J. Kawai, W. J. Kolff, *Trans. Am. Soc. Art. Int. Org.*, **17**, 456 (1971).

[36] "Polyurethanes in Biomedical Applications" by N. M. K. Lamba, K. A. Woodhouse, S, L. Cooper, CRC (1997).

[37] A. Takahara, A. Z. Okkema, A. J. Coury, S. L. Cooper, *Biomaterials*, **12**, 324 (1991).

[38] T. Okano, S. Nishiyama, I. Shinohara, T. Akaike, Y. Sakurai, K. Kataoka, T. Tsuruta, *J. Biomed. Mater. Res.*, **15**, 393 (1981).

[39] "Polyurethanes in Biomedical Applications", by N. M. K. Lamba, K. A. Woodhouse, S. L. Cooper, CRC (1998).

[40] K. R. Kamath, J. J. Barry, K. M. Miller, *Adv. Drug Deliver Rev.*, **58**, 412 (2006).

[41] A. Harada, K. Kataoka, *Macromolecules*, **28**, 5294 (1995).

[42] A. V. Kabanov, S. V. Vinogradov, Y. G. Suzdaltseva, V. Y. Alakhov, *Bioconjugate Chem.*, **6**, 639 (1995).

Part II

研究最前線

Chap 1

付加重合を用いた ブロック共重合体の合成
Synthesis of Block Copolymer via Addition Polymerization

早川 晃鏡
(東京工業大学物質理工学院)

Overview

付加重合は二重結合や三重結合をもった不飽和化合物のモノマーが付加反応を繰り返す連鎖重合であり,生長種がラジカルであるかイオンであるかによって,ラジカル重合とイオン重合に分類される.環状化合物の開環重合も付加重合に分類される.付加重合において,とくに生長種が失活することなく,また副反応を起こすことなく重合が進行する"リビング重合"が成立すると,異なる高分子が共有結合されたブロック共重合体や高分子鎖末端が明確に官能基化されたポリマーを合成することができる.付加重合はモノマーの適用範囲が広く,ブロック共重合体の分子量,分子量分布,組成比,末端官能基などの一次構造も比較的容易に制御することができる.高分子合成技術の発展に伴い,現在では目的に応じた多様なブロック共重合体が合成できる.溶液,バルク,薄膜における高次構造制御や特異的な分子鎖の振る舞いを特徴とする多様な機能性材料の開発など,高分子化学におけるブロック共重合体の果たす役割は大きく,また興味深い.本章では,これらを背景とする付加重合を用いたブロック共重合体の合成に着目した最近の研究を紹介する.

■ **KEYWORD** マークは用語解説参照

- 付加重合 (addition polymerization)
- リビング重合 (living polymerization)
- 精密ラジカル重合 (controlled radical polymerization)
- ブロック共重合体 (block copolymer)
- ミクロ相分離 (microphase separation)

はじめに

付加重合は適用可能なモノマーの種類や活性種が豊富な高分子合成を代表する重合系のひとつである．そのなかでも，1956年にM. Szwarcによってスチレンのリビングアニオン重合が初めて報告されて以来[1]，他の生長種であるカチオン[2]やラジカル重合[3~10]においても連鎖移動反応や停止反応を伴うことのない「リビング重合」が注目を集めてきた．ラジカル重合においては，実際に連鎖移動や停止反応が起こるものの実質的には無視できるという意味合いから，「制御された（controlled）」ラジカル重合とよばれている（以下，精密ラジカル重合とする）．リビング重合は一般の高分子生成反応に比べて，

① 得られるポリマーの分子量が正確に規制できる
② 分子量分布のきわめて狭いポリマーが合成できる
③ 組成比が制御されたブロック共重合体が合成できる
④ 生長末端基の官能基化ができる

以上の4点にその特徴が集約される．

リビング重合の進展とともに，とくに注目されてきたのが，ブロック共重合体や末端官能基化ポリマーの合成である．リビング重合のみ，あるいはリビング重合を一部に取り入れたブロック共重合体の合成は，おもに次の二つに大別される．

（1）活性を保った生長末端ポリマーの重合系に別のモノマーを順次加える重合方法
（2）あらかじめ調製しておいた末端官能基化ポリマーをマクロ開始剤として用いる重合方法．

ブロック共重合体の合成が成立するということは，重合系における末端生長種が活性であったことを間接的に証明している．さらに，生長種の反応性がどれほどかの程度についても，次に加えるモノマーとの反応を追求することによって明らかにされる．これら重合反応で得られる膨大な知見は，ブロック共重合体の合成化学の基礎を支え，さらにモノマーや開始剤の化学構造を工夫することをきっかけに生み出されるユニークなブロック共重合体の創成にも繋がっており興味深い．今日では，標準的な線状のみならず，多分岐，星形，くし形，環状などの多様な形状からなるブロック共重合体が数多く創製されるまでに至り，目的とするポリマーの形や機能に大きな選択の幅を与えている．これらは，とくに自己組織化により形成される高次構造や力学物性，あるいは光・電子が関わる材料機能に関する研究への興味が惹かれる．

アニオン重合によるブロック共重合体の合成では，モノマー，溶媒，温度などの重合条件を適切に整えることで組成比が精密に制御された高分子量体を得ることは難しくない．一方で，重合系に加えるモノマーの順番は生長末端のカルボアニオンの求核性とモノマーの反応性の関係に従うため，適用できるモノマーの範囲と得られるポリマーの配列性が限られる．さらに，生長末端のカルボアニオンの失活を防ぐために，モノマーや溶媒の精製は厳密に行わなければならない．これに対し，精密ラジカル重合はアニオン重合ほど一次構造が精密に制御された高分子量体のブロック共重合体を得ることは容易ではないが，適用可能なモノマーの種類と重合条件の自由度は高い．さらに，モノマーや溶媒の精製もアニオン重合ほどの厳密性は求める必要はない．精密ラジカル重合は，おもに次の三つ，①原子移動ラジカル重合（atom transfer radical polymerization：ATRP）[6]，②ニトロキシドを介した重合（nitroxide-mediated polymerization：NMP）[7]，③可逆的付加-開裂連鎖移動重合（reversible addition/fragmentation chain transfer polymerization：RAFT）[8~10]に分類される．

以下に，筆者らが目的に応じて種々の機能性モノマーのリビングアニオン重合や精密ラジカル重合によりブロック共重合体の合成を行った事例を概説する．

1 液晶分子を有するスチレン誘導体の精密ラジカル重合と階層構造

ポリマーの側鎖に液晶分子を有する側鎖型液晶ブロック共重合体は，自己組織化により形成される複数の周期構造が階層的に組み合った高次構造が形成されることから，その階層構造を活かした機能探索に興味が惹かれる[11~13]．液晶分子は比較的弱い分子間相互作用により，恒等周期長が数ナノメートルスケールの自己集合構造を与える．そこで，液晶分

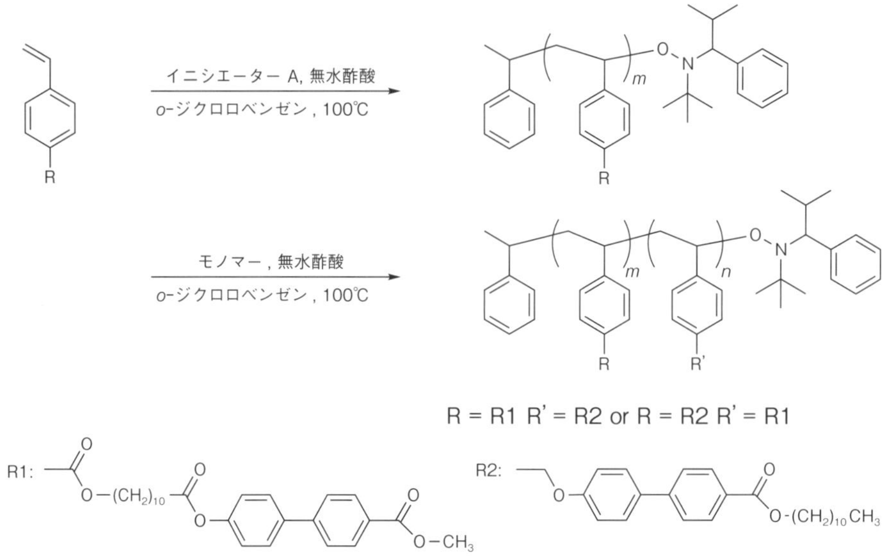

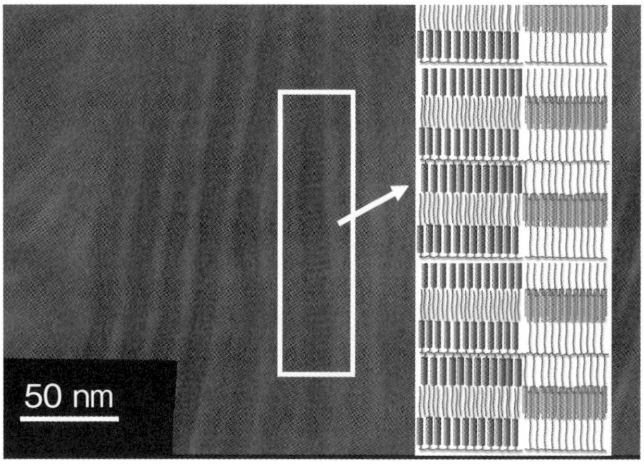

図1-1 液晶分子を有するスチレン誘導体の精密ラジカル重合と
得られたブロック共重合体の階層構造のTEM像［カラー口絵参照］

子を有するモノマーの付加重合を行うことにより，ポリマーの側鎖部位に液晶分子を有するブロック共重合体が得られる．得られたブロック共重合体は自己組織化によりミクロ相分離構造が形成されるが，その内部にもポリマー側鎖の液晶分子が自己組織化した液晶相が形成され，それらが組み合わさった階層的な高次構造体が形成される．

重合には分子構造の異なる2種類のスチレン誘導体モノマーを取り上げた．スチレン誘導体モノマー **1** および **2** は，剛直なメソゲン部位に相当するビフェニル基と，柔軟なスペーサー部位に相当する長鎖アルキル基で構成される．モノマー **1** および **2** は固体のモノマーであり，重合前に再結晶により精製した．ここでは，重合に精密ラジカル重合の一つであるニトロキシドを介した重合 (nitroxide-mediated polymerization：NMP) を用いブロック共重合体の合成を行った．開始剤には，アルコキシアミン型の付加体である 2,2,5-trimethyl-3-(1-

phenylethoxy)-4-phenyl-3-azahexane(開始剤 A)を用いた．重合はストップコック付きの二口フラスコに開始剤 A, モノマー **1**, 無水酢酸, o-ジクロロベンゼンを投入し，凍結脱気を 3 回行った後，減圧下 100℃にて 48 時間加熱撹拌することによって行った(図 1-1)．無水酢酸は重合促進剤として用いた．重合終了後，氷浴内で 1 時間撹拌し，反応溶液をジクロロメタンで希釈した後，大量のメタノールに投入することで白色固体を得た．精製は得られた固体をジクロロメタンに溶解させ，メタノールに再沈殿する操作を複数回繰り返すことにより行った(ポリマー **1**)．得られたポリマー **1** をマクロ開始剤として用い，先のモノマー **1** の重合条件と同様の条件にてモノマー **2** の重合を行ったところ，分子量 4 万，分子量分布 1.2 以下のブロック共重合体が得られた．一方で，重合を行うモノマーの順番を逆に仕込んで得られたブロック共重合体も，ほぼ同様の分子量と分子量分布の値を示した．得られたブロック共重合体の高次構造解析を X 線構造解析および電子顕微鏡観察により行ったところ，ミクロ相分離ラメラ構造の内部に液晶分子の自己集合に基づく層状構造が形成された階層構造であることが明らかとなった．

2 微細加工用レジストに向けたかご形シルセスキオキサン(POSS)含有メタクリレートのリビングアニオン重合および精密ラジカル重合

ブロック共重合体の自己組織化現象あるいは形成されるナノ構造を利用する機能性材料研究の一環として，半導体微細加工用レジストの開発がある．"ブロック共重合体リソグラフィー"とよばれるこの

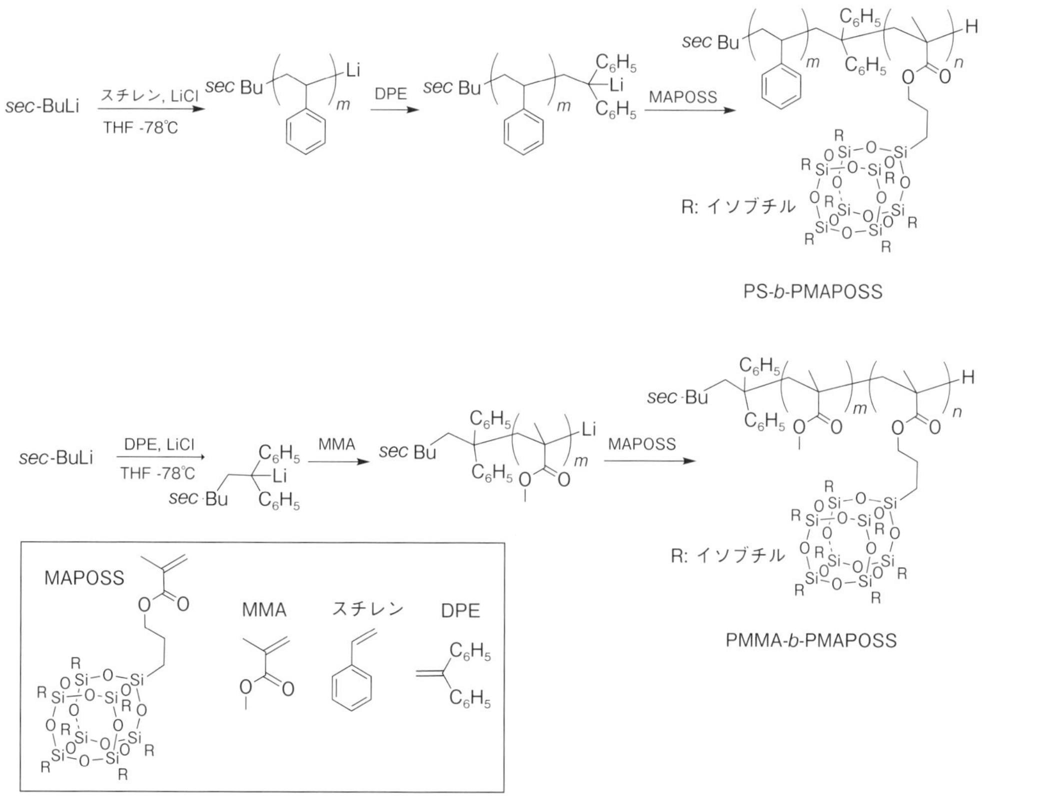

図 1-2 かご形シルセスキオキサン(POSS)含有メタクリレートのリビングアニオン重合，PS-b-PMAPOSS および PMMA-b-PMAPOSS の合成

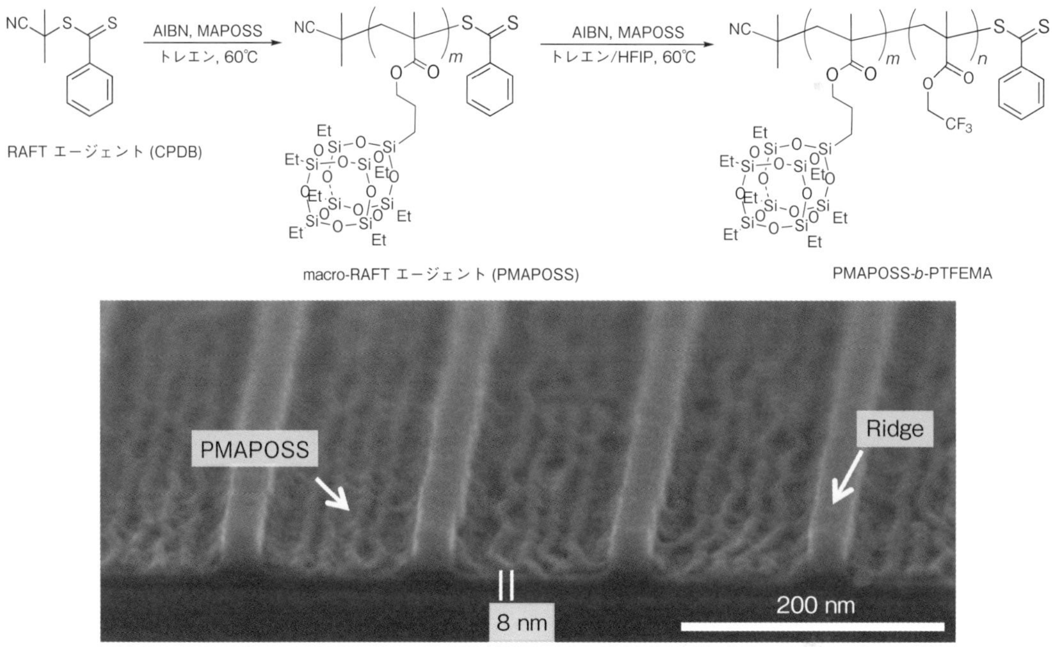

図1-3 かご形シルセスキオキサン(POSS)含有メタクリレートのRAFT重合によるPMAPOSS-b-PTFEMAの合成と垂直配向ラメラ構造から誘導された線幅8 nmの凸パターン

技術は，従来のフォトリソグラフィー技術によるレジストパターンの解像度を凌駕する10 nm以細の凹凸パターンの創製が求められる．高解像度パターンを追求するためには，低分子量体であっても分子量分布の狭いブロック共重合体が望ましい．さらに，明確な凹凸構造を得るためには，ドライエッチング耐性が大きく異なるミクロ相分離ドメインであることが望まれる．すなわち，このようなレジスト材料への高い要求特性を満たす適切なブロック共重合体の分子構造設計とこれらに対応するモノマーの精密重合，また薄膜ミクロ相分離ドメインの配向制御の達成が重要となる．

これらを背景に，筆者らはケイ素含有ナノ化合物であるかご形シルセスキオキサン(POSS)を有するメタクリレート(MAPOSS)をモノマーに用いる精密重合に取り組んできた[14〜20]（図1-2）．最初に取り組んだのはリビングアニオン重合である[14,15]．先にも述べたように，リビングアニオン重合はモノマーや溶媒には厳密な精製が求められるが，分子量や組成比の制御は比較的容易である．sec-ブチルリチウムを開始剤に用い，テトラヒドロフラン(THF)中，−78℃にて，スチレンの重合を行った．続くMAPOSSの重合を行うために，生長末端アニオンの求核性を適切に調整するための1,1-ジフェニルエチレン(DPE)を投入した．ポリスチレンなどの求核性の高いアニオンが存在する重合系にそのままメタクリレートを投入すると，副反応を引き起こすことが知られている．そこで通常，スチレン骨格のα位にフェニルが置換されたDPEを投入しメタクリレートの重合に適切な求核性の低減が図られる．このとき，DPEは一分子のみしか反応しないことが明らかにされている．DPEアニオンはフェニル基の立体的なかさ高さと弱い電子求引効果が働くことで，スチレンに比べてアニオンの求核性が低いと考えられている．DPEアニオンが存在する重合系にMAPOSSを投入すると，目的のブロック共重合体(PS-b-PMAPOSS)が定量的に得られた．スチレンの代わりにメチルメタクリレート(MMA)の重合を行い，第一ブロックにポリメチルメタクリレート(PMMA)を配置する場合には，sec-ブチルリチウ

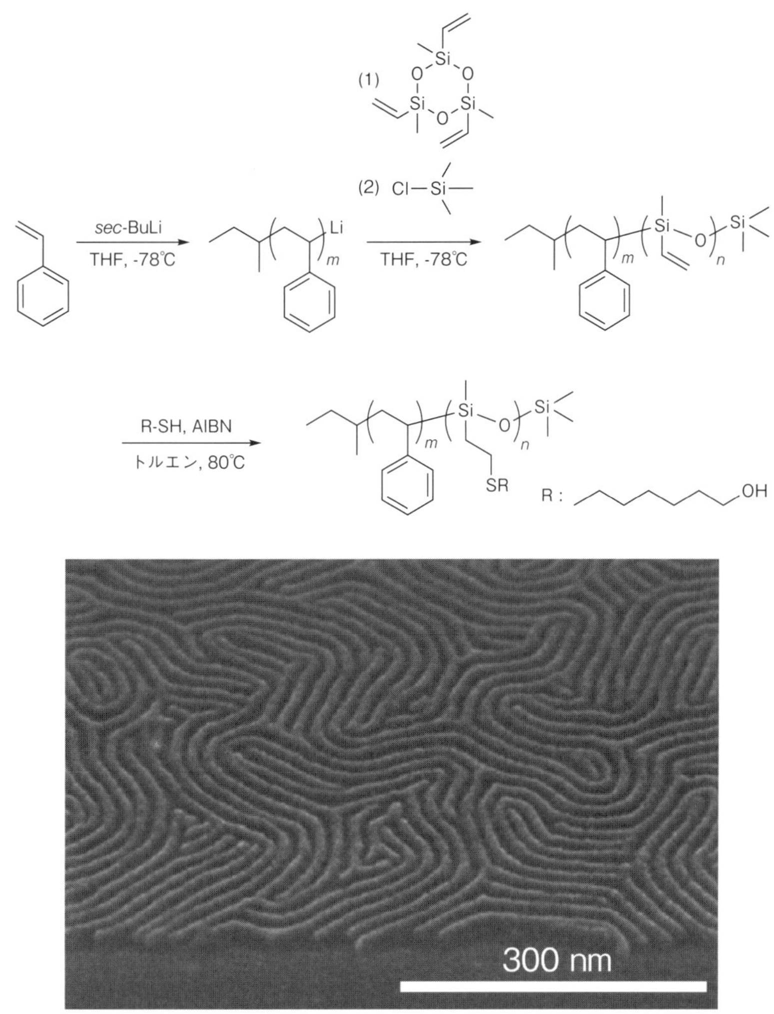

図 1-4 環状シロキサンモノマーの開環アニオン重合によるブロック共重合体 PS-b-PMVS の合成とチオール-エン反応によるアルカノールの導入, および垂直配向ラメラ構造から誘導された線幅 8 nm の凸パターン

ムに DPE を加えて調整を図った DPE アニオンが存在する重合系に順次メタクリレートモノマーを投入することで, ブロック共重合体の合成が行われる (PMMA-b-PMAPOSS). これらのリビングアニオン重合によって得られるブロック共重合体は, 分子量が数千程度の低分子量体から 10 万を超える高分子量体に至るまで, 組成比, 分子量分布が精密に制御される.

一方で, ミクロ相分離ドメインの垂直配向に有効に働くと示唆されるフッ素含有メタクリレート (trifluoroethylmethacrylate：TFEMA) をモノマーに用いるブロック共重合体の合成を精密ラジカル重合の一つである RAFT 重合により行った[20](図 1-3). RAFT 重合では連鎖移動剤として機能する RAFT 剤とよばれるジチオカーボナートやトリチオカーボナートが精密重合の鍵を握る. RAFT 剤に 2-cyano-2-propyl benzodithioate (CPDB) を用いた MAPOSS と TFEMA の重合を行い, 溶媒, 溶液濃度を最適化することにより, 目的とするブロック共重合体 (PMAPOSS-b-PTFEMA) を得ることに成功した. とくに, 得られる PMAPOSS-b-PTFEMA の単離精製を考慮し, PMAPOSS をマ

クロ開始剤に用いる TFEMA の RAFT 重合が有効であった．得られた PMAPOSS-b-PTFEMA は 1.2 を下回る狭い分子量分布を示した．PMAPOSS-b-PTFEMA の薄膜では，ミクロ相分離によって形成されたラメラドメインが基板面に垂直に配向した所望の周期構造が得られた．また，薄膜にドライエッチングを施したところ，線幅 8 nm の明確な凸パターンも得られた．

3 環状シロキサンモノマーの開環アニオン重合

"ブロック共重合体リソグラフィー"に用いるブロック共重合体の開発研究の一環として，環状シロキサンモノマーの開環アニオン重合に取り組んだ例も紹介する．ケイ素と酸素の繰り返しユニットからなるポリシロキサンは，炭化水素系ポリマーとの親和性に乏しいことから，その斥力相互作用を活かした微細パターン形成に良好であるだけでなく，ドライエッチング耐性にも優れることから，ブロック共重合体リソグラフィー用レジストとして注目されてきた．しかしながら，その代表格であるポリジメチルシロキサン(PDMS)の表面自由エネルギーの値は炭化水素系ポリマーのそれと大きな隔たりを示し，薄膜ミクロ相分離ドメインの垂直配向制御には不向きであることが課題であった．筆者らは，ポリシロキサンに種々置換基の導入を図ることにより，ブロック共重合体を構成する両成分ポリマー間の表面自由エネルギーの調整が可能になると考えた．そこで，置換基の導入を可能とするビニル基を有するポリメチルビニルシロキサン(PMVS)の合成を行った[21]（図1-4）．PMVS の合成はトリメチルトリビニルシクロトリシロキサンをモノマーに用いる開環アニオン重合により行った．スチレンのリビングアニオン重合により調製したポリスチリルアニオンが存在する重合系に，このモノマーを投入し－20℃で重合を行った．溶媒には THF を用いた．重合の停止はトリメチルシリルクロリドを重合系に加えることにより行い，その後重合溶液をメタノールに投入することで目的のブロック共重合体(PS-b-PMVS)を単離精製した．これにより，目的に応じた分子量 1-2 万の範囲において，分子量分布 1.1 程度の PS-b-PMVS が得られた．ビニル基を利用した置換基の導入反応は定量的に進行するチオール-エン反応を用いることで行った．興味深いことに，PS-b-PMVS にメルカプトヘキサンチオールを反応させることで得られたブロック共重合体は，薄膜においてラメラ状ドメインが基板面に垂直に配向したナノ構造を与えることがわかった．ドライエッチング後には，線幅 8 nm の明確な凸パターンを得た．

4 まとめと今後の展望

付加重合によるブロック共重合体の合成は，まさにそれぞれの生長種の特徴に応じた"制御された"重合系の確立とともに目覚ましく進展してきた．現在では，すでに広範なモノマーがリビング重合に適用できることから，本章で紹介してきた筆者らの研究例に限らず，数多くの機能性ブロック共重合体の合成が可能となっている．今後は，これらの精密な重合に加えて，より精密に配列制御されたブロック共重合体や任意の置換基あるいは分子が任意の数だけ思い通りの位置に導入されたブロック共重合体など，特別でユニークな機能が発揮されるブロック共重合体の合成研究も注目されることが予想される．一方，ここではあまり触れなかったが，付加重合の重合化学のさらなる発展にも期待したい．たとえば，アニオン重合では開始剤に強塩基のブチルリチウムが使用されることが多いが，ピリジンやトリエチルアミンのようなより弱い塩基を開始剤に用いる重合系や，THF のような高極性溶媒中においてもより温和な重合が可能となる重合条件の確立など，基礎的な検討ではあるが，実現すると工業的にも大きなインパクトを与えることが期待される．

ブロック共重合体の合成が進展していくことは，同時に溶液，バルク，薄膜における高次構造制御に関する研究や特異的な分子鎖の振る舞いを特徴とする多様な機能性材料の開発研究などが加速されることが期待される．まだ見ぬ新しい融合科学の一端にブロック共重合体が利用されていることをさらに期待したい．

◆ 文　献 ◆

[1] M. Szwarc, *Nature*, **178**, 1168 (1956).
[2] T. Higashimura, M. Sawamoto, *Koubunshi Ronbunshu*, **46**, 189 (1989).
[3] M. Kato, M. Kamigaito, M. Sawamoto, T. Higashimura, *Macromolecules*, **28**, 1721 (1995).
[4] M. Kamigaito, M. Ando, M. Sawamoto, *Chem. Rec.*, **4**, 159 (2004).
[5] S. Edmondson, V. L. Osborne, W. T. S. Huck, *Chem. Soc. Rev.*, **33**, 14 (2004).
[6] J. S. Wang, K. Matyjaszewski, *J. Am. Chem. Soc.*, **117**, 5614 (1995).
[7] C. J. Hawker, A. W. Bosman, E. Harth, *Chem. Rev.*, **101**, 3661 (2001).
[8] G. Moad, J. Chiefari, J. Krstina, A. Postma, R. T. A. Mayadunne, E. Rizzardo, S. H. Thang, *Polym. Int.*, **49**, 993 (2000).
[9] G. Moad, E. Rizzardo, S. H. Thang, *Aust. J. Chem.*, **58**, 379 (2005).
[10] G. Moad, E. Rizzardo, S. H. Thang, *Aust. J. Chem.*, **62**, 1402 (2009).
[11] T. Hayakawa, S. Horiuchi, *Angew. Chem. Int. Ed.*, **42**, 2285 (2003).
[12] R. Maeda, T. Hayakawa, M. Tokita, M. Kakimoto, H. Urushibata, *Chem. Lett.*, **37**, 1174 (2008).
[13] R. Maeda, T. Hayakawa, M. Tokita, R. Kikuchi, J. Kouki, M. Kakimoto, *React. Funct. Polym.*, **69**(7), 519 (2009).
[14] T. Hirai, M. Leolukman, T. Hayakawa, M. Kakimoto, P. Gopalan, *Macromolecules*, **41**(13), 4558 (2008).
[15] T. Hirai, M. Leolukman, C. C. Liu, E. Han, Y.-J. Kim, Y. Ishida, T. Hayakawa, M. Kakimoto, P. F. Nealey, P. Gopalan, *Adv. Mater.*, **21**(43), 4334 (2009).
[16] T. Hirai, M. Leolukman, J. Sangwoo, R. Goseki, Y. Ishida, M. Kakimoto, T. Hayakawa, M. Ree, P. Gopalan, *Macromolecules*, **42**, 8835 (2009).
[17] B.-C. Ahn, T. Hirai, J. Sangwoo, T-C. Rho, K.-W. Kim, M. Kakimoto, P. Gopalan, T. Hayakawa, M. Ree, *Macromolecules*, **43**, 10568 (2010).
[18] Y. Ishida, T. Hirai, R. Goseki, T. Tokita, M. Kakimoto, T. Hayakawa, *J. Polym. Sci., Part A: Polym. Chem.*, **49**, 2653 (2011).
[19] Y. Tada, H. Yoshida, Y. Ishida, T. Hirai, J. K. Bosworth, E. Dobisz, R. Ruiz, M. Takenaka, T. Hayakawa, H. Hasegawa, *Macromolecules*, **45**, 292 (2012).
[20] R. Nakatani, H. Takano, A. Chandra, Y. Yoshimura, L. Wang, Y. Suzuki, Y. Tanaka, R. Maeda, N. Kihara, S. Minegishi, K. Miyagi, Y. Kasahara, H. Sato, Y. Seino, T. Azuma, H. Yokoyama, C. K. Ober, T. Hayakawa, *ACS Appl. Mater. Interfaces.*, **9**, 31266 (2017).
[21] T. Seshimo, R. Maeda, R. Odashima, Y. Takenaka, D. Kawana, K. Ohmori, T. Hayakawa, *Sci. Rep.*, **6**, 19481 (2016).

Chap 2

開環重合を用いた ブロック共重合体の合成

Synthesis of Block Copolymers via Ring-Opening Polymerization

磯野 拓也　佐藤 敏文
（北海道大学大学院工学研究院）

Overview

　ここ最近の開環重合に関する研究の進展は著しく，環状エステルやエポキシドをはじめとするさまざまな環状モノマーに対する優れたリビング開環重合系が数多く報告されている．各種の環状モノマーに対して適切なリビング開環重合系を適用することで，さまざまな構造や特性をもったブロック共重合体を創出することが可能である．開環重合で得られるポリマーは生体適合性や生分解性に優れたものが多く，それらから構成されるブロック共重合体はバイオメディカル分野への応用が強く期待される．

　本章では，ブロック共重合体の合成に応用可能なリビング開環重合系を紹介するとともに，実際の開環重合系ブロック共重合体の合成例を概説する．

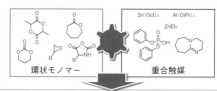

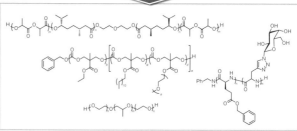

▲開環重合を基盤とした機能性ブロック共重合体
［カラー口絵参照］

■ **KEYWORD** マークは用語解説参照

- 開環重合(ring-opening polymerization)
- 環状モノマー(cyclic monomer)
- リビング重合(living polymerization)
- 有機金属触媒(organometallic catalyst)
- 有機分子触媒(organocatalyst)
- 生体適合性高分子(biocompatible polymer)
- 両親媒性ブロック共重合体(amphiphilic block copolymer)
- ステレオブロック共重合体(stereoblock copolymer)
- 生分解性高分子(biodegradable polymer)
- クリック反応(click reaction)

はじめに

環状モノマーの開環重合は，ビニルモノマーの付加重合についで重要な高分子合成手法である．開環重合のモノマーとしては，環状エステル，環状カーボネート，ラクタム，エポキシド，オキセタン，オキサゾリン，環状シロキサン，N-カルボキシ-α-アミノ酸無水物（α-amino acid N-carboxyanhydride：NCA）などがあげられ，おもにイオン重合機構や配位機構などで重合が進行し，ポリエステル，ポリアミド，ポリエーテル，ポリシロキサンなどの工業的に有用な各種高分子材料を与える．これまでに各種モノマーの開環重合において優れた触媒あるいは開始剤が見いだされ，リビング重合が比較的容易に達成できるようになった．

本章では，さまざまなポリマーを与えるリビング開環重合系について簡単に紹介したあとに，そのリビング性を利用したブロック共重合体の合成手法について概説する．

1 ポリエステルからなるブロック共重合体の合成

ラクチド（lactide：LA）や ε-カプロラクトン（ε-caprolactone：CL）に代表される環状エステルの開環重合は，ポリ乳酸（polylactic acid：PLA）やポリカプロラクトン（polycaprolactone：PCL）などの生分解性・生体適合性の脂肪族ポリエステルを与える．これらのモノマーのリビング開環重合には，従来よりアルミニウムアルコキシドやオクチルスズが開始剤あるいは触媒としてよく用いられてきた．一方，近年の有機分子触媒重合の目覚しい発展により，有機酸や有機塩基を触媒とした各種環状エステルのリビング開環重合が可能となった[1]．これらのリビング重合を用いて，PCL，ポリバレロラクトン（polyvalerolactone：PVL），PLA，ポリトリメチレンカーボネート（polytrimethylene carbonate：PTMC）などからなるブロック共重合体の合成が報告されている．

アルミニウムイソプロポキシド〔Al(Oi-Pr)$_3$〕は，LAとCLの両方の重合において効率的な開始剤となることが知られており，この性質を利用してPLAとPCLからなるブロック共重合体の合成が報告されている[2]．最初にCLをトルエン中で重合してPCLホモポリマーを生成した後，LAを添加すると目的としたPCL-b-PLAが分子量分散度1.3程度で得られる（図2-1）．CLとLAの反応性の違いから，本重合系を用いる場合にはCLを先に重合する必要がある．また，亜鉛粉末とエチレングリコールからなる開始系を用いたCLとLAのブロック共重合によりPLA-b-PCL-b-PLAのABA型トリブロック共重合体の合成も報告されている

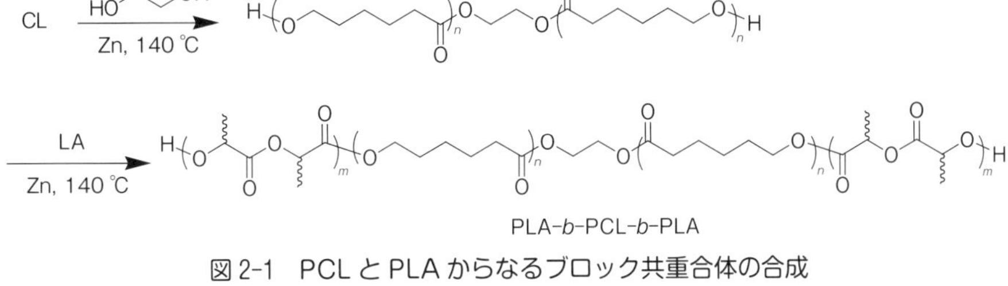

図2-1 PCLとPLAからなるブロック共重合体の合成

(図2-1)[3]．このトリブロック共重合体は対応するジブロック共重合体よりも優れた機械特性をもつことが報告されている．

一方，筆者らは有機酸触媒を巧妙に用いることで，PLA，PCL，PVL，ポリ（β-ブチロラクトン）〔poly（β-butyrolactone）：PBL〕，PTMCからなるブロック共重合体の合成に成功している．筆者らはジフェニルリン酸(diphenyl phosphate：DPP)がCL，VL，TMCのリビング重合においてきわめて有用な触媒となることを見いだしており，本重合系によりPCL-b-PVL，PVL-b-PCL，PTMC-b-PCLなどの合成を報告した(図2-2)[4,5]．また，DPPの酸性度を向上させたビス(4-ニトロフェニル)リン酸〔bis（4-nitrophenyl）phosphate：BNPP〕ではβ-ブチロラクトン（β-butyrolactone：BL）をリビング的に開環重合させることが可能であり，BLを重合し，続けてCLやTMCを添加することでPBL-b-PCLおよびPBL-b-PTMCを合成した[6]．

以上にあげた例は，実用的なポリエステル系ブロック共重合体の開発というよりは，むしろ重合系開発の一端として行われた研究である．一方，HillmyerらはReferenced可能資源から得られる環状エステル類の開環重合に基づいて，熱可塑性エラストマーや感圧接着剤などの材料開発を行っている．ジエチレングリコールを開始剤，ジエチル亜鉛を触媒としてメンチドを重合することでポリメンチド（polymentide：PM）のジオールを調製し，これをマクロ開始剤としたラクチドの開環重合を行うことにより PLA-b-PM-b-PLA の ABA 型トリブロック共重合体を合成した(図2-3)[7]．PMは非晶性かつ低T_gのポリエステルであり，ポリラクチドは室温以上のT_gをもつ．このABAトリブロック共重合体はPMとPLAのセグメント間でミクロ相分離しており，T_gの高いPLAドメインが物理架橋となって熱可塑性エラストマーとしての性質を示した．メンチドとラクチドのいずれもバイオマスから誘導が可能であり，ここで開発されたエラストマー材料は再生可能資源で構成されている．

また，同グループでは最近，アルキル側鎖をもつ一連の六員環ラクトンの開環重合性と生成ポリマーの熱特性および溶解度パラメータについて詳細に報告している[8]．側鎖のアルキル鎖長は溶解度パラメータに影響を与えるが，T_gにはほとんど影響しないことが見いだされた．これらの知見は，ポリラクチドなどのほかの脂肪族ポリエステルと組み合わせたブロック共重合体の材料設計において有用な指針となることが期待される．

また別の興味深いブロック共重合体の例として，PLAのステレオブロック共重合体がある．PLAは，主鎖を構成する乳酸ユニットの絶対配置がL体であるPLLAとその逆のPDLAがある．PLLAとPDLAを1：1で混合するとステレオコンプレックスを形成することが知られているが，PLLAとPDLAからなるブロック共重合体(すなわち，ステレオブロック共重合体)は，より容易にステレオコンプレックスを形成する．PLAのステレオブロッ

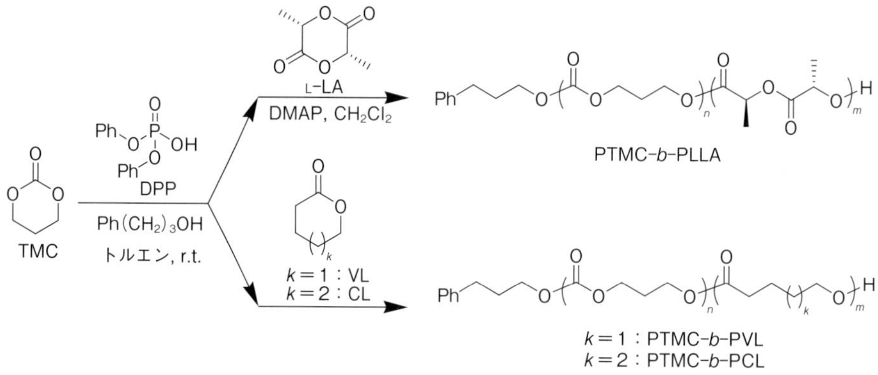

図2-2　有機リン酸触媒によるポリエステルブロック共重合体の合成

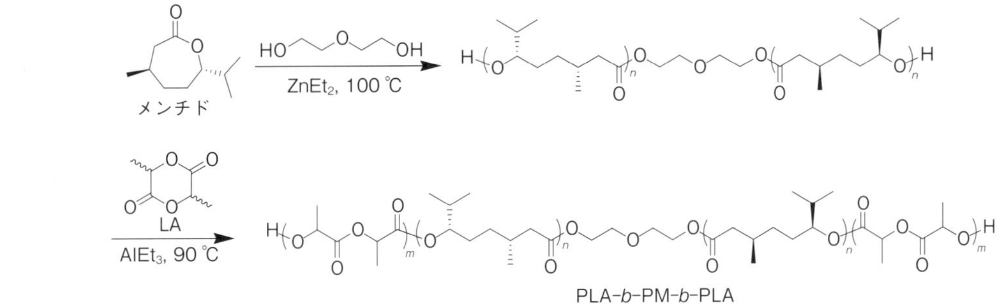

図2-3 再生可能資源から合成可能なポリエステル系熱可塑性エラストマー

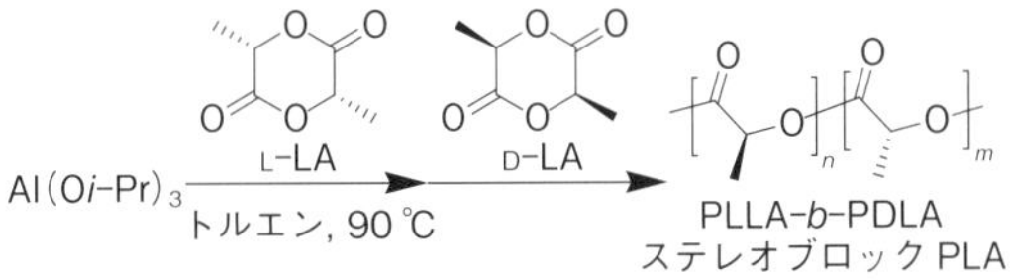

図2-4 ステレオブロックPLAの合成

ク共重合体の初の合成例はFeijenらによって報告された[9]．この報告では，Al(Oi-Pr)$_3$が重合触媒として用いられており，比較的低分子量のステレオブロックPLAが合成された（図2-4）．一方，木村らはオクチルスズを触媒とし，最適化された重合条件を用いることで高分子量のステレオブロックPLAを得ている[10]．PLAのステレオコンプレックスは，対応するPLLAやPDLA単体と比較して優れた耐熱性や機械的特性をもつため非常に興味深い．

以上のように，環状エステルの開環重合で得られる各種ポリマーには多くの興味深い特性を示すものがあり，各ポリエステルの性質を把握したうえでブロック共重合体を設計することで，ビニルポリマーを凌駕する材料開発が可能になると期待される．

2 ポリカーボネートからなるブロック共重合体の合成

トリメチレンカーボネートに代表される六員環カーボネートは，有機酸や有機塩基，あるいはオクチルスズなどの有機金属錯体を触媒として開環重合が進行し，脂肪族ポリカーボネートを与える．最近ではおもに有機酸か有機塩基が触媒として用いられ，リビング重合が達成されるとともに，分子量分散度の狭い脂肪族ポリカーボネートを容易に得ることができる．また，一部の重合触媒を用いる場合では脱炭酸反応によってエーテル結合が形成されることがあるが，DPPや1,8-ジアザビシクロ[5.4.0]-7-ウンデセン（1,8-diazabicyclo[5.4.0]-7-undecene：DBU）を用いた場合ではほとんど脱炭酸反応を伴わないことがわかっている．脂肪族ポリカーボネートは生分解性や生体適合性を備えており，バイオメディカル分野への応用においてとくに注目されている．これまでに数多くの六員環あるいは七員環の環状カーボネートモノマーが報告されており，側鎖にさまざまな官能基を導入できる点も，脂肪族ポリカーボネートが注目されている理由の一つである．

側鎖にさまざまな官能基を導入することで，親水性と疎水性のセグメントからなる脂肪族ポリカーボネートブロック共重合体の合成が報告されている．たとえば，図2-5に示したように，2,2-ビス(ヒドロキシメチル)プロピオン酸［2,2-bis(hydroxymethyl) propionic acid：bis-MPA］から誘導したカーボネートモノマーのブロック共重合により，エチル基を側鎖にもつセグメントとオリゴエチレングリコール/ドデシル基を側鎖にもつセグメントからなるブロック共重合体が合成された[11]．本合成においては，チオウレア/スパルテインを触媒，ベンジルアルコールを開始剤に用いている．興味深いことに，ここで得られたブロック共重合体はLCST（lower critical solution temperature，下限臨界溶液温度）型の温度応答性を示す．各ブロックの組成や分子量などを最適化することで，ヒトの体温付近（36℃）にLCST

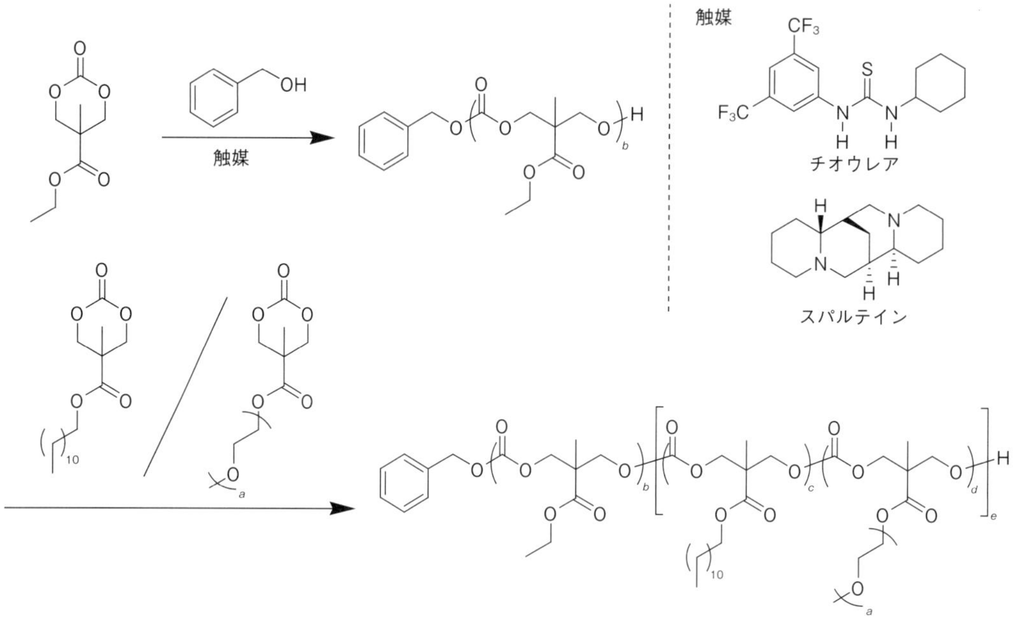

図2-5 有機分子触媒による脂肪族ポリカーボネートブロック共重合体の合成

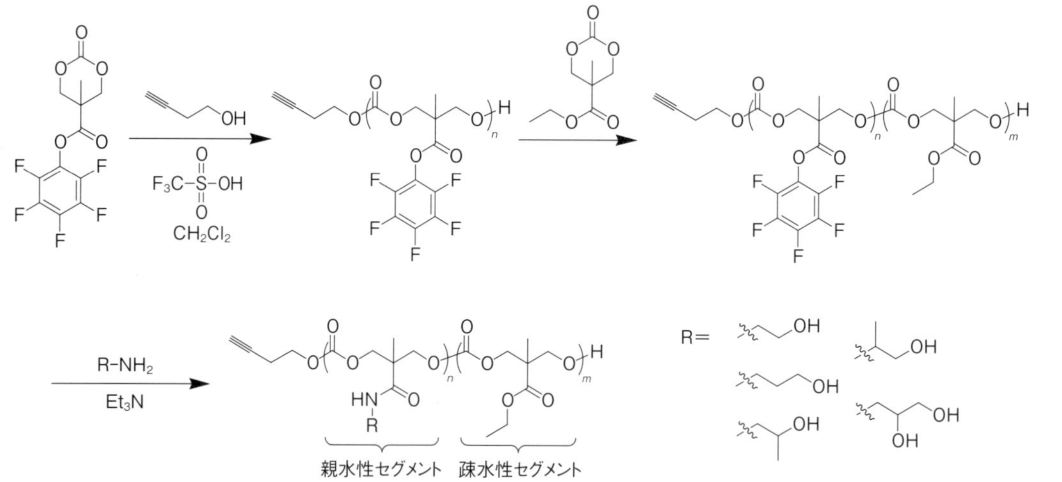

図2-6 側鎖変換反応による両親媒性ポリカーボネートブロック共重合体の合成

をもつブロック共重合体を得ることにも成功している．この共重合体は水中でミセルを形成し，その内部に抗がん剤を導入することができる．さらに，LCST以上の温度とすることで抗がん剤の放出を早めることができる．

一方，ポスト重合的な側鎖変換による機能性脂肪族ポリカーボネートブロック共重合体の合成も報告されている（図2-6）．たとえば，Hedrickらはトリフルオロメタンスルホン酸を触媒として活性エステル基をもつ環状カーボネートモノマーの重合を行い，続いてエチル基をもつ環状カーボネートモノマーを加えてさらに重合を継続し，前駆体となるブロック

共重合体を合成した[12]．これをアミノアルコールと反応させることで活性エステル部位がアミド結合に置き換わり，結果として親水性のセグメントに変換される．したがって，最終的に得られるブロック共重合体は両親媒性であり，水中でのミセル形成なども確認されている．また，同グループではベンジルクロリド基を側鎖にもつ脂肪族ポリカーボネートの合成も報告しており，側鎖の効率的な変換反応が可能であることを見いだしている[13]．

このように環状カーボネートモノマーはさまざまな官能基を導入できる特徴があり，側鎖官能基の設計次第で新たな高機能性ブロック共重合体の開発が可能である．また，糖から誘導された興味深い構造の環状カーボネートモノマーも報告されており，さらなる展開が期待される．とくに，生体適合性や生分解性をもつ主鎖骨格であることから，今後さらにバイオメディカル分野で注目が高まるであろう．

3 ポリエーテルからなるブロック共重合体の合成

ポリエーテルを与える重合としてエポキシド，オキセタン，テトラヒドロフランなどの開環重合があげられるが，ここでは最も報告例の多いエポキシドのアニオン開環重合によるブロック共重合体の合成について紹介する．

ポロキサマー（poloxamer）とよばれるポリエチレンオキシド（polyethylene oxide：PEO）とポリプロピレンオキシド（polypropylene oxide：PPO）からなるジブロックまたはトリブロック共重合体はポリエーテル系ブロック共重合体の代表例であり，さまざまなモノマー組成や分子量のグレードが入手可能である．エポキシドのリビング重合はアニオン開環重合により達成することができる．たとえば，水酸化ナトリウムや水酸化カリウムを触媒とし，プロピレンオキシド（propylene oxide：PO）を重合した後，両末端からエチレンオキシド（ethylene oxide：EO）を重合することでトリブロック共重合体を得ることが可能である（図2-7）．このようにして得られるポロキサマーは界面活性剤などとして幅広く利用されており，モノマー組成や分子量と物性の相

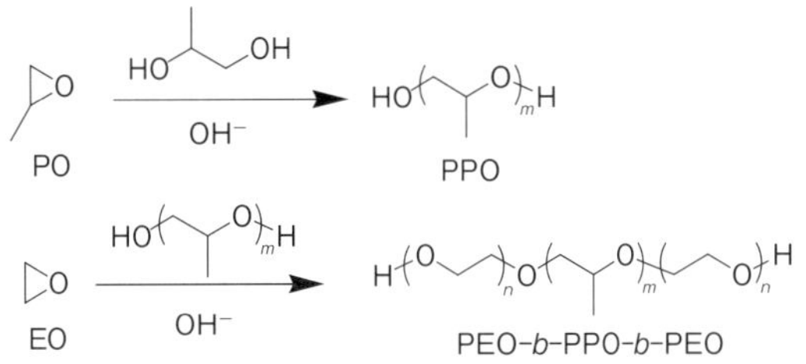

図2-7 ポロキサマーの合成

関係も詳しく検討されている．また，PEO/PPO以外の組合せも知られており，ポリブチレンオキシドやポリスチレンオキシドを疎水性ブロックとしたPEOとのブロック共重合体が報告されている．また，親水性ブロックとしてポリグリシドール，疎水性ブロックとしてPPOをもつブロック共重合体も合成されている．

置換基をもつエポキシドモノマーをアニオン開環重合すると，多くの場合，モノマーへの連鎖移動反応を併発することがよく知られている．モノマーへの連鎖移動反応が起こると，アリル基を末端にもつポリマーが副生する．また，ブロック共重合体の合成へ適応する場合には，ホモポリマーの混在などの不都合を生ずる．実際，市販のポロキサマーにはPPOホモポリマーなどの不純物が含まれており，用途に応じて精製する必要がある．したがって，ポリエーテル系ブロック共重合体を精密に合成するには，従来の重合方法では不十分であることが多い．

Allgaierらはブチレンオキシド，ヘキシレンオキシド，オクチレンオキシドのアニオン開環重合をクラウンエーテル存在下で行うことで，低温における重合を実現し，連鎖移動反応を抑制することに成功している．この重合手法を用い，EOとの精密なブロック共重合を達成している[14]．

また，CarlottiらはモノマーSave活性化を伴うエポキシドのアニオン開環重合系を開発しており，PEOとPPOからなるブロック共重合体の合成への応用も試みている．トリイソブチルアルミニウム存在下，テトラオクチルアンモニウム塩を開始剤としてPOの重合を行うと，数時間できわめて高分子量のPPOが得られる[15]．ほかのアニオン開環重合系を用いた場合，連鎖移動反応のために10,000を超え

る分子量のPPOを得ることは困難であるが，本重合系では分子量150,000程度のPPOを合成できる．また，本重合系のリビング性を活用することで，PEO-b-PPO，PPO-b-PEO-b-PPO，PEO-b-PPO-b-PEOのブロック共重合体が合成可能であり，その分子量は従来のアニオン開環重合で達成可能な範囲を大きく上回っている．

また，この触媒系では弱い求核種（Br⁻など）が開始剤となっているため，強力な求核種を使用する従来のアニオン開環重合法では重合困難なエピクロロヒドリン，エピシアノヒドリン，グリシジルメタクリレート，エトキシエチルグリシジルエーテルなどのモノマーも精密重合できる[16]．これらのモノマーからなる共重合体は側鎖に反応性基を備えていることから，ポスト重合的な変換反応によりさらなる機能化が可能である．たとえば，Möllerらはエピクロロヒドリンとエトキシエチルグリシジルエーテルとのブロック共重合を本重合系により合成し，続く数段階の側鎖変換反応を経てポリ（グリシドール-b-グリシジルアミン）を得ている（図2-8）[17]．

一方，筆者らは有機超強塩基の一種であるt-Bu-P_4を触媒に用い，アルコール開始剤の存在下で各種置換エポキシドのブロック共重合に成功している．t-Bu-P_4とアルコールからなる開始系を用いたEOの重合はMöllerらによって報告されていたが[18]，筆者らはアルキレンオキシド，グリシジルエーテル，スチレンオキシド，およびグリシジルアミンに対し

ても優れた重合活性を示すことを報告してきた（図2-9）[19]．この重合の特筆すべき点は，用いたアルコール開始剤残基が定量的にα末端に導入されることであり，末端官能基化ポリマーや星形ポリマーを容易に得ることができる．また，本重合系はリビング重合であることから，モノマーを順に加えるだけで分子量分散度のきわめて狭いポリエーテル系ブロック共重合体が合成できる．さらに，本ブロック共重合系を巧妙に応用することで，星型[20]や環状構造[21]をもつ両親媒性ブロック共重合体の精密合成も可能である．図2-10では，親水性および疎水性の側鎖をもったグリシジルエーテルのブロック共重合により，直鎖，星形，および環状構造をもった両親媒性ブロック共重合体を精密合成した例を示している．

これまでにさまざまな側鎖構造をもつエポキシドモノマーが報告されており，機能性ポリエーテルの分子設計の幅はさらに広がりつつある．適切な重合系を選択することでさまざまな機能性エポキシドモノマーからなるブロック共重合体を開発することができ，バイオメディカル分野をはじめとする広範囲の分野で応用が期待される．さらに，末端官能基化や高分子反応などと組み合わせることで非直鎖状構造をもつブロック共重合体の合成にも応用でき，非直鎖状構造と各種物性の相関関係を解明するためのモデルとしても有望である．

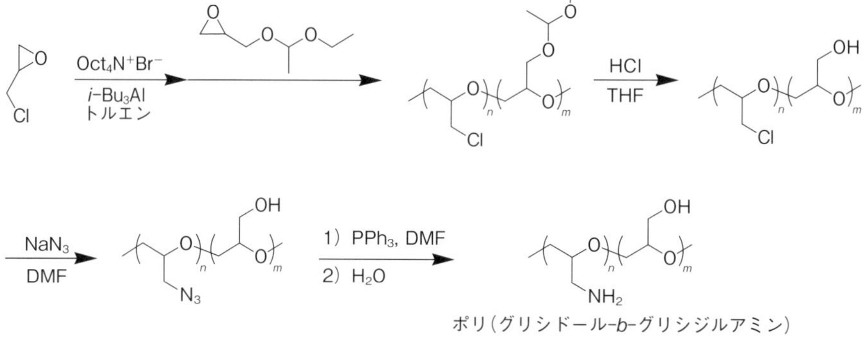

図2-8 オニウム塩/アルキルアルミニウム触媒系に基づいた機能性ポリエーテルブロック共重合体の合成

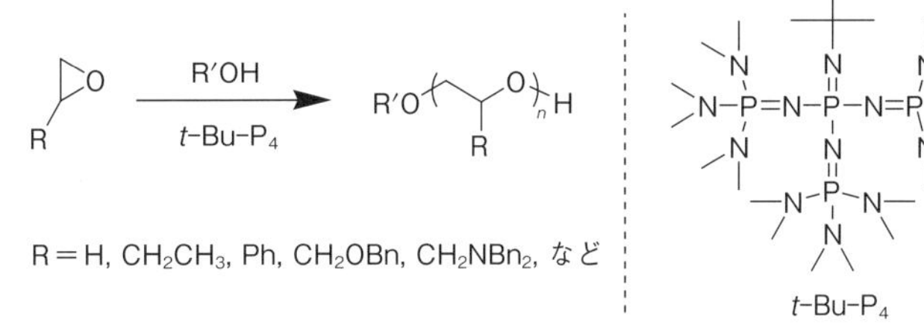

図 2-9　t-Bu-P$_4$/アルコール触媒系を用いた置換エポキシドのリビングアニオン開環重合

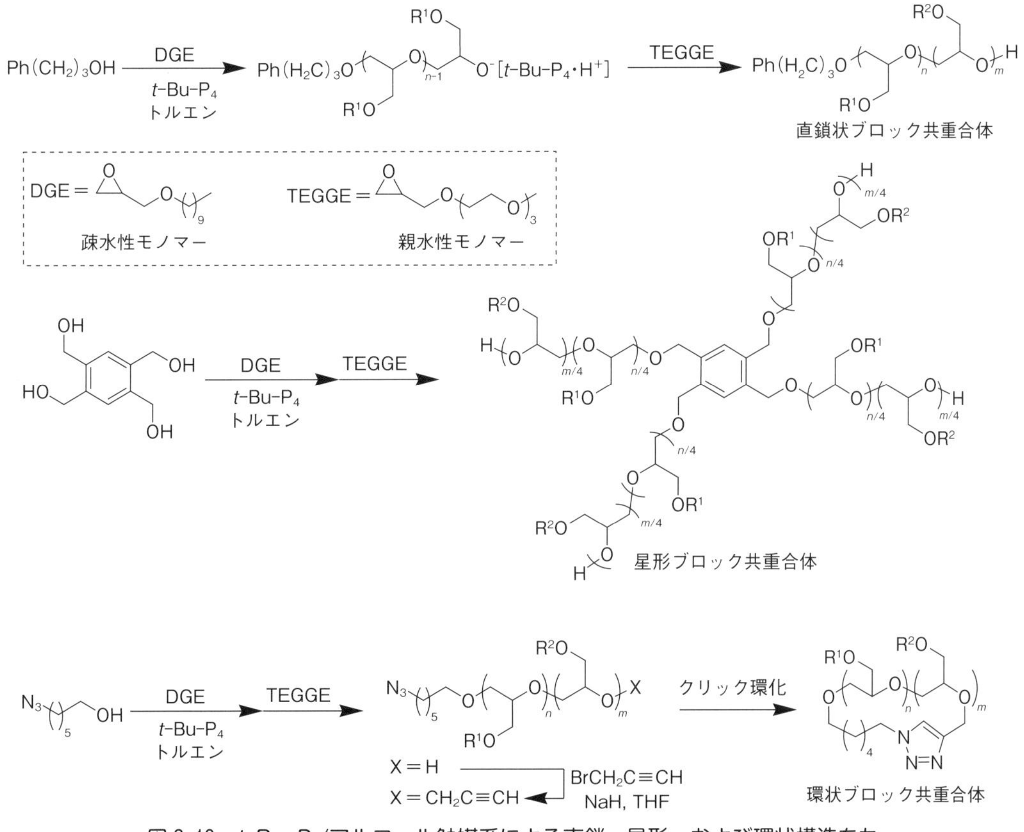

図 2-10　t-Bu-P$_4$/アルコール触媒系による直鎖，星形，および環状構造をもつポリエーテル系ブロック共重合体の合成

4 ポリアミノ酸からなるブロック共重合体の合成

　ポリアミノ酸（ポリペプチド）は，タンパク質と同じ結合様式をもっている興味深い高分子である．ポリアミノ酸は N-カルボキシ-α-アミノ酸無水物（NCA）の開環重合によって合成することができ，ブロック共重合体の合成も可能である．NCA は α-アミノ酸とホスゲンの反応により調製される環状モノマーであり，これにアミンを開始剤として作用させると二酸化炭素を脱離しながら開環重合が進行し，ポリアミノ酸を与える．本重合反応は原則的にはリビング的に進行し，モノマーを順に加えていくことで目的とするブロック共重合体を与える（図 2-11）．しかし実際には，モノマーや溶媒などに含まれる不

COLUMN

★いま一番気になっている研究

バイオマス由来の開環重合系ポリマー

バイオマスを原料とするポリマー材料の開発は，環境配慮などの観点から，近年の重要な研究課題として位置づけられている．一方，バイオマスは特定の立体化学をもっていることが多く，立体規則的な構造をもつポリマーを与えるという点からも興味深い．本トピックでは，バイオマスのなかでもテルペンを原料とした開環重合系ポリマーについての研究を紹介したい．

テルペン類の一種であるメントンは，対応するオキシムへ変換した後，Beckmann 転位させることで七員環ラクタムへ誘導することができる．Rieger らは，メントン由来ラクタムのアニオン開環重合性について検討しており，低分子量ではあるが対応するポリアミドの合成に成功している．このポリアミドは，6-ナイロンと同じ主鎖構造をもっており，物性の比較に興味がもたれる．

一方，メントンを Baeyer–Villiger 酸化すると，七員環ラクトンのメンチドが得られる．メンチドの開環重合により得られるポリメンチドは非晶性であり，−25℃の低い T_g をもつ．Hillmyer らは，ポリメンチドをミドルブロックとする ABA トリブロック共重合体を報告しており，熱可塑性エラストマーや感圧接着剤としての応用を行っている．また，同グループはカルボンを原料とした七員環ラクトンも報告している．このモノマーは開環重合により，側鎖にオレフィンをもつ脂肪族ポリエステルを与える．側鎖オレフィンとジチオールの反応による架橋形成についても検討が行われた．

天然にはさまざまな構造をもつテルペン類が存在しており，そこから誘導できる環状モノマーの構造は無数に考えられる．テルペン類の構造的特徴を活用した新規なバイオベースポリマーの開発が，今後ますます期待される．

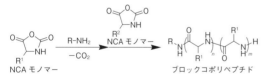

図 2-11 NCA モノマーの開環重合によるブロックコポリペプチドの合成

純物が各種の副反応を引き起こすため，ブロック共重合体（ブロックコポリペプチド）を低分散度かつ高純度で得ることは容易ではない．

さまざまな検討の末，モノマー純度を限りなく高め，高真空条件の適用，ニッケルあるいはコバルト触媒の使用などにより NCA の精密重合を達成可能であることが見いだされ，その結果として多種多様なモノマーの組合せからなるブロックコポリペプチドの合成が行われるようになった[22]．たとえば，Deming らはコバルト触媒を用いた重合系により，ポリ(L-リジン)とポリ(L-ロイシン)からなる AB 型ジブロック，ABA 型トリブロック，および ABABA 型ペンタブロック共重合体の合成に成功しており，それらのヒドロゲル形成について詳細な検討を行っている[23]．また，同グループはポリ(L-アルギニン)とポリ(L-ロイシン)からなるジブロック共重合体を合成し，それらが安定なベシクルを形成できることを見いだしている[24]．

このように，NCA の重合で得られるポリアミノ酸はモノマーユニットの選択によって，さまざまな自己組織化構造とそれに基づいた機能を発現することができる．古典的な NCA モノマーは天然に存在する L-α-アミノ酸から調製されたものであるが，最近では多様な分子構造の NCA モノマーとそのポリマーが検討されている．たとえば，Heise らは L-グルタミン酸-γ-ベンジルとプロパルギルグリシンの NCA をブロック共重合し，続くアジド化ガラクトースとのクリック反応により，両親媒性ブロックコポリペプチドを合成している（図 2-12）[25]．さま

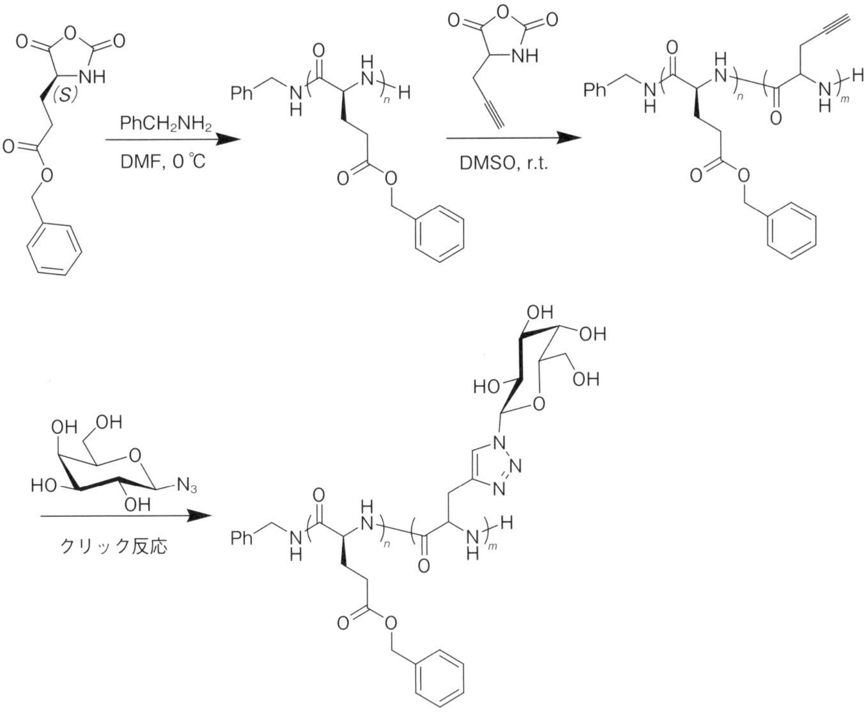

図 2-12　非天然アミノ酸 NCA に基づいた両親媒性ブロックコポリペプチド
の合成

ざまな側鎖構造の導入および側鎖変換反応を組み合わせることで，今後さらに多様性に富んだブロックコポリペプチドの開発が期待される．

5　まとめと今後の展望

本章では，おもに環状エステル，環状カーボネート，エポキシドおよび NCA のリビング開環重合に基づくブロック共重合体の合成について概説した．ここで紹介した環状モノマー以外にも，ブロック共重合体の合成に応用可能な環状モノマーは数多く知られており（環状シロキサン，オキサゾリン，環状リン酸エステルなど），非常に広範囲の材料特性を開環重合系のポリマーだけでカバーすることができる．高分子合成のメインストリームはビニルモノマーの重合と思われがちであるが，ここ最近の開環重合に関する研究の発展は著しく，多種多様な環状モノマーに対する優れたリビング重合系がいくつも報告されている．開環重合で得られるポリマーは分子構造や材料特性の両側面において多様性に優れており，最新のリビング開環重合技術と組み合わせることによって望みの構造や機能をもったブロック共重合体の分子設計が可能になると期待される．また，ビニル重合などの異なる重合機構で得られるポリマーとのブロック共重合体も数多く報告されており，開環重合を基盤としたブロック共重合体の分子設計はさらに今後拡大していくであろう．

◆　文　献　◆

[1] N. E. Kamber, W. Jeong, R. M. Waymouth, R. C. Pratt, B. G. G. Lohmeijer, J. L. Hedrick, *Chem. Rev.*, **107**, 5813 (2007).
[2] C. Jacobs, P. Dubois, R. Jerome, P. Teyssie, *Macromolecules*, **24**, 3027 (1991).
[3] M.-H. Huang, S. Li, M. Vert, *Polymer*, **45**, 8675 (2004).
[4] K. Makiguchi, T. Satoh, T. Kakuchi, *Macromolecules*, **44**, 1999 (2011).
[5] K. Makiguchi, Y. Ogasawara, S. Kikuchi, T. Satoh, T. Kakuchi, *Macromolecules*, **46**, 1772 (2013).

[6] K. Makiguchi, T. Saito, T. Satoh, T. Kakuchi, *J. Polym. Sci. Part A：Polym. Chem.*, **52**, 2032 (2014).

[7] C. L. Wanamaker, L. E. O'Leary, N. A. Lynd, M. A. Hillmyer, W. B. Tolman, *Biomacromolecules*, **8**, 3634 (2007).

[8] D. K. Schneiderman, M. A. Hillmyer, *Macromolecules*, **49**, 2419 (2016).

[9] N. Yui, P. J. Dijkstra, J. Feijen, *Makromol. Chem.*, **191**, 481 (1990).

[10] M. Hirata, K. Kobayashi, Y. Kimura, *J. Polym. Sci. Part A：Polym. Chem.*, **48**, 794 (2010).

[11] S. H. Kim, J. P. K. Tan, K. Fukushima, F. Nederberg, Y. Y. Yang, R. M. Waymouth, J. L. Hedrick, *Biomaterials*, **32**, 5505 (2011).

[12] A. C. Engler, X. Ke, S. Gao, J. M. W. Chan, D. J. Coady, R. J. Ono, R. Lubbers, A. Nelson, Y. Y. Yang, J. L. Hedrick, *Macromolecules*, **48**, 1673 (2015).

[13] R. J. Ono, S. Q. Liu, S. Venkataraman, W. Chin, Y. Y. Yang, J. L. Hedrick, *Macromolecules*, **47**, 7725 (2014).

[14] J. Allgaier, S. Willbold, T. Chang, *Macromolecules*, **40**, 518 (2007).

[15] A. Labbé, S. Carlotti, C. Billouard, P. Desbois, A. Deffieux, *Macromolecules*, **40**, 7842 (2007).

[16] J. Herzberger, K. Niederer, H. Pohlit, J. Seiwert, M. Worm, F. R. Wurm, H. Frey, *Chem. Rev.*, **116**, 2170 (2016).

[17] J. Meyer, H. Keul, M. Möller, *Macromolecules*, **44**, 4082 (2011).

[18] B. Eßwein, N. M. Steidl, M. Möller, *Macromol. Rapid Commun.*, **17**, 143 (1996).

[19] 磯野拓也，佐藤悠介，覚知豊次，佐藤敏文，高分子論文集，**72**, 295 (2015).

[20] Y. Satoh, K. Miyachi, H. Matsuno, T. Isono, K. Tajima, T. Kakuchi, T. Satoh, *Macromolecules*, **49**, 499 (2016).

[21] T. Isono, Y. Satoh, K. Miyachi, Y. Chen, S.-i. Sato, K. Tajima, T. Satoh, T. Kakuchi, *Macromolecules*, **47**, 2853 (2014).

[22] G. J. M. Habraken, A. Heise, P. D. Thornton, *Macromol. Rapid Commun.*, **33**, 272 (2011).

[23] Z. Li, T. J. Deming, *Soft Matter*, **6**, 2546 (2010).

[24] E. P. Holowka, V. Z. Sun, D. T. Kamei, T. J. Deming, *Nat. Mater.*, **6**, 52 (2007).

[25] J. Huang, C. Bonduelle, J. Thévenot, S. Lecommandoux, A. Heise, *J. Am. Chem. Soc.*, **134**, 119 (2012).

Part II
研究最前線

Chap 3

希土類錯体触媒を用いたブロック共重合体の合成
Synthesis of Block Copolymers by Rare Earth Catalysts

西浦 正芳　侯 召民
(理化学研究所)

Overview

　元素の特徴を生かした高性能重合触媒の開発は，特異な機能を発現するブロック共重合体などの創製において，重要な研究課題である．ほかの遷移金属とは異なる特異な化学的性質を示す希土類金属を用いることにより，希土類ならではの性能を示す触媒の開発が期待できる．最近では反応性の高いカチオン性のモノアルキル錯体へ変換できることから，補助配位子を一つのみもつ希土類ジアルキル錯体が注目を集めている．

　本章では，シクロペンタジエニル配位子を一つもつハーフサンドイッチ型希土類触媒の開発と，それを用いたさまざまなオレフィン類のブロック共重合を中心に紹介する．

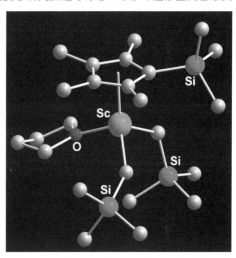

▲ハーフサンドイッチ型スカンジウム錯体触媒の構造 [カラー口絵参照]

■ **KEYWORD** 🗆 マークは用語解説参照

- 希土類(rare earth) 🗆
- リビング重合(living polymerization) 🗆
- β 水素脱離(β-hydrogen elimination)
- イソプレン(isoprene)
- ハーフサンドイッチ型錯体(half-sandwich complex) 🗆
- シンジオタクチック(syndiotactic)
- チェーンシャトリング共重合(chain shuttling copolymerization) 🗆
- エラストマー(elastomer)
- スチレン(styrene)

はじめに

さまざまな元素の特徴を活用した高性能重合触媒の開発は，機能性高分子材料を開発するうえで重要な研究課題である．さまざまな重合様式があるなかで，配位重合では成長末端にある金属触媒にモノマーが配位・挿入してポリマー鎖が成長するので，金属錯体触媒の配位環境に応じて，ポリマーの立体規則性を制御できることが大きな特徴である．これまでに，Kaminsky 触媒（Ti，Zr など）や Brookhart 触媒（Fe，Ni など）に代表される均一系の錯体触媒が報告され，高分子の立体規則性や分子量の精密制御が可能になってきた．また，近年はブロック共重合体が従来のホモポリマーとは異なる特異な複合機能を発現することから，性質の異なる複数のモノマーの重合に対して高いリビング性を示し，精密に共重合できる重合触媒の開発が求められている．しかしながら，酸化状態が変化しやすい遷移金属からなる触媒は，系中に複数の活性種が存在しうるため，性質の異なるモノマーのブロック共重合がしばしば困難となる場合がある．

一方，希土類元素はほかの遷移金属と比較して，次に示すような独特な化学的性質をもっている．まず，+3 価の酸化状態が非常に安定であり，通常の条件下ではほかの酸化状態への変化はほとんど起こらない．ブロック共重合反応を可能とするシングルサイト触媒を構築するため，この性質はきわめて重要である．さらにランタニド収縮により，原子番号の増大とともにイオン半径が徐々に小さくなる特徴があり，同じ構造をもつ一連の錯体において中心金属を変えるだけで，反応性（触媒活性，選択性）を制御できる．一方，希土類アルキル種は，比較的強い求核性をもち，さまざまなモノマーに対して高い反応性を示す．これらの特徴を生かすことにより，希土類ならではの特異な機能を示すシングルサイト触媒の開発が大いに期待できる．

従来は，シクロペンタジエニル配位子を二つもつメタロセン錯体がおもに重合触媒として用いられていた．しかしながらこのタイプの錯体は，エチレンやメタクリル酸メチル（methyl methacrylate：MMA）など比較的反応性の高いモノマーの重合に

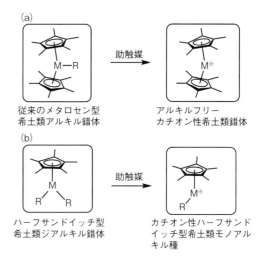

図 3-1　従来のメタロセン型希土類アルキル錯体(a)，ハーフサンドイッチ型希土類ジアルキル錯体(b)のカチオン性錯体への変換

活性を示すが，かさ高い補助配位子による立体障害のため，α-オレフィンやスチレン，ジエンなどのモノマーには，ほとんど重合活性を示さないという問題があった[1]．また，カチオン性錯体へ変換することにより反応性の向上が期待されるが，メタロセン型アルキル錯体の場合は唯一の活性点が取り除かれてしまい，重合触媒として機能しない〔図 3-1(a)〕．最近は，シクロペンタジエニル配位子を一つだけもつハーフサンドイッチ型希土類ジアルキル錯体が大きな注目を集めている[2]．

これらのジアルキル錯体はボレートなどの助触媒と反応することにより，一つのアルキル基が引き抜かれ対応するカチオン性ハーフサンドイッチ型希土類モノアルキル種が生成する〔図 3-1(b)〕．これらのカチオン性希土類活性種は，従来のメタロセン錯体にはみられないきわめて高い反応性を示し，さまざまなオレフィンの位置および立体選択的な重合および共重合触媒として機能する．ここではハーフサンドイッチ型ジアルキル錯体を用いたオレフィン類のブロック共重合反応をおもに紹介する．

1 ハーフサンドイッチ型希土類錯体触媒によるオレフィン類のブロック共重合

シクロペンタジエニル配位子を一つしかもたない

希土類ジアルキル錯体は，メタロセン型アルキル錯体に比べ配位不飽和で高い反応性が期待できるが，比較的大きなイオン半径をもつ希土類では配位子の再配列による不均化反応が起こりやすく，このタイプの錯体合成は容易ではない．筆者らは金属と配位子を適切に組み合わせることにより，さまざまなハーフサンドイッチ型ジアルキル錯体の合成に成功した[2]．

シンジオタクチックポリスチレン(sPS)はポリマー鎖上のフェニル基がそれぞれ交互に配列した立体規則性をもつポリスチレンであり，耐熱性(融点約 270 ℃)や耐薬品性に優れているが，脆弱性といった欠点が指摘されている．これを改善するために，たとえばエチレンなどとの共重合反応により柔軟性などを付与する試みがこれまでなされてきたが，従来の sPS 重合触媒であるチタニウム触媒系には，酸化状態の異なる複数の活性種が存在するため，エチレンとの共重合を行うと，ポリスチレン，ポリエチレン，スチレン-エチレン共重合体の混合物が得られる[3]．

一方，筆者らが開発したハーフサンドイッチ型スカンジウムジアルキル錯体($C_5Me_4SiMe_3$)Sc-

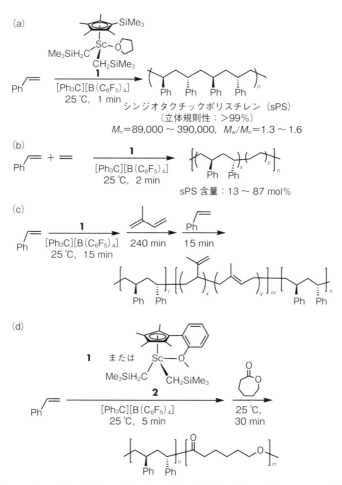

図 3-2 ハーフサンドイッチ型スカンジウム触媒によるスチレンのシンジオタクチック重合(a)，スチレンとエチレンとのシンジオタクチックマルチブロック共重合(b)，スチレン，イソプレン，スチレンのトリブロック共重合(c)，スチレンとカプロラクトンとのブロック共重合(d)

+ COLUMN +

★いま一番気になっている研究者

Lawrence R. Sita
(アメリカ・メリーランド大学 教授)

　熱可塑性エラストマーは，一般に高いT_gを示すハードセグメントと低いT_gを示すソフトセグメントから構築されており，代表的な例がスチレン-ブタジエン-スチレンからなるSBSトリブロック共重合体である．Sitaらはシクロペンタジエニルとアミジナート配位子をもつハフニウム錯体触媒を用いて，1,6-ヘプタジエンとプロピレンをブロック共重合させることにより，ポリオレフィンのみからなる，エラストマー特性を示すブロック共重合体の合成に成功した〔K. E. Crawford, L. R. Sita, ACS Macro Lett., 4, 921 (2015)〕．

　このトリブロック共重合体では，ヘプタジエンの環化重合によって生成したポリメチレンシクロヘキサンブロックがハードセグメントに相当し，アタクチックポリプロピレンがソフトセグメントに相当する．これらのブロック共重合体の引っ張り試験の結果，伸び率が最高2780%，弾性回復率は94%に達し，優れたエラストマー性を示している点で大変興味深い．リビングブロック共重合で合成されているので，モノマーの仕込み比を変えることによって，機械物性を容易に制御できる．このポリマーのハードセグメントのT_gは72℃であるので，今後，より高いT_gをもつハードセグメントを利用できれば，より耐熱性に優れたエラストマーの開発が期待できる．

$(CH_2SiMe_3)_2(thf)$（**1**）と$[Ph_3C][B(C_6F_5)_4]$との反応から生成するカチオン性スカンジウムアルキル触媒は，スチレンのシンジオタクチック重合に高い活性およびリビング性を示し，モノマーの仕込み比を変えることにより分子量の制御が可能である〔図3-2(a)〕[4]．また，スカンジウムアミノベンジル錯体$(C_5Me_4SiMe_3)Sc(CH_2C_6H_4NMe_2)_2$の触媒系を用いることにより，分子量100万以上のsPSを合成することも可能である．DFT(density functional theory, 密度汎関数理論)計算およびポリマーの末端解析により，この重合反応が2,1挿入機構で進行することが明らかとなっており，スカンジウム-ベンジル結合をもつ重合活性末端が比較的安定であるため，β水素脱離が起こらずリビング重合が進行する[5]．さらに**1**はスチレンとエチレンのシンジオタクチック共重合にも高い触媒活性および共重合選択性を示し，これにより従来不可能であったsPSとポリエチレンのマルチブロック共重合体の合成がはじめて達成されている〔図3-2(b)〕[4]．

　これらのポリマーは200℃以上の高い融点を示すことと，^{13}C NMRにより，シンジオタクチックポリスチレンブロックが存在していることが明らかとなっている．この重合触媒系では，安定な三価のイオンを形成するスカンジウムを中心金属として用いているため，ほかの価数をもつ別の活性種が存在せず，本触媒系が"シングルサイト触媒"として働いていることを如実に示している．得られた新規共重合体は耐熱性などの特性に加え，sPSに比べて靱性(材料の粘り強さ)が向上しており，従来のsPSの欠点を克服する高分子材料として新たな応用が期待されている．

　一方，この触媒系はスチレンやイソプレン重合に対して高いリビング性を示すことから，ブロック共重合が可能であり，スチレン，イソプレン，スチレンを逐次添加することにより，対応するトリブロック共重合体が得られる〔図3-2(c)〕[6]．この共重合体は，ソフトセグメントであるポリイソプレンの両末端にハードセグメントであるsPSをもつ構造であり，とくにスチレン含有量を20〜30%含むトリブロック共重合体は200℃程度の高温でもゴム弾性を示すことから，耐熱性エラストマーとしての応用が期待できる[7]．

　さらに，この触媒系あるいは錯体**2**がスチレンとカプロラクトンのブロック共重合に高い触媒活性を

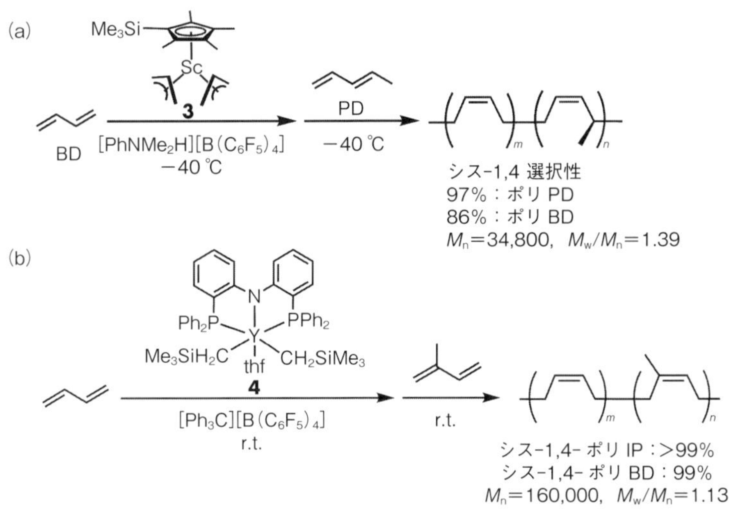

図3-3 ブタジエンとペンタジエンのブロック共重合(a),ブタジエンとイソプレンのシス-1,4-ブロック共重合(b)

示すことを見いだされた[8]. 得られた共重合体にはsPSブロックが含まれており,これはスチレンがシンジオタクチック選択的にカプロラクトンとブロック共重合をしたはじめての例である〔図3-2(d)〕.これらの共重合体の引っ張り試験を行った結果,引っ張り強度は最高51 MPa,伸び率は最高1360%に達し,対応するスチレンとラクトンのホモポリマーや,それらの混合物に比べて格段に優れた物性を示すことが明らかとなった.

工業的には(E)-1,3-ペンタジエン(pentadiene:PD)は,原油からイソプレンを精製する際に副生成物として得られる.一般的にイソプレンに比べて反応性が低いため,おもに燃料として利用されている.このモノマーの重合は1,3-ブタジエンやイソプレンの重合と比べ,精密重合の報告例が少ない.一方,筆者らはスカンジウムジアリル錯体3を用いることにより,PDの重合がアイソタクチックかつシス-1,4選択的に進行することを見いだした[9]. また,モノマーと触媒との仕込み比を変えることにより,分子量を制御できることから,この重合はリビング的に進行することが明らかとなった.また錯体3は,ブタジエン(butadiene:BD)とPDのシス-1,4選択的なブロック共重合の優れた触媒として機能することが明らかとなった〔図3-3(a)〕.

上記の希土類錯体触媒は,スチレン系モノマーや共役ジエン系モノマーに対して高いリビング性を示すが,1-ヘキセンなどのα-オレフィンの重合の場合は,リビング重合は進行しない[10]. これは重合活性末端の安定性に起因しており,1-ヘキセンの重合の場合β水素脱離反応が起こりやすいためである.この反応を抑制してリビング重合を行うためには,配位子の設計やモノマーの配位様式の制御など一工夫必要である.

一方,イソプレン重合にビスホスフィノアミド〔bis(phosphino)amide:PNP〕配位子をもつ非メタロセン型イットリウムジアルキル錯体4を用いることで,きわめて狭い分子量分布(M_w/M_n<1.13)をもち,かつポリマー構造がほぼ100%シス-1,4構造に制御されたポリイソプレン(シス-1,4-PIP)の合成にはじめて成功した[11]. 本触媒系は,イソプレンとブタジエンとの共重合に対しても優れたリビング性およびシス-1,4選択性を示し,対応するシス-1,4共重合体を選択的に与えた〔図3-3(b)〕.さらに特筆すべきことに,本触媒系は,その優れたリビング性およびシス-1,4選択性が高温(たとえば80℃)においても失われることなく,工業化条件にも適している.

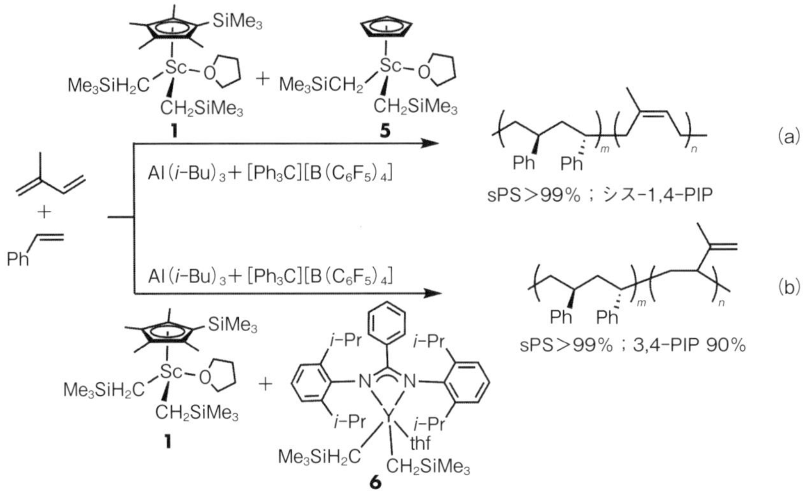

図 3-4　チェーンシャトリング共重合による sPS-シス-1,4-PIP の合成(a), sPS-3,4-PIP の合成(b)

2 可逆的連鎖移動によるスチレンと 1,3- 共役ジエンの，位置および立体選択的共重合

2006 年にダウケミカルの Arriola らは，異なる 2 種類の 4 族金属重合触媒と有機亜鉛化合物を連鎖移動剤として用いて複数のモノマーを反応させ，ポリマー鎖を異なる 2 種類の触媒間で行き来させることができるチェーンシャトリング共重合という特異な重合系を見いだした[12]．筆者らはこの手法を希土類重合系に適用することを試み，触媒活性および選択性の異なる 2 種類の希土類触媒を組み合わせることにより，スチレンとイソプレンの共重合においていずれのモノマーも位置および立体選択的に共重合することをはじめて実現し，高度に制御された新規ブロック共重合体の創製に成功した．

たとえば，スチレンとイソプレンの共重合において，チェーンシャトリング反応剤としてトリイソブチルアルミニウム(triisobutylaluminium：TIBA)の存在下，スチレンに対して高いシンジオタクチック選択性を示す触媒 1 とイソプレンに高いシス-1,4 選択性を示す触媒 5 との組合せを用いることにより，いずれのモノマーにおいても高度に立体的に制御された sPS-シス-1,4-PIP マルチブロック共重合体が選択的に得られた[図 3-4(a)][13]．一方，イソプレンに高い 3,4-選択性を示す触媒 6 と触媒 1 との組合せでは，sPS と 3,4-PIP のブロック共重合体が選択的に得られた[図 3-4(b)][13]．このような，スチレンと共役ジエンのいずれにおいても高度に立体的に制御された多成分ブロック共重合は，一つの触媒では実現困難であった．得られた新規ブロック共重合体は，sPS の優れた耐熱性や機械強度とシス-1,4-PIP の優れたゴム弾性などを合わせもつ新規ゴム材料としてさまざまな応用が期待できる．

3 まとめと今後の展望

筆者らは，ハーフサンドイッチ型希土類ジアルキル錯体を 1 当量の $[Ph_3C][B(C_6F_5)_4]$ などと反応させることにより，きわめて特異な反応性を発現する分子性重合触媒の創製に成功した．本触媒系を用いることにより，従来の触媒では実現困難な，さまざまなオレフィン類の立体選択的なブロック共重合を達成した．希土類金属上の配位子を適切に用いることにより，立体選択性を制御することが可能であり，これは配位重合の大きな特徴である．今回紹介した反応の多くは，＋3 価希土類イオンの安定性，炭素-炭素二重結合への親和性，さらに希土類アルキル種の求核性などの協同作用によって，リビング性を示すシングルサイト触媒系が構築され，ブロック共重合が実現したものと考えられる．

最近，このハーフサンドイッチ型希土類触媒を用いることにより，ジアルコキシベンゼンと非共役ジエンとのC-H結合重付加反応がはじめて達成され，原子効率の高い交互共重合体の合成法を開発した[14]．さらに，この触媒系によるスチレンの重合に連鎖移動剤としてアニソール類を用いることにより，末端にアニシル基をもつsPSの触媒的合成を達成した[15]．今後これら希土類触媒の特徴をさらに生かした，さまざまな機能性高分子材料の開発が期待される．

◆ 文　献 ◆

[1] H. Yasuda, *J. Organomet. Chem*., **647**, 128 (2002).
[2] (a) M. Nishiura, F. Guo, Z. Hou, *Acc. Chem. Res*., **48**, 2209 (2015)；(b) M. Nishiura, Z. Hou, *Nature Chem*., **2**, 157 (2010).
[3] C. Pellecchia, D. Pappalardo, M. D'Arco, A. Zambelli, *Macromolecules*, **29**, 1158 (1996).
[4] Y. Luo, J. Baldamus, Z. Hou, *J. Am. Chem. Soc*., **126**, 13910 (2004).
[5] Y. Luo, Y. Luo, J. Qu, Z. Hou, *Organometallics*, **30**, 2908 (2011).
[6] H. Zhang, Y. Luo, Z. Hou, *Macromolecules*, **41**, 1064 (2008).
[7] Y. Higaki, K. Suzuki, Y. Kiyoshima, T. Toda, M. Nishiura, N. Ohta, H. Masunaga, Z. Hou, A. Takahara, *Macromolecules*, **50**, 6184 (2017).
[8] L. Pan, K. Zhang, M. Nishiura, Z. Hou, *Macromolecules*, **43**, 9591 (2010).
[9] K. Nishii, X. Kang, M. Nishiura, Y. Luo, Z. Hou, *Dalton Trans*., **42**, 9030 (2013).
[10] Y. Luo, Z. Hou, *Stud. Surf. Sci. Catal*., **161**, 95 (2006).
[11] L. Zhang, T. Suzuki, Y. Luo, M. Nishiura, Z. Hou, *Angew. Chem. Int. Ed*., **46**, 1909 (2007).
[12] D. J. Arriola, E. M. Carnahan, P. D. Hustad, R. L. Kuhlman, T. T. Wenzel, *Science*, **312**, 714 (2006).
[13] L. Pan, K. Zhang, M. Nishiura, Z. Hou, *Angew. Chem. Int. Ed*., **50**, 12012 (2011).
[14] X. Shi, M. Nishiura, Z. Hou, *J. Am. Chem. Soc*., **138**, 6147 (2016).
[15] A. Yamamoto, M. Nishiura, J. Oyamada, H. Koshino, Z. Hou, *Macromolecules*, **49**, 2458 (2016).

Part II
研究最前線

Chap 4

高分子反応を用いた ブロック共重合体の合成
Synthesis of Block Copolymers Based on Polymer Reactions

東原 知哉
（山形大学大学院有機材料システム研究科）

Overview

年々厳しくなる材料の要求特性に対応するために，1本のポリマー鎖に複数の機能を集結することができるブロック共重合体の開発は魅力的である．最近では，各ブロックセグメントの組合せの多様化を図るため，異なる重合系の併用も検討されるようになった．ブロック共重合体の合成において，高分子反応（本章では，とくに高分子間の反応を指す）は，立体障害が大きくかつ異相系高分子鎖どうしの斥力に打ち勝って進行する必要があり，選択的かつ定量的な反応設計が求められる．

本章では，高分子反応を必要とする背景について論じた後，他重合系ポリマー間の高分子反応や分岐ポリマー合成への応用に関する最近の研究を紹介する．

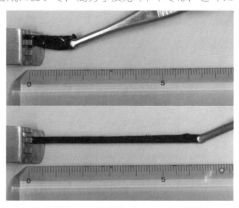

▲伸縮性をもつ半導体ブロック共重合体
　［カラー口絵参照］

■ **KEYWORD** ▭マークは用語解説参照

- 高分子反応（polymer reaction）▭
- 熱可塑性エラストマー（thermoplastic elastomer）▭
- リビング重合（living polymerization）▭
- 鎖末端官能基（chain-end-functional group）
- カップリング反応（coupling reaction）
- 付加反応（addition reaction）
- π共役系ポリマー（π-conjugated polymer）
- ポリ（3-ヘキシルチオフェン）〔poly（3-hexylthiophene）〕
- 電子デバイス（electronic device）
- ミクトアームスター共重合体（miktoarm star polymer）▭

はじめに：高分子反応を必要とする背景

リビング重合系の発展とともに，ブロック共重合体の合成法開発への挑戦が続いている．歴史をひも解けば，硬いポリスチレン（polystyrene：PS）と柔らかいポリブタジエン（polybutadiene：PB）またはポリイソプレン（polyisoprene：PI）からなる ABA 型トリブロック共重合体が，熱可塑性エラストマー材料として実用化を果たしたことが思いだされるだろう[1]．ブロック共重合体は，二つ以上の異なるポリマーセグメントが連結した多成分系高分子である

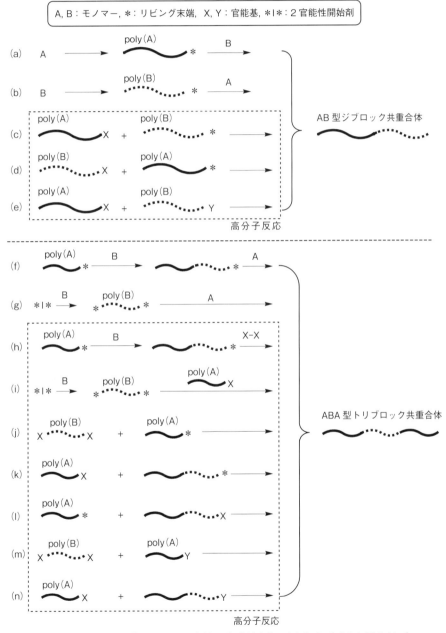

図 4-1　AB 型ジブロック共重合体の合成法(a)〜(e)および ABA 型トリブロック共重合体の合成法(f)〜(n)

が，用途に応じたポリマーセグメントの選択，それらセグメントの結合様式，分子量，分子量分布，および組成比などの設計が肝心である．分子量および分子量分布の制御に関しては，単体ポリマー合成において，リビング重合系を模索することで，ある程度可能になる．しかし，異種ポリマーセグメントを連結させようとすると，ひと工夫必要である．とくに要求特性に応じて斬新な組合せのポリマーセグメントの連結に挑戦する場合や，連結箇所が多数になってくると，合成の難易度がきわめて高くなる．やっかいなことに，セグメントの結合様式が複雑になると，合成経路も煩雑・多数になり，どのルートを経由すればよいのか選定するため，余計に時間と労力を要してしまう．

たとえば，AB型ジブロック共重合体とABA型トリブロック共重合体の合成法について比較してみよう．最もシンプルなAB型ジブロック共重合体でも，末端官能基の導入を許すと，5種類，つまり(a)A, Bの順にモノマー添加，(b)B, Aの順にモノマー添加，(c)末端に官能基Xを導入したpoly(A)-Xとリビングpoly(B)の高分子反応，(d)末端官能基化poly(B)-Xとリビングpoly(A)の高分子反応，(e)末端官能基化poly(A)-Xと末端官能基化poly(B)-Yの高分子反応の経路がある〔図4-1(a)～(e)〕．ここで，分子量や分子量分布の制御性に優れたリビングアニオン重合法を用い，A = スチレン(St)，B = メタクリル酸メチル(methyl methacrylate：MMA)としてみると，ポリ(メタクリル酸メチル)〔poly(methyl methacrylate)：PMMA〕のリビングアニオン末端からStのモノマーを重合開始できないため，経路(b)は不可能となる．また，X = ベンジルブロミドとし，PMMA-XにリビングPSを高分子反応させようとすると，リビング末端がPMMA-Xのエステル部位にも反応してしまうため，経路(d)の選択肢も消える．残った経路(a)，(c)，および(e)を比較すると，シンプルな経路(a)のモノマー添加法〔実際には，メタクリル酸メチル(MMA)の添加前にポリスチレンのアニオン末端を1,1-ジフェニルエチレンなどでキャップし，その反応性を下げる必要があるが〕で十分であり，(c)および(e)は末端官

能基化の多段階反応を経由するため，高分子反応を使用するメリットはほとんどない．

ABA型トリブロック共重合体の合成経路はどうであろうか．ざっと書きだしただけでも9種類もある〔図4-1(f)～(n)〕．同じ条件下(A = St, B = MMA)，(f)や(g)のモノマー添加法では，PMMAリビング末端からのA = Stの重合が不可能であり，高分子反応を使用する経路以外に道がない．高分子反応は，一般に定量的かつ選択的なものを厳選する必要があり，反応させるポリマーの化学量論制御の困難さ，ポリマーどうしの立体障害による反応収率の頭打ち，目的ポリマーの単離の難しさなど，難題は尽きないが，目的のシークエンスどおりのブロック共重合体を得るための有用な反応といえる．

本章では，ブロック共重合体の開発に関する研究のうち，とくに他重合系ポリマーの高分子反応を使用したブロック共重合体や複雑な分岐形態をもつポリマーの開発事例について，筆者らの研究を中心に紹介したい．

1 他重合系ポリマー間の高分子反応

1-1 リビングカチオン重合法とリビングアニオン重合法の併用

心臓疾患の治療器具ステントのコーティング剤用途を目指し，熱可塑性エラストマー材料として，ハード-ソフト-ハードセグメントからなるABA型トリブロック共重合体が注目されてきた．実際に，ステント拡張時に力学的負荷のかかるコーティング剤には，高い引っ張り応力と破断伸びが求められ，ABA型トリブロック共重合体〔A = PS, T_g ~ 104 ℃，B = ポリイソブテン(PIB, T_g ~ -64 ℃)〕が開発された[2]．リビングカチオン重合により，両セグメントは高度に設計が可能であり，かつ2官能性開始剤を用いて，B, Aの順に重合すれば，比較的簡便に合成することもできる〔図4-1(g)〕．

一方，生体適合性，薬剤担持特性，および薬剤徐放性などの要求特性に対応するためにメタクリレート系材料の導入が考案されると，カチオン重合だけでは対応できなくなった．PIB(polyisobutene)のリビングカチオン末端を利用して，アニオン末端への

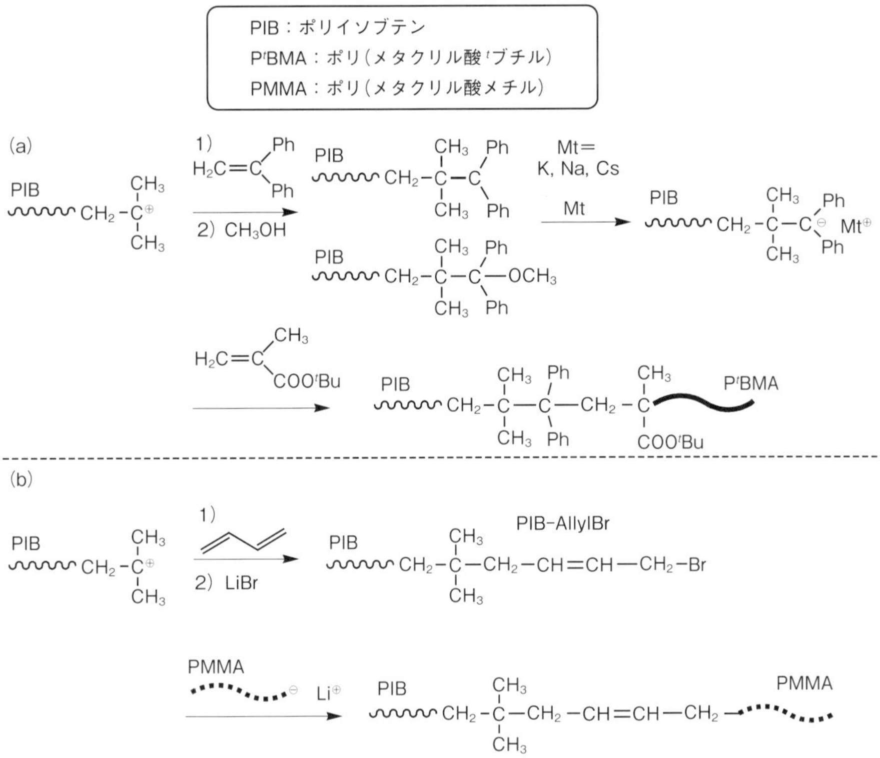

図 4-2 ポリイソブテン鎖およびポリ(メタクリル酸 t-ブチル)鎖からなる AB 型ジブロック共重合体の合成法(a)[3], 高分子反応を用いたポリイソブテン鎖およびポリ(メタクリル酸メチル)鎖からなる AB 型ジブロック共重合体の合成法(b)[4]

変換を行った後, メタクリル酸 t-ブチルを重合した例はあるが[3], 変換反応が多段階になり, 開始効率も定量的ではない〔図 4-2(a)〕. また, poly(B)の両末端からメタクリル酸 t-ブチルを重合して ABA 型トリブロック共重合体を合成する場合, 両側の A セグメントの分子量や分子量分布が揃っていることを, 重合終了後に B セグメントから切り離して解析しない限り保障できない.

筆者らは, 鎖末端にアリルブロミド基をもつ PIB (PIB-AllylBr)の合成にはじめて成功し, PIB-AllylBr とリビング PMMA の高分子反応(カップリング反応)により, AB 型ジブロック共重合体(A = PIB, B = PMMA)を得ることに成功した〔図 4-2(b)〕[4]. 高分子反応を用いたブロック共重合体の合成法の特徴でもあるが, 高分子反応前にそれぞれのポリマーセグメントの解析を独立に行うことができ

るため, より構造の明確なブロック共重合体が得られる. また, 「はじめに」で AB 型ジブロック共重合体の合成における高分子反応利用のメリットを否定したが, あくまで同一重合系により得られるモノマーの組合せの場合に限られる. 今回のセグメントの組合せ(A = PIB, B = PMMA)では, モノマーの逐次添加法が適用できないので, 異なる重合系ポリマー間の高分子反応は, シンプルな AB 型ジブロック共重合体合成においてもメリットが大きい.

1-2 熊田触媒移動型重縮合法とリビングアニオン重合法の併用

π共役系高分子をセグメントとするブロック共重合体の合成と, 有機太陽電池材料開発の取組みについても紹介したい. ポリ(3-ヘキシルチオフェン) 〔poly(3-hexylthiophene): P3HT〕は, 溶解性と電気特性のバランスに優れた p 型半導体高分子であり,

π共役系高分子の代表格といえる．横澤ら[5]，続いてMcCulloughら[6]により，Ni触媒を用いた重合が連鎖的に進行し，分子量および分子量分布の規制されたP3HTが得られることが，それぞれ独立に報告された．本重合法は一般的に熊田触媒移動型重縮合（Kumada catalyst-transfer polymerization：KCTP）法またはGrignardメタセシス（Grignard metathesis：GRIM）重合法とよばれる．

これらの報告を契機に，世界中でP3HT鎖を含むブロック重合体の合成が行われるようになった．異なる重合系ポリマーの組合せを使ったブロック共重合体のうち，分子量および分子量分布の規制を積極的に行った例として，DaiらのKCTPおよびリビングアニオン重合法を組み合わせた手法によるAB型ジブロック共重合体〔A = P3HT, B = ポリ（2-ビニルピリジン）（poly-2-vinylpridine：P2VP）〕の合成が興味深い〔図4-3(a)〕[7]．ただし，高分子反応を用いていないため，BセグメントのみをAセグメントから切り離して直接解析することはできない．

これに対し筆者らは，両鎖末端に1,1-ジフェニルエチレン（diphenylethylene：DPE）基を導入したP3HTを合成し，2当量のスチレンのリビングアニオンポリマーと高分子付加反応させることで，構造の明確なABA型トリブロック共重合体の合成に成功した〔図4-3(b)〕[8]．本手法では，P3HT鎖と連結させるPS鎖の分子量および分子量分布の独立した解析が可能である．

有機薄膜太陽電池はP3HT：[6,6]フェニル-C_{61}-酪酸メチルエステル〔[6,6]-phenyl-C_{61}-butyric acid methyl ester：PCBM〕のブレンド薄膜に代表されるバルクヘテロ接合型が主流であるが，ブレンド膜の相分離構造制御が難しく，太陽電池の効率や長期安定性に問題が残っている．Fréchetらは，P3HT：PCBMブレンド系デバイスにおいて，P3HT鎖を含むAB型ジブロック共重合体を17重量％添加すると，相溶化剤として働き，エネルギー変換効率（PCE）が1.6％から2.7％に向上したと報告している[9]．

筆者らは，P3HTおよびポリ（4-ビニルトリフェニルアミン）〔poly（4-vinyl triphenylamine）：PTPA〕からなるABA型トリブロック共重合体〔図4-3(b)の合成法を採用〕を，P3HT：PCBMブレンド系における相溶化剤として用いたところ，PCBMの凝集を防ぎ，P3HT：PCBM界面の安定化が促進されたことが明らかとなった．また，ABA型トリブロック共重合体をわずか1.5重量％添加したP3HT：PCBMブレンド系を用いたデバイスで最大のPCE 4.4％を達成し，無添加の系の3.9％を上回る結果を得た[10]．ごく最近では，相溶化剤としての含P3HT鎖ブロック共重合体のシークエンス（AB型 vs. ABA型）の違いが，P3HT：PCBMブレンド中のP3HTドメインの結晶性・結晶配向性およびデバイス特性に影響を与えることがわかって

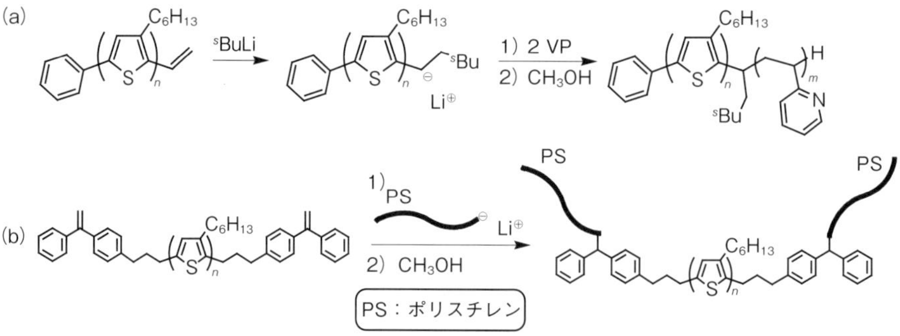

図4-3 ポリ（3-ヘキシルチオフェン）鎖およびポリ（2-ビニルピリジン）鎖からなるAB型ジブロック共重合体の合成法(a)[7]，高分子反応を用いたポリ（3-ヘキシルチオフェン）鎖およびポリスチレン鎖からなるABA型トリブロック共重合体の合成法(b)[8]

> **+ COLUMN +**
>
> ★いま一番気になっている研究者
>
> ## Timothy M. Swager
> (アメリカ・マサチューセッツ工科大学 教授)
>
> J. A. Kalow と T. M. Swager は,開環メタセシス重合(ring-opening polymerization：ROPM)法と熊田触媒移動型重縮合(Kumada catalyst-transfer polymerization：KCTP)法を組み合わせることで,π共役系ポリマーセグメントをもち,かつ分岐構造と異相構造をもつ複雑な(AB)C(BA)型分岐ポリマーの合成に成功している〔J. A. Kalow, T. M. Swager, *ACS Macro Lett*., **4**, 1229(2015)〕.
>
> 本手法の特徴は,鎖末端にノルボルネン基をもつポリ(3-ヘキシルチオフェン)(P3HT)を出発原料として用い,ROMP 法により調整したリビングポリノルボルネンと高分子反応させ,生成した反応活性点を別種のノルボルネンモノマーの重合開始種として利用している点である.すなわち,P3HT 鎖末端に導入したノルボルネン基1個が2本の別種ポリマーの導入に貢献することで,反応段数を減らすことに成功している.このように,高分子反応終了後にも新たな反応点を再生できる方法論は大変興味深く,複雑化するπ共役系分岐高分子の設計に対するマイルストーンになると考えられる.

きた[11].ただし,それぞれのポリマーセグメントの鎖長や組成比に関するパラメータも含めた系統的な研究が今後必要である.

1-3 熊田触媒移動型重縮合法とリビングカチオン重合法の併用

近年,電子デバイス構成材料のフレキシブル化およびストレッチャブル化に大きな注目が集まっている.1-2 項で紹介した P3HT は,高溶解性と高ホール移動度を示す一方,結晶性が 200℃ 以上と高く,硬くてもろいため,デバイス搭載後の外部応力に対する脆弱性が問題になっている.さまざまな変形にも耐える電子デバイスの将来を考えると,高い電気特性と力学・応力特性を両立できるエラストマーの開発は急務である.

筆者らは,ABA 型トリブロック共重合体の P3HT をハードセグメント(A)とし,低 T_g ポリマーをソフトセグメント(B)とすれば,新しい熱可塑性・半導体エラストマーが得られるのではないかという着想に至った.とくに,PIB(1-1 項参照)の化学的安定とエラストマー材料としての実績に着目し,新規組合せの ABA 型トリブロック共重合体(A = P3HT, B = PIB)の合成を行った[12].KCTP 法およびリビングカチオン重合法により,それぞれ P3HT および PIB セグメントを合成し,鎖末端のアルキン化(P3HT-Alkyne)およびアジド化(N_3-PIB-N_3)を行った.N_3-PIB-N_3 と 2 当量の P3HT-Alkyne 間の高分子付加反応(Huisgen 環化付加反応)により,目的とする ABA 型トリブロック共重合体の合成に成功した〔図 4-4(a)〕.得られた ABA 型トリブロック共重合体は,P3HT 単体と比較して同程度のホール移動度 $\mu_h = 3.0 \times 10^{-3}\ cm^2(V\ s)^{-1}$ (on/off = 5×10^3)を示し,かつ 300% の伸張を繰り返しても破断しない優れたエラストマー〔図 4-4(b)〕であることもわかった.不導体である PIB セグメントの導入(64 wt%)にもかかわらず,ホール移動度の低下を免れたことは非常に興味深く,相分離構造が鍵になっていると予想され,現在詳細な解析を進めている.

2 高分子反応の分岐ポリマーへの応用

高分子反応はブロック共重合体の分子量,分子量分布,組成の規制だけでなく,ブロックシークエンスの制御にも重要な役割を果たしてきた.ポリマーセグメントの結合様式に分岐鎖を許すと,グラフト共重合体(主鎖と側鎖が異種ポリマー),スターブロック共重合体(腕ポリマーが同一ブロック共重合

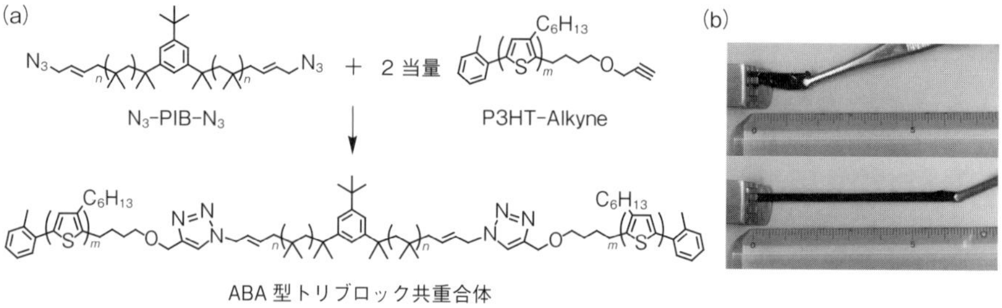

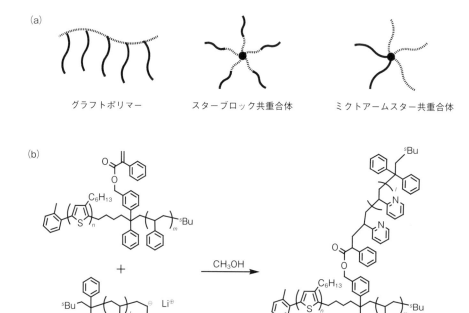

図4-4 高分子間でのHuisgen環化付加反応を用いたポリ(3-ヘキシルチオフェン)鎖およびポリイソブテン鎖からなるABA型トリブロック共重合体の合成法(a), ABA型トリブロック共重合体単膜の伸縮挙動(b)[12]

図4-5 異相系特殊分岐ポリマーの模式図(a), 高分子反応を用いたポリ(3-ヘキシルチオフェン)鎖を含む三本鎖ABC型ミクトアームスター共重合体の合成法(b)[13]

体), ミクトアームスター共重合体(腕ポリマーが異種ポリマー)などの特殊分岐ポリマーを描くことができる〔図4-5(a)〕. これらのポリマーは, 異相構造と分岐構造を併せもつことにより, 合成・物性の両面から興味が集まっている. 高分子反応を用いることで, より構造の明確なサンプルが得られるので, ポリマーの一次構造と諸物性の相関関係を理解しやすい.

これまで, 同一重合系ポリマーセグメントを使用した異相系分岐高分子の合成法開発事例だけでも膨大な数になるが, 筆者らは, KCTP法とリビングアニオン重合法を組み合わせた方法論により, AB型ジブロック共重合体(A = P3HT, B = PS)の鎖中に導入したα-フェニルアクリレート基と2-ビニルピリジンのリビングアニオンポリマーを高分子付加反応させることで, P3HT鎖を含む三本鎖ABC型

ミクトアームスター共重合体（A = P3HT, B = PS, C = P2VP）の合成に成功した〔図4-5(b)〕[13]．

ごく最近，高分子間でのHuisgen付加反応により，複雑な四本鎖ABCD型ミクトアームスター共重合体〔A = PI, B = PS, C = ポリ（α-メチルスチレン）（PαMS），D = P3HT〕を得ることにも成功し，薄膜状態でのモルフォロジー解析を行ったところ，P3HT = Dドメインの高い結晶性と特殊分岐構造のためか，A, B, およびCドメインの強制相溶化が起きていることが示唆された[14]．今後，特殊な相分離形態の探索を続けるとともに，電子材料への応用の可能性も吟味したい．

3 まとめと今後の展望

高分子科学全体を見渡すと，高分子反応はある意味でマニアックかもしれない．「はじめに」で述べたように，立体障害の影響が大きい，ポリマーの分離がやっかいなど，多数の弱点は筆者も感じているところである．「反応段数が多い」「その方法でないと合成できないの？」「ターゲットのポリマー構造を変えたら？」との指摘も少なくない．

しかし，ブロック共重合体でいえば，それぞれのポリマーセグメントを構築するための重合法にしばられず，一般的な高分子間での結合反応の模索や斬新な組合せ・斬新な結合様式の多成分系高分子の創成に挑戦することは，高分子の特徴の一つである「多様性」をさらに拡張するもので，終わりなき要求特性に応えるための選択肢を増やすという意味で，きわめて重要ではないだろうか．高分子鎖1本へ複数の機能をもたせ，役割分担させる．これは，生体高分子が何億年も前から培ってきた見習うべき知恵であり，人工的な合成高分子間での結合反応による材料開発は，継続性のある挑戦的なテーマであると確信している．

◆ 文 献 ◆

[1] N. R. Legge, G. Holden, H. E. Schroeder, "Thermoplastic Elastomers, A Comprehensive Review," Hanser Publication.(1987).
[2] S. V. Ranade, K. M. Miller, R. E. Richard, A. K. Chan, M. J. Allen, M. N. Helmus, *J. Biomed. Mater. Res., Part A*, **71A**, 625(2004).
[3] J. Feldthusen, B. Iván, A. H. E. Müller, *Macromolecules*, **31**, 578(1998).
[4] T. Higashihara, D. Feng, R. Faust, *Macromolecules*, **39**, 5275(2006).
[5] A. Yokoyama, R. Miyakoshi, T. Yokozawa, *Macromolecules*, **37**, 1169(2004).
[6] M. C. Iovu, E. E. Sheina, R. R. Gil, R. D. McCullough, *macromolecules*, **38**, 8649(2005).
[7] C. A. Dai, W. C. Yen, Y. H. Lee, C. C. Ho, W. F. Su, *J. Am. Chem. Soc.*, **129**, 11036(2007).
[8] T. Higashihara, K. Ohshimizu, A. Hirao, M. Ueda, *Macromolecules*, **41**, 9505(2008).
[9] K. Sivula, Z. T. Ball, N. Watanabe, J. M. J. Fréchet, *Adv. Mater.*, **18**, 206(2006).
[10] J. H. Tsai, Y. C. Lai, T. Higashihara, C. J. Lin, M. Ueda, W. C. Chen, *Macromolecules*, **43**, 6085(2010).
[11] H. Fujita, T. Michinobu, S. Fukuta, T. Koganezawa, T. Higashihara, *ACS Appl. Mater. & Interfaces*, **8**, 5484 (2016).
[12] S. Fukuta, K. Chino, H. Suzuki, T. Higashihara, *Polym. Prepr. Jpn.*, **65**, 1L19(2016).
[13] T. Higashihara, S. Ito, S. Fukuta, T. Koganezawa, M. Ueda, T. Ishizone, A. Hirao, *Macromolecules*, **48**, 245 (2015).
[14] T. Higashihara, S. Ito, S. Fukuta, S. Miyane, Y. Ochiai, T. Ishizone, M. Ueda, A. Hirao, *ACS Macro Lett.*, **5**, 631 (2016).

Part II
研究最前線

Chap 5

環状ブロック共重合体の合成
Progress in Block Copolymers of Cyclick Topologies

手塚 育志
(東京工業大学物質理工学院)

Overview

環状高分子は,「かたち(トポロジー)」の異なる直鎖状・分枝状高分子にはみられない特異な物性・機能を発現する．今世紀に入り登場した革新的な環拡大重合および高分子環化手法によって環状高分子の精密構造設計が実現し，トポロジー効果に基づく新たな材料開発が進められている．さらに，異種ポリマーセグメントの連結による単環状ブロック共重合体，さまざまな幾何学構造(直鎖・分枝・環状トポロジー)の高分子セグメントを連結する，これまで例のない「トポロジーブロック」共重合体の設計・合成が可能になってきた．その結果，高分子セグメントの構成モノマー成分に加えて，高分子セグメントのトポロジー単位の組合せによる高分子材料設計の自由度が拡大し，高分子材料の構造(かたち)−機能(はたらき)相関の解明も進められている．

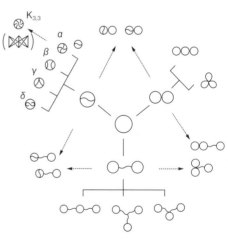

▲環状トポロジーの系統図(Ring family tree)
[カラー口絵参照]

■ KEYWORD 📖マークは用語解説参照

- ■環状高分子(cyclic polymer)
- ■テレケリクス(telechelics)
- ■環拡大重合(ring-expansion polymerization)
- ■高分子クリック環化(click polymer cyclization)
- ■高分子メタセシス環化(metathesis polymer cyclization)
- ■ESA-CF 高分子環化(ESA-CF polymer cyclization)
- ■高分子トポロジー効果(polymer topology effect)
- ■高分子折りたたみ(polymer folding)
- ■$K_{3,3}$ グラフ高分子($K_{3,3}$ graph polymer)

はじめに

柔らかい「ひも」状の高分子セグメントで組み立てられる「かたち（トポロジー）」には限りない自由度があり，高分子の基本特性を決定する本質的な役割を担っている．したがって，直鎖状，分枝状，さらに環状構造高分子の「かたち」を精密かつ自在に設計・合成することは，高分子の「かたち」に基づくブレークスルー，すなわち物性・機能の創出につながるものと期待される．

近年のリビング重合系の拡大やクリック反応などの効率的有機合成化学手法の出現，さらに自己組織化プロセスなどの新コンセプトを取り入れた高分子合成法が開発され，精密に制御された分枝状・環状高分子の選択的合成が可能となってきた．同時に，複雑な分枝状・単環状・多環状構造の高分子の分離・精製・キャラクタリゼーション手法の発展もめざましい．その結果，多様な化学構造や官能基をもつ単環や多環状高分子が，物性測定や機能評価に十分なスケール・純度で提供できることになった[1]．

こうしたブレークスルーは，高分子化学・高分子物理の基礎的理解を深めることだけでなく，トポロジー効果に基づいた高分子材料の開発にも大きく寄与している．本章では，これら高分子合成化学の先端領域での最近の成果を紹介する．

1 単環状多成分ブロック共重合体

1-1 環拡大重合

環状構造開始剤にモノマーを連続的に挿入する環拡大重合（図5-1）では，重合成長する環状高分子セグメント中に反応性の高い開始剤ユニットが含まれ，これを除去する際に環状構造の保持が困難となる．このため，環状高分子の合成プロセスとしての実用性は低かった．しかし最近，巧妙に設計された環状配位子をもつ遷移金属錯体を開始剤として用いる環状オレフィンやアルキンモノマーの環拡大重合が開発された[2,3]．ここでは，成長末端の環状配位子への連鎖移動によって安定な構造の環状高分子が生成するとともに，遷移金属錯体開始剤が再生する．

また，含窒素ヘテロ環カルベン（N-heterocyclic carbene：NHC）を開始剤として用いる環状エステル，ラクチド，アミノ酸 NCA（amino acid N-carboxy anhydride）などのヘテロ環モノマー類の環拡大重合でも，双性イオンを重合成長末端活性種とすることで安定な構造の環状高分子生成物が生成する[4]．さらにこの重合系はリビング性で分子量制御・末端制御が可能となり，種々の環状ブロック共重合体の合成にも応用された．また，オルトフタルアルデヒド類のカチオン重合でも環拡大重合機構が認められ，種々の環状高分子ブロック共重合体も合成された[5]．

一方，従来の開始剤ユニットを含む環拡大重合で架橋反応性セグメントを重合成長末端近傍に導入すると，環拡大重合後に分子内架橋することで，開始剤フラグメントを除去しても安定な環状高分子を合成できる[6]．このプロセスで，環-鎖セグメント成分を組み合わせたブロック共重合体，さらに側鎖反応性の環状高分子への graft-onto 法によって高密度にグラフト鎖を導入した，AFM（atomic force microscope，原子間力顕微鏡）を用いて直接形状観察できる環状高分子ナノオブジェクトも合成された[7,8]．なおこの直接観測法で，高分子環化生成物には，少量ながら環-鎖ハイブリッド（おたまじゃくし形）や双環（8の字形），カテナンやノットなどの複雑な環状構造物も含まれることが確認された．高分子の環化プロセスで，単環に加えて多様な環状構造が生成することを実証した成果として意義深い．

◐：環状配位子をもつ金属錯体，
　　含窒素ヘテロ環カルベンなど
■：シクロアルケン，アルキン，環状エステルなど

図 5-1　環拡大重合法による環状高分子合成

1-2 テレケリクス環化
(a) クリック法とクリップ法

単環状高分子の直接的・古典的な合成手法として，両末端に反応性官能基をもつ直鎖状高分子（テレケリクス，telechelics）を等モル量の二官能性カップリング剤によって連結する二分子環化反応が知られる（図5-2）[9]．しかしこの手法では，高分子間の鎖延長反応を抑制するための高希釈条件，さらにテレケリクスとカップリング剤の厳密な等モル条件が求められ実用性は低かった．また，等モル条件の担保される非対称型のテレケリクスによる一分子環化法でも，保護・脱保護のプロセスを含む多段階の合成プロセスが必要となる．

しかし最近，アルキン基とアジド基を末端にもつ非対称テレケリクスのクリックケミストリーによる一分子環化法が開発された[10]．このプロセスでは，脱保護に代わって銅触媒の添加による末端アルキン/アジド基の活性化で，効率的な高分子環化反応が達成された．なおここで，両末端にアジド基をもつテレケリクスとアルキン基を二つもつ低分子カップリング反応剤との二分子高分子環化法では反応効率は低下する．このクリック高分子環化法は，ATRP（atom transfer radical polymerization，原子移動ラジカル重合）法，RAFT（reversible addition-fragmentation chain transfer，可逆的付加開裂連鎖移動）法やROP（ring-opening polymerization，開環重合）法などのリビング重合プロセスとの組合せが容易なことから種々の機能性環状高分子の合成に応用され，環状高分子トポロジー効果の検証が進められている[11]．

さらに，両末端に同一の官能基をもつ対称型テレケリクスを用いる高分子環化法も開発された[12]．二官能性開始剤を用いるリビング重合の停止反応によって簡便に得られる，両末端にアルケン基をもつ種々のテレケリクスを用いる希釈条件下での分子内メタセシス反応では，高収率で環状高分子が合成される．このメタセシス高分子環化（クリップ）法は，親水性・疎水性セグメントを組み合わせた両親媒性環状ブロック共重合体や多環状高分子の合成にも応用された[1]．また，対称型テレケリクスを用いる一分子高分子環化には，アルキン基間のGlaser縮合やブロモベンジル基間のラジカルカップリングも適用された．

(b) ESA-CF法

疎水性テレケリクス末端に導入したカチオン基と対アニオン基の静電相互作用による自己組織化と，イオン結合の共有結合への選択的変換を組み合わせた高分子環化プロセス，ESA-CF法（electrostatic self-assembly and covalent fixation）も開発された（図5-3）[1,13]．ESA-CF法には，リビングカチオン

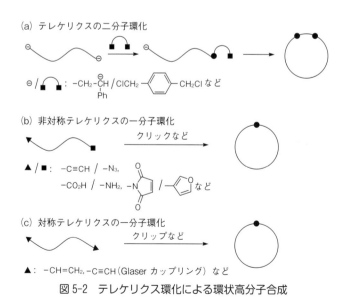

図5-2 テレケリクス環化による環状高分子合成

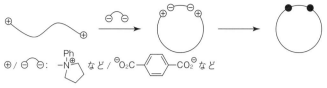

図 5-3　ESA-CF 高分子環化

重合の環状アミンを用いる停止反応による一段階反応，または種々のリビング重合プロセスなどによって得られるヒドロキシ基末端テレケリクスの末端変換反応によって得られる多様なテレケリクスを適用できる．

ESA-CF 法では，直鎖状テレケリクスとジカルボン酸アニオンおよびテトラカルボン酸アニオンとを組み合わせ，単環および双環（8 の字形）高分子をそれぞれ希釈条件下一段階で合成できる[13]．また ESA-CF 法で用いるイオン性高分子集合体では，動的平衡状態での構成イオン成分間の交換反応が進行し，これを利用した環-鎖高分子ハイブリッド構造の構築も可能である．さらに，特定の官能基を含む開始剤によって得られる高分子前駆体，およびこれと同一または異種の官能基を含む多価カルボン酸対アニオンを組み合わせ，ヒドロキシ基，オレフィン基，アルキン基，アジド基など，種々の反応性基を環状構造の特定位置に導入した，対称・非対称反応性環状高分子（*kyklo*-telechelics）を提供できる[1]．とくに，アルキン-アジド・クリック反応やアルケン・メタセシス（クリップ）反応との組合せによってさまざまなブリッジ形，スピロ形および縮合形多環状高分子の選択的合成が実現している[14, 15]．

1-3　環状ブロック共重合体のトポロジー効果

(a) 両親媒性環状・含環状ブロック共重合体

環状脂質分子を細胞膜構成成分として含む好熱性古細菌に着目し，環状両親媒性ブロック共重合体によるミセル（自己組織化集合体）を形成したところ，対応する直鎖状ブロック共重合体由来のミセルに比べ著しい熱安定性・耐塩性を示した（図 5-4）[16, 17]．この環状両親媒性高分子の自己組織化に伴う顕著なトポロジー効果（トポロジー効果の増幅）は，分子鎖末端の運動によって引き起こされるミセルの不安定化が，末端の存在しない環状ブロック共重合体では

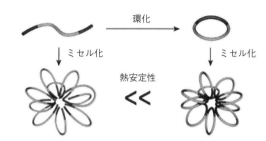

図 5-4　両親媒性環状ブロック共重合体のトポロジー効果

抑制されるためと考察された．さらに，親水性および疎水性 *kyklo*-telechelics のクリック反応によるカップリングを利用して両親媒性双環（8 の字形）高分子，対応する 4 分枝スター形高分子，および両者のハイブリッド共重合体など，多種多様な両親媒性環状・含環状ブロック共重合体が合成され，環状構造を含む両親媒性ブロック共重合体の自己組織化と集合体特性に対するトポロジー効果の体系的評価が進められている[1, 11]．

(b) 主鎖配向の制御された環状ステレオブロック共重合体

生分解性高分子として知られるポリ乳酸（polylactic acid）は，光学異性体（PLLA および PDLA）間で特異的相互作用に基づくステレオコンプレックスを形成し，熱的特性が向上（融点上昇など）することが知られる．そこで，高分子主鎖セグメントの配向様式をさまざまに制御した環状および直鎖状ステレオブロック共重合体を合成し，対応する環状および直鎖状ホモポリマー（PLLA および PDLA）との対比により，高分子トポロジー効果によるポリ乳酸の高性能化が検討された[18]．

主鎖セグメント配向様式を制御したポリ乳酸環状ステレオブロック共重合体の合成では，まず反応性末端基（アジド基，アルキン基およびオレフィン基）を特定の末端位置に導入した相補的な非対称直鎖状

テレケリクスを調製し，ついでクリック反応によりアジド基とアルキン基を選択的に連結して，主鎖セグメント配向がそれぞれ head-to-head および head-to-tail 様式となる，両末端にオレフィン基が導入された直鎖状ステレオブロックポリ乳酸を合成する．

さらに，これらプレポリマーのメタセシス高分子環化（クリップ反応）によって，目的とする head-to-head 配向および head-to-tail 配向の環状ポリ乳酸ステレオブロック共重合体が得られた．一連の直鎖状および環状ステレオブロック共重合体のポリ乳酸主鎖セグメントの配向様式の熱的性質に対する効果を検討したところ，head-to-head 配向のステレオブロック共重合体では環化に伴い融点の上昇が観測され，一方 head-to-tail 配向の共重合体では融点の低下が認められた．

2 トポロジーブロック共重合体

2-1 環-鎖ブロック共重合体

単環状高分子と直鎖状または分枝状高分子など，異なるトポロジーの高分子単位の連結によって「トポロジーブロック」共重合体が合成できる（図5-5）．このとき，トポロジーの異なる高分子単位の成分・組成を合目的に組み合わせると，高分子トポロジー効果（polymer topology effect）による機能設計が期待される．最も単純な環-鎖トポロジー（おたまじゃくし形）ブロック共重合体は，相補的な反応性基をもつ環状高分子前駆体（*kyklo*-telechelics）と直鎖状テレケリクスのカップリング反応[1]，または直鎖状テレケリクスのセグメント末端とセグメント内部の特定位置にアルキン基とアジド基を導入し，分子内クリック反応することによって合成できる[19]．さらに，単環状高分子単位に複数の直鎖状高分子単位を連結した，複雑な環-鎖トポロジー（twin-tail tadpole, two-tail tadpole, three-tail tadpole）ブロック共重合体も合成された[20]．

2-2 多環トポロジーブロック共重合体

（a）ブリッジ形多環トポロジー

複数の単環状高分子と直鎖状または分枝状高分子を組み合わせると，ブリッジ形多環状・トポロジーブロック共重合体が得られる（図5-6）．その基本となる双環ブリッジ形トポロジーは手錠形で，ESA-CF 法により合成されるアルキン基を導入した *kyklo*-telechelics と，アジド基を末端にもつ二官能性直鎖状テレケリクスとのクリック反応で合成される[14]．同様に，三本鎖星形テレケリクスとのクリック反応で，ブリッジ形三環トポロジー（3分枝パドル形）高分子も合成される[14]．また，ESA-CF法で合成されるアジド基を導入した *kyklo*-telechelics と，アルキン基をもつ四本鎖星形テレケリクスとのクリック反応で，ブリッジ形四環トポロジー（4分枝パドル形）高分子も合成された[21]．さらに，アルキン基を単環状構造の反対位置の2か所に導入した *kyklo*-telechelics と，アジド基を末端にもつ直鎖状

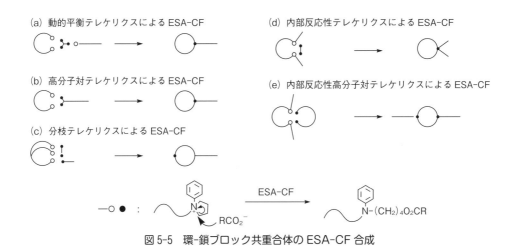

図5-5 環-鎖ブロック共重合体の ESA-CF 合成

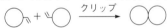
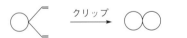

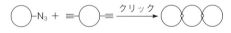

図5-6　ブリッジ形多環高分子トポロジーの構築

および分岐状テレケリクスとのクリック反応による逐次付加重合では，ブリッジ形多環/直鎖および多環/分枝高分子多量体も合成される[14]．

(b) スピロ形多環トポロジー

複数の単環状高分子を直接連結すると，スピロ形多環状・トポロジーブロック共重合体が得られる（図5-7）．その基本となる双環スピロ形トポロジーは8の字形で，直鎖状二官能性テレケリクス2単位と四官能性カップリング反応剤とのESA-CF法による末端連結反応[13]，アジド基およびアルキン基

を二つずつもつ四本鎖星形テレケリクスの二重クリック反応[22]，アルケン基を導入した*kyklo-telechelics*のメタセシス縮合（クリップ反応）[23]などで合成される．

ESA-CF法による末端連結反応では，三環収束スピロ形トポロジー（三つ葉形）高分子も得られる[13]．さらに，アジド基およびアルキン基を特定の1か所または2か所に導入した種々の単環状および双環状プレポリマーをESA-CF法により調製し，相補的なテレケリクスとのクリック反応で，三環お

図5-7　スピロ形多環高分子トポロジーの構築

および四環直列スピロ形高分子も合成された[14].

また，ESA-CF法で得られるアジド基を導入した単環状プレポリマーと，四官能性アルキン低分子化合物のクリック反応で，四環収束スピロ形トポロジー（四つ葉形）高分子も合成された[21]. さらに，ESA-CF法を用いてアルキン基とアジド基を環状構造の反対位置に導入した非対称 *kyklo*-telechelics を合成し，クリック反応による逐次付加重合すると，スピロ形直列多環トポロジー高分子多量体も得られる[14].

(c) 縮合形多環トポロジー

多環状高分子トポロジーには，ブリッジ形およびスピロ形に加えて縮合形が含まれる．その基本となる双環縮合形トポロジーはθ形で，三本鎖星形テレケリクスと三官能性カルボン酸対アニオンを組み合わせた ESA-CF 法により選択的に構築される（図 5-8）[13]. また，このθ形高分子は，直鎖状テレケリクス 3 単位または三本鎖星形テレケリクス 2 単位の ESA-CF 法による末端連結反応で，構造異性体となるブリッジ形（手錠トポロジー）と同時に生成する[13]. さらに，三環縮合形トポロジー（β-グラフ，γ-グラフおよびδ-グラフ）も，特定位置にオレフィン基を導入した多環ブリッジ形および多環スピロ形 *kyklo*-telechelics を ESA-CF 法によって合成した後，分子内メタセシス（クリップ）反応による高分子「折りたたみ（polymer folding）」で構築される[24,25]. さらに，スピロ形直列三環および四環トポロジー高分子の反対位置の 2 か所にオレフィン基を導入した三環および四環状 *kyklo*-telechelics の分子内メタセシス反応による高分子「折りたたみ」によって，四環三

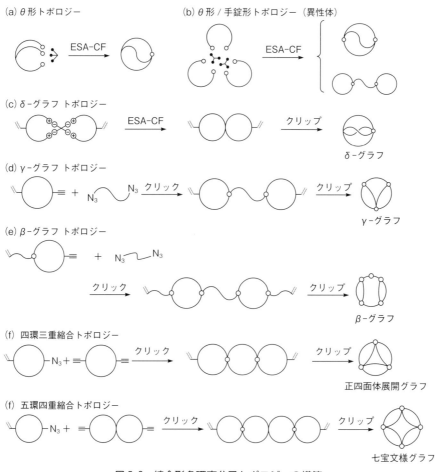

図 5-8　縮合形多環高分子トポロジーの構築

重縮合(正四面体展開グラフ),五環四重縮合(七宝文様グラフ)トポロジー高分子も合成された[15, 26].

さらに,幾何学的にユニークな四環三重縮合トポロジー($K_{3,3}$ グラフ構造)高分子の合成が ESA-CF 法を用いて達成された(図 5-9)[27].$K_{3,3}$ グラフ構造は,「非平面グラフ」としてのユニークな幾何特性が知られ,また薬理活性を示す環状オリゴペプチドのジスルフィド結合による内部架橋様式とも等価なトポロジーとして知られる.この合成プロセスには,長鎖(C-20)アルカンジオールをセグメント成分とするカチオン性六官能分枝状テレケリクスが前駆体として用いられ,2単位の三官能カルボン酸対アニオンを導入して自己組織化集合体が形成された.この高分子イオン集合体を希釈下で加熱して共有結合化すると,$K_{3,3}$ グラフ高分子($K_{3,3}$ graph polymer)とその高分子構造異性体となる「はしご形」高分子が合成される.ここで $K_{3,3}$ グラフ高分子の三次元サイズ(流体力学的体積)が著しくコンパクトになることを利用すると,リサイクル SEC(size exclusion chromatography,サイズ排除クロマトグラフィー)分取による分別・単離が達成される.

(d) ハイブリッド形多環トポロジー

多環高分子トポロジーは,前述のブリッジ形,スピロ形および縮合形を基本単位として構成されるが,

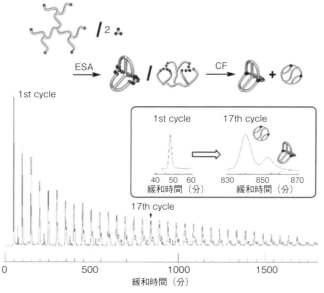

図 5-9 $K_{3,3}$ グラフ高分子の ESA-CF 合成

(a) スピロ形 / 縮合形 三環トポロジー

(b) 縮合形 / ブリッジ形 三環トポロジー

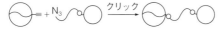

(c) スピロ形 / ブリッジ形 三環トポロジー

(d) スピロ形 / ブリッジ形 四環トポロジー

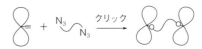

(e) 縮合形 / ブリッジ形 四環トポロジー

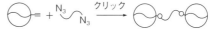

(f) スピロ形 / ブリッジ形 / 縮合形 四環トポロジー

図 5-10 ハイブリッド形多環高分子トポロジーの構築

三環構造ではこれら3種のトポロジー単位を組み合わせた，ブリッジ形-単環，スピロ形-単環，および縮合形-単環の組合せによるハイブリッド形多環トポロジーが生成する（図5-10）[28, 29]．さらに四環構造には，ブリッジ形，スピロ形および縮合形のすべての基本トポロジー単位を組み合わせたユニークなハイブリッド形多環トポロジーが含まれる．ESA-CF法による種々の多環状 *kyklo*-telechelics の合成プロセスと，高効率な高分子間クリック連結反応を組み合わせ，これら複雑な三環および四環ハイブリッド形トポロジーの構築も達成された[28]．

3 まとめと今後の展望

ESA-CF法をはじめとする効率的・選択的プロセスを用いたトポロジー高分子の新合成法の開発が進み，従来は困難とされていたさまざまな高分子構造の精密設計が実現している[30]．今後，高分子のトポロジー設計の自由度がさらに拡大し，「かたち」に基づく高分子材料・機能設計に途を拓く「高分子トポロジー化学」体系化の基盤となるものと期待される．

◆ 文 献 ◆

[1] "Topological Polymer Chemistry : Progress of Cyclic Polymers in Syntheses, Properties and Functions," ed. by Y. Tezuka, World Scientific, (2013).
[2] C. W. Bielawski, D. Benitez, R. H. Grubbs, *Science*, **297**, (2002).
[3] C. D. Roland, H. Li, K. A. Abboud, K. B. Wagener, A. S. Veige, *Nature Chem.*, **8**, 791 (2016).
[4] D. A. Culkin, W. Jeong, S. Csihony, E. D. Gomez, N. P. Balsara, J. L. Hedrick, R. M. Waymouth, *Angew. Chem. Int. Ed.*, **46**, 2627 (2007).
[5] J. A. Katz, C. E. Diesendruck, J. S. Moore, *J. Am. Chem. Soc.*, **135**, 12755 (2013).
[6] H. Li, A. Debuigne, R. Jérome, P. Lecomte, *Angew. Chem. Int. Ed.*, **45**, 2264 (2006).
[7] M. Schappacher, A. Deffieux, *Science*, **319**, 1512 (2008).
[8] M. Schappacher, A. Deffieux, *Angew. Chem. Int. Ed.*, **48**, 5930 (2009).
[9] "Cyclic Polymers, 2nd edition," ed. by J. A. Semlyen, Kluwer, (2000).
[10] B. A. Laurent, S. M. Grayson, *J. Am. Chem. Soc.*, **128**, 4238 (2006).
[11] T. Yamamoto, Y. Tezuka, *Soft Matter*, **11**, 7458 (2015).
[12] Y. Tezuka, R. Komiya, *Macromolecules*, **35**, 8667 (2002).
[13] H. Oike, H. Imaizumi, T. Mouri, Y. Yoshioka, A. Uchibori, Y. Tezuka, *J. Am. Chem. Soc.*, **122**, 9592 (2000).
[14] N. Sugai, H. Heguri, K. Ohta, Q. Meng, T. Yamamoto, Y. Tezuka, *J. Am. Chem. Soc.*, **132**, 14790 (2010).
[15] N. Sugai, H. Heguri, T. Yamamoto, Y. Tezuka, *J. Am. Chem. Soc.*, **133**, 19694 (2011).
[16] S. Honda, T. Yamamoto, Y. Tezuka, *J. Am. Chem. Soc.*, **132**, 10251 (2010).
[17] S. Honda, T. Yamamoto, Y. Tezuka, *Nature Commun.*, **4**, 1574 (2013).
[18] N. Sugai, T. Yamamoto, Y. Tezuka, *ACS Macro Lett.*, **1**, 902 (2012).
[19] Y.-Q. Dong, Y.-Y. Tong, B.-T. Dong, F.-S. Du, Z.-C. Li, *Macromolecules*, **42**, 2940 (2009).
[20] H. Oike, A. Uchibori, A. Tsuchitani, H.-K. Kim, Y. Tezuka, *Macromolecules*, **37**, 7595 (2004).
[21] Y. S. Ko, T. Yamamoto, Y. Tezuka, *Macromol. Rapid Commun.*, **35**, 412 (2014).
[22] G.-Y. Shi, X.-Z. Tang, C.-Y. Pan, *J. Polym. Sci., Part A: Polym. Chem.*, **46**, 2390 (2008).
[23] Y. Tezuka, R. Komiya, M. Washizuka, *Macromolecules*, **36**, 12 (2003).
[24] Y. Tezuka, K. Fujiyama, *J. Am. Chem. Soc.*, **127**, 6266 (2005).
[25] M. Igari, H. Heguri, T. Yamamoto, Y. Tezuka, *Macromolecules*, **46**, 7303 (2013).
[26] H. Heguri, T. Yamamoto, Y. Tezuka, *Angew. Chem. Int. Ed.*, **54**, 8688 (2015).
[27] T. Suzuki, T. Yamamoto, Y. Tezuka, *J. Am. Chem. Soc.*, **136**, 10148 (2014).
[28] Y. Tomikawa, T. Yamamoto, Y. Tezuka, *Macromolecules*, **49**, 4076 (2016).
[29] Y. Tomikawa, H. Fukata, Y. S. Ko, T. Yamamoto, Y. Tezuka, *Macromolecules*, **47**, 8214 (2014).
[30] Y. Tezuka, *Acc. Chem. Res.*, **50**, 2661 (2017).

Part II 研究最前線

Chap 6 ブロック共重合体の自己組織化シミュレーション
Simulation in Self-Assembly of Block Copolymar

森田 裕史
（産業技術総合研究所
機能材料コンピュテーショナルデザイン研究センター）

Overview

ブロック共重合体がさまざまなところで利用されるにつれて，そのポリマーがとりうるミクロ相分離構造や自己組織化構造について，シミュレーションしたいというニーズが高まってきている．代表的な適用事例が directed self assembly (DSA) リソグラフィープロセスで，ブロック共重合体を用いて，line & space などの半導体パターンを作成するというものである．

そこで本章では，まずおもなブロック共重合体の相分離シミュレーション法の概要を説明する．さらに具体的な適用事例として，閉空間における相分離シミュレーション，DSA プロセスシミュレーション，一分子分布解析について示し，これらのシミュレーションの適用の可能性を述べる．

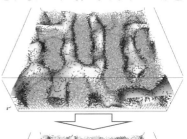

▲DSA プロセスシミュレーションのスナップショット
[カラー口絵参照]

■ KEYWORD 　マークは用語解説参照

- 自己無撞着場法（self consistent field method）
- 散逸粒子動力学法（dissipative particle dynamic method）
- 分子モンテカルロ法（molecular Monte Carlo method）
- 乱雑位相近似法（random phase approximation method）
- 粗視化モデル（coarse-grained model）
- OCTA
- 多階層シミュレーション（multi-scale simulation）
- フローリー–ハギンス χ パラメータ（Flory-Huggins χ parameter）
- DSA リソグラフィー（directed self assembly lithography）
- 一分子鎖分布（distribution of single molecule）

はじめに

　本書のさまざまな章で説明されていると思われるが，ブロック共重合体は二つ以上の部分鎖が結合してつながれたポリマーのことを指す．ブロック共重合体は，部分鎖どうしがエントロピー，エンタルピーの効果により，反発しあうように働く際に，ミクロ相分離構造を形成し，結果として自己組織化構造を形成する．直鎖二成分ブロック共重合体の場合だと，二つの成分の相互作用パラメータχと分子量Nを掛けたχNによって相分離するかどうか相図として整理されており，対称ブロックの場合だと10.5が相分離の臨界点であることが知られている．

　このような相分離構造をシミュレーションする方法として，さまざまなモデルが提案されている．たとえば，連続場のなかで解く手法として，自己無撞着場(self consistent field：SCF)法[1~5]，RPA(random phase approximation)法[6]，Ohta-Kawasaki法[7]などがあげられる．これらの方法を用いると，単分散のポリマー系の相分離構造をシミュレーションすることができる．一方，粒子法により粗視化された分子鎖を用いて計算する方法として，散逸粒子動力学(dissipative particle daynamic：DPD)法[8]，分子モンテカルロ(molecular Monte Carlo)法[9]が提案されている．これらの手法には，それぞれ特徴や得手不得手があり，シミュレーションしたい課題によって，われわれは手法を使い分けて適用している．このような使い分けをするためには，それぞれの手法の特徴を理解する必要がある．

　そこで本章では，ブロック共重合体の相分離シミュレーションに着目し，その手法の概要と，その適用事例について説明する．具体的には，SCF法，DPD法，分子モンテカルロ法の各概要と特徴を説明し，さらにこれらの適用事例について紹介する．適用事例として，閉じ込められた空間内のミクロ相分離構造解析，directed self assembly(DSA)リソグラフィープロセスシミュレーション，および一分子鎖分布(distribution of single molecule)解析について紹介する．なお，ここに示すシミュレーションは，OCTA8[10]以降のバージョンですべて行うことができるシミュレーションである．

1 手法

1-1 SCF法

　SCF法は，メッシュの各点において，図6-1(a)に示すように，平均的にかかるポテンシャルを用い(平均場近似)，各ポリマーセグメントの統計重率をメッシュ点上の値として求める．さらに，その統計重率に対して，高分子鎖の連結性をエドワーズ(Edwards)方程式による経路積分計算として表すことで，ポリマーの分布を計算する手法である．具体的には，下記の三つの式を用い，自己無撞着場V，各成分の密度ϕ，経路積分Qを自己無撞着になるまで解くことで，これらの三つの変数を求めることができる．

$$V_K(\boldsymbol{r}) = \sum_{K'} \chi_{KK'} \phi_{K'}(\boldsymbol{r}) + \gamma_K(\boldsymbol{r}) \qquad (1)$$

$$\frac{\partial}{\partial i} Q_K(0, \boldsymbol{r}_0; i, \boldsymbol{r}_s) = \left[\frac{b^2}{6} \nabla^2 + V_K(\boldsymbol{r}) \right] Q_K(0, \boldsymbol{r}_0; i, \boldsymbol{r}_s) \qquad (2)$$

$$\phi_K(i, \boldsymbol{r}) = \frac{\int d\boldsymbol{r}_0 \int d\boldsymbol{r}_N Q_K(0, \boldsymbol{r}_0; i, \boldsymbol{r}_i) Q_K(i, \boldsymbol{r}_i; N, \boldsymbol{r}_N)}{\int d\boldsymbol{r}_0 \int d\boldsymbol{r}_N Q_K(0, \boldsymbol{r}_0; N, \boldsymbol{r}_N)} \qquad (3)$$

なお，K, K'は成分種を，iは各ポリマーにおける端からのセグメント番号を，Nは鎖長，χはフロー

(a)
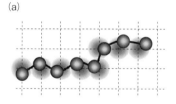

(b)
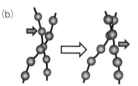

(c)
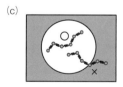

図6-1　各計算モデルにおける粗視化モデルの特徴
(a)平均場モデル，(b)ファントム鎖のモデル，(c)モンテカルロ法で許容するか否かの決定のイメージ図．

リー–ハギンズ（Flory-Huggins）パラメータを表す．

このSCF法を用いることで，末端分布のように部分鎖密度を求めることができる．なお本計算は，OCTAに含まれるSUSHIシミュレータを用いて計算することができ，平衡構造を求める計算から，動的な計算まで対応している．

1-2 DPD法

DPD法は，粗視化した粒子で高分子をモデル化（coarse-grained model）したシミュレーション法で，各粒子の運動方程式を解き，相構造をシミュレーションできる手法である．力として，保存力，散逸力，ランダム力の三つの力を扱い，これらの力に対してランジュバン方程式を解くことで，相分離などのダイナミクスをシミュレートできる．

このなかで，保存力には非結合相互作用項が含まれるが，この非結合相互作用を図6-1(b)に示すようにすり抜けることができるファントム鎖として扱うことで，絡み合いなどの時間を超えた時間域の計算を行えるようにした点に特徴がある．また，その相互作用の大きさを決めるパラメータとしてa_{ij}があるが，この値はSCFの際のχパラメータとも値の大きさを関係づけることができ，相構造をシミュレーションできる有用な方法である．なお本計算は，OCTAに含まれるCOGNACシミュレータで計算することができる．

1-3 分子モンテカルロ法

分子モンテカルロ法は，基本的に結合，角度などのポテンシャルは，分子動力学法で用いているものと同様のものを用いることになる．非結合相互作用ポテンシャルについては，平均場モデルを用いた扱いをし，各粒子の非結合ポテンシャルは近傍のメッシュ点における場のポテンシャルにより計算する．後に紹介する分子モンテカルロ法を用いた計算結果では，ポリマー粒子間の相互作用は，フローリー–ハギンズχパラメータと粒子の局所密度を用いて計算する．

このように，場のポテンシャルで非結合相互作用を計算するように粗視化することで，各粒子間すべての非結合相互作用を計算する手間が省け，大幅に計算時間を短縮できる．また，モンテカルロ（Monte Carlo）法はどのような境界条件とも相性がよく，図6-1(c)に示すように境界の外にでてしまったものは許容しないと対応することで，任意の境界を表すことができる利点がある．なお本計算は，OCTAに含まれるSpaghettiCordシミュレータで計算することができる．

1-4 ズーミング（多階層）シミュレーション

OCTAを用いると，階層の異なるシミュレータ間でデータを行き来させることで，多階層シミュレーション（multi-scale simulation）を行うことができるという利点がある．具体的には，SCF法で求めた密度分布に沿って，粗視化分子動力学法やDPD法などの粒子モデルに対して変換させることで，粒子描像における計算をその後行うことができる．

この手法はdensity biased Monte Carlo（DBMC）法とよばれており，モンテカルロ法によって，分子構造の可否を判断しながら構造を生成させることができる．もちろんモンテカルロ法で生成した構造であることから，その構造は密度場にあった一つの構造事例に過ぎないことを理解する必要があるが，粗視化MD（molecular dynamics）の構造に変換させることで，その構造における力学的な性質をMDで求めることなどの応用展開ができる点に利点がある．図6-2にその事例を示すが，対称ブロック共重合体のラメラ構造に対して，密度場から粒子描像へラメラ構造を変換することができている．

2 適用例

2-1 閉じ込められた空間内のミクロ相分離構造

ポリマーを狭い空間に閉じ込めて，そのなかで機能が発現するように用いられる事例が増えてきており，閉空間における相分離シミュレーションのニーズが増えてきている．これらの計算を行う際には，まず閉じ込められた空間をどのように表すのかということが課題となる．とくにシミュレーションでは，境界条件があり，乱雑位相近似（random phase approximation：RPA）法やOhta-Kawasaki法のように周期境界条件で計算するように要請された手法もある．そこで，閉じ込められた空間の問題へ最も

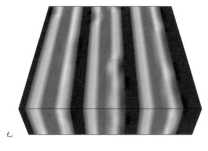

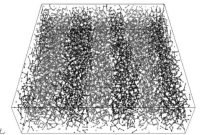

図6-2 SCF法で作成した密度場(a),およびその場から生成させた粒子モデル構造(b)

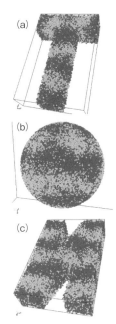

図6-3 分子モンテカルロ法を用いて行ったT,球,Nの各構造内で行った相分離シミュレーションのスナップショット
色の濃い成分をA,色のうすい成分をBとする.

簡単に対応できる手法として,分子モンテカルロ法[9,12]を用いた事例を紹介する.

図6-3には,対称ブロック共重合体を特別な境界のなかに置いた際の相分離シミュレーションの結果の例を示す.ここでは,英文字の"T","N","球"のなかに,ブロック共重合体を詰めて計算を行った結果を示す.なおT,Nについては,文字の端の部分に片方の成分が存在するように,濡れ性を設定している.球の場合はどの部分にも濡れ性は設定していない.このような空間のなかでも,ラメラ構造を形成していることが示されている.T,Nには箱に分岐部分があり,分岐していくそれぞれの箱にあわせてラメラ周期を構成しなくてはならないが,ラメラの周期を分子はうまく調整している様子がみられており興味深い.一方,球内では時々刻々とラメラ構造が動いていると思われるが,表示しているスナップショットでは,ある断面からはラメラ状の構造が極方向にみられていることが示されている.

2-2 DSA プロセスシミュレーション

次に,DSA(directed self assembly)プロセス[11]に対するDPD法を用いたシミュレーション[13]について紹介する.DSAプロセスは端的にいうと,基板や溝に濡れ性を設定し,そのなかにおけるA-B二成分ブロック共重合体薄膜のミクロ相分離過程を制御するプロセスである.よって薄膜で,かつ基板や溝などの境界条件に親和性を設定し,ダイナミクスのシミュレーションを行えるシミュレーションが必要で,これらの条件に最も容易に適合できる手法としてDPD法を選択し,シミュレーションした.

図6-4には,その動的過程のシミュレーションのスナップショットを示す.なお,左端の基板にAの成分に濡れ性のよい粒子を奥行方向に並べており,そのラインに沿ってラメラ構造を形成する.BとAの対称ブロックのうち,Aの成分の密度がバルク密度の0.5となる界面を黄色の面で示す.はじめはランダムな相構造をしているが,時間の経過とともに,縦のストライプ状のラメラ構造を形成する様子が観察できる.

DSAにおける一番の課題として,いかに欠陥をなくすのかという点があげられる.今回の動的計算では,途中に欠陥構造がいくつか生成するが,時間の経過とともにすべての欠陥が消滅する.そこで,

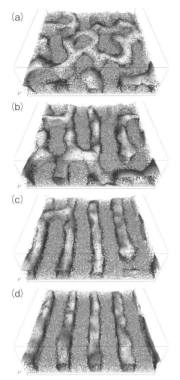

図 6-4 DPD 法を用いた DSA プロセスシミュレーションの結果
(a)から(d)へと時間が変化する．図中には A 成分の界面を示す．

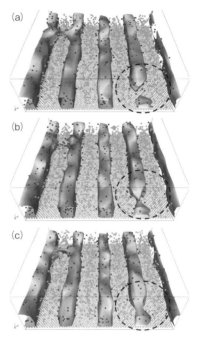

図 6-5 欠陥の消滅過程のスナップショット
(a)から(c)へ時間が経つにつれ，ドメインがつながる様子を示す．

欠陥が消滅する過程について解析を行った．このような分子の動的過程では末端が最も動いており，末端は分子の形態エントロピーを大きくする部位であり，レプテーションや絡み合いも末端の動きから生じる．

そこで筆者らは分子鎖末端に着目し，その動きを観察した．図 6-5 には界面と各分子の末端のみを示し，A, B の末端をそれぞれの点で示す．図中の右下の欠陥が，消滅時には欠陥部位につながった際に存在すべき赤の末端が表れ，その次の時間にドメインがつながることが示された．ここには詳細を示さないが，図中の左上のブリッジ欠陥が切れる際には，ブリッジ成分の末端が欠陥部位からなくなると，欠陥が消滅することも示された．ほかにも，帰納的に解析をすると同様のことがみられ，末端を観察することで，欠陥などの動的過程を追跡できることが示された．

2-3 一分子鎖分布解析

粒子モデルでは，各分子鎖をあらわに扱っていることから，分子鎖がわかる．一方，分子は時々刻々と動いており，粒子モデルによる分子鎖構造は，確率的な一つの候補に過ぎないという側面ももち合わせている．よって，統計的に正しい分子鎖構造を表す手法も必要となる．その処方箋の一つとしてここでは，SCF 法で求めた相分離のなかで，一分子鎖の密度分布構造の解析例[14, 15]について示す．なお，本手法は SCF の精度のもとで計算できることから，統計的に信頼性がある解析であると考えられる．

一分子鎖分布といっても，いくつか拘束条件をつけなくては，その分布を求めることができない．具体的には，決まったセグメントが決まった位置にある一分子鎖というように，特定の分子鎖をみるという条件が必要である．ここで記載するようなブロック共重合体の場合は，結合部が必ず界面に存在することから，界面に結合部が存在するブロック共重合体の一分子分布構造をここでは示す．

図 6-6 には，対称ブロック共重合体におけるラメ

| Part II | 研究最前線

> ★ COLUMN ★
>
> ★いま一番気になっている研究者
>
> ## Andrei Zvelindovsky
> （イギリス・リンカーン大学 教授）
>
> Zvelindovskyらは，動的な自己無撞着場（SCF）法を用いた高分子のブロック共重合体の相分離シミュレーション研究を行っている研究者で，古くより動的SCF法のソフトウエアの開発も行っており，多くの論文の報告がある．静的な平衡状態のSCF法を用いて研究している著名な研究者はほかにも多くいるが，彼らは，動的な過程に着目し，相分離過程に対して動的SCF法を用いて研究できる世界で有数の研究者である．
>
> たとえば，薄膜の膜厚を変えたシミュレーションは代表的な研究例で，膜厚を変えることで，構造転移を起こすことを明確にSCF法によって示している（*Phys. Rev. Lett.*, 2002）．
>
> また近年は，外場のもとでの相分離のダイナミクスに着目しており，具体的な例では，電場下におけるBCC球相の構造からシリンダー相への熱力学転移について，SCF法を用いて研究を行っている（*J. Chem. Phys.*, 2013）．さらに，転移を起こすための電場のしきい値について，シミュレーションにより明確に示されている．今後も動的SCF法の使い手として，さらに相構造の変化について研究が進むと期待できる．

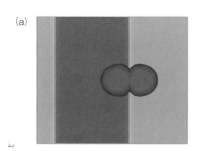

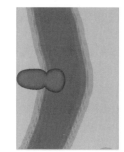

図6-6　通常のラメラ(a)と，曲がったラメラの界面における一分子分布(b)

ラ構造において，通常のラメラと曲がったラメラのなかにおける一分子鎖の分布を示す．なお，各成分の分布を黄色の界面図として表す．通常のラメラの場合には，各ドメインに対して対称，かつ界面に垂直に分布している．これに対して，曲がったラメラの場合には，曲がった内側のドメインで部分鎖が伸び，外側の部分鎖が縮んでいることが示され，応力の不均衡をこの分子鎖の伸縮として表されていると考えられる．とくに，このような解析は，基板界面や欠陥部位の解析に有用であり，分子鎖レベルでのこれらの特定構造における理解につなげることが可能となる．

3 まとめと今後の展望

本章では，ブロック共重合体におけるミクロ相分離シミュレーションの手法，およびその適用事例について述べた．ここにあげたシミュレーション法は，どちらかというと分子の構造がわかるシミュレーション法であり，検討しているポリマー系の相構造を予測できるだけでなく，その分子鎖構造にまでシミュレーションにより理解できることが利点としてあげられる．ここに示したシミュレーション手法および解析手法は，相分離シミュレーション法の一部の手法であるが，今後ソフトウエアがますます進化することで，さらなる解析が進むのではないかと期待している．

◆ 文　献 ◆

[1] M. W. Matsen, M. Schick, *Phys. Rev. Lett.*, **72**, 2660 (1994).
[2] E. Helfand, Z. R. Wasserman, *Macromolecules*, **9**, 879 (1976).
[3] E. Helfand, Z. R. Wasserman, *Macromolecules*, **11**, 960 (1978).
[4] E. Helfand, Z. R. Wasserman, *Macromolecules*, **13**, 994 (1980).
[5] J. G. E. M. Fraaije, *J. Chem. Phys.*, **99**, 9202 (1993).
[6] L. Leibler, *Macromolecules*, **13**, 1602 (1980).
[7] T. Ohta, K. Kawasaki, *Macromolecules*, **19**, 2621 (1986).
[8] R. D. Groot, P. B. Warren, *J. Chem. Phys.*, **107**, 4423 (1997).
[9] D. Frenkel, B. Smit, "Understanding molecular simulation : from algorithms to applications," Academic Press (2002).
[10] M. Doi et al., "OCTA", http://octa.jp
[11] S. O. Kim, H. H. Solak, M. P. Stoykovich, N. J. Ferrier, J. J. de Pablo, P. F. Nealey, *Nature*, **424**, 411 (2003).
[12] M. Müller, K. C. Daoulas, Y. Norizoe, *Phys. Chem. Chem. Phys.*, **11**, 2087 (2009).
[13] H. Morita, *Polymer J.*, **48**, 45 (2016).
[14] H. Morita, T. Kawakatsu, M. Doi, T. Nishi, H. Jinnai, *Macromolecules*, **41**, 4845 (2008).
[15] H. Morita, H. Sugimori, M. Doi, H. Jinnai, *Euro. Polym. J.*, **47**, 685 (2011).

Part II 研究最前線

Chap 7

先端液体クロマトグラフィーによる共重合体の分離分析

Separation and Analysis of Copolymers by Advanced Liquid Chromatography

松田 靖弘
(静岡大学学術院工学領域)

Overview

高分子の分析に最も幅広く使われているクロマトグラフィーはサイズ排除クロマトグラフィー(size exclusion chromatography：SEC)であるが，高分子の広がりだけに基づいて分離するSECだけではブロック共重合体の構造解析に必要な情報を得るのは難しい．カラムとの相互作用に基づいて分離する相互作用クロマトグラフィーはモノマーの種類による分離が可能であり，SECと組み合わせることでブロック共重合体の構造に関してより詳細な情報を得ることができる．

クロマトグラフィーの検出器にも，光散乱計，粘度計や赤外，NMRなどのスペクトル情報を得られる機器を用いることで，単なる濃度検出器だけでは得られなかった情報が得られる．

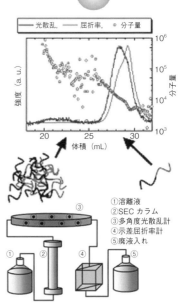

▲SEC-MALSによるブロック共重合体会合体の解析[カラー口絵参照]

■ **KEYWORD** 📖マークは用語解説参照

- ■サイズ排除クロマトグラフィー(size exclusion chromatography)
- ■相互作用クロマトグラフィー(interaction chromatography)
- ■臨界状態クロマトグラフィー(liquid chromatography at critical condition)📖
- ■普遍較正曲線(universal calibration curve)
- ■温度勾配相互作用クロマトグラフィー(temperature gradient interaction chromatography)📖
- ■二次元クロマトグラフィー(two dimensional chromatography)
- ■多角度光散乱計(multi-angle light scattering detector)

はじめに

重合した試料をSECで分析して分子量を求めることは，高分子研究で最も普遍的に行われている分析の一つであろう．SECカラムは，高分子鎖のサイズ(流体力学的体積)によって分離を行う．

分岐のないホモポリマーであれば，高分子量の成分ほどサイズも大きくなるために分子量を見積もることができるが，ブロック共重合体の場合，必ずしもサイズの大きな高分子ほど分子量が高いとはいえない．同じ分子量であっても，異なる種類のモノマーからなる高分子のサイズは一致しない．

SECの検出器として最も一般的なものは示差屈折率計であろうが，示差屈折率計のシグナル強度は高分子と溶媒との屈折率差と高分子濃度の積に比例するが，モノマーの種類によって溶媒との屈折率差は異なるので，異なるモノマー組成からなる試料ではシグナル強度は高分子濃度に比例しない．

ブロック共重合体のクロマトグラフィーでは，SECだけではなく異なる分離機構を用いたクロマトグラフィーと組み合わせることによって，ブロック共重合体中のモノマー比などのより詳細な情報を得ることが可能となる．さらに，示差屈折率計以外の検出器を用いることでも得られる情報量が多くなる．とくに光散乱計は，分析対象の真の分子量，サイズ，形状などさまざまな情報を同時に得ることができ，非常に有用な分析手法となる．

本章ではいくつかの分離・分析手法に対して，研究例を示しながら紹介していきたい．より詳細な内容に関しては，専門の総説を参考にしてほしい[1]．

1 分離機構に基づくクロマトグラフィーの分類

ブロック共重合体では高分子のサイズではなく，モノマーの種類によって分別することが有用である場合がしばしばある．その場合には高分子をカラムとなんらかの相互作用によって吸着させ，吸・脱着しやすさによって分別する相互作用クロマトグラフィー (interaction chromatography：IC)が有用である．この場合，分子量の高い成分ほど強く吸着されるため，SECとは逆に分子量の高い成分ほど溶出時間が長くなる．

温度勾配相互作用クロマトグラフィー (TGIC：temperature gradient interaction chromatography)はICの一種であり，分析対象をいったんカラムに吸着させた後に，カラムを一定速度で加熱することで分子量の低い成分から脱着させることで分別する[2]．一般にTGICの分解能はSECよりも高く，ブロック共重合体の精密解析に広く使われている．Changら[3]は図7-1に示すようにポリスチレン(polystyrene：PS)とポリイソプレン(polyisoprene：PI)のブロック共重合体に対して，系中に残存するPSホモポリマーの除去前後でTGICを行った．SECではブロック共重合体のピークにほとんど重なっていたPSホモポリマーは，TGICではブロック共重合体とはっきりと異なる位置に現れており，TGICの分解能の高さを示した．

SECに用いる溶媒は，分析する高分子の良溶媒で高分子量成分ほど溶出が速く，ICは貧溶媒を用いて高分子量成分ほど溶出が遅い．したがって，溶媒の質を連続的に変化させることによって，SECとICの中間的な条件では，ちょうど溶出体積が分子量に依存しなくなる条件が存在する．この条件でのクロマトグラフィーを臨界状態クロマトグラフィー (liquid chromatography at critical condition：LCCC)という(図7-2参照)[4]．モノマーの種類によって臨界状態の条件は異なるので，ブロック共重合体のAブロックに対しては臨界状態でもBブロックに対してSECあるいはICの条件になる．この状態で分析すれば，あたかもAブロックは存在しないかのように振る舞い，Bブロックだけに対して分析が可能となる．

また，たとえばTGIC分析で分別した後にSEC分析を行うなど，2種類のクロマトグラフィーを組み合わせることでより詳細な分析を行うことが可能である．これを二次元クロマトグラフィー (two dimensional chromatography)という．Changら[5]はポリスチレンとポリイソプレンのブロック共重合体に対して，イソオクタンとテトラヒドロフランの混合液(体積比97：3)を用いたTGICでポリスチレンブロックに対して分別を行い，トラップカラムを

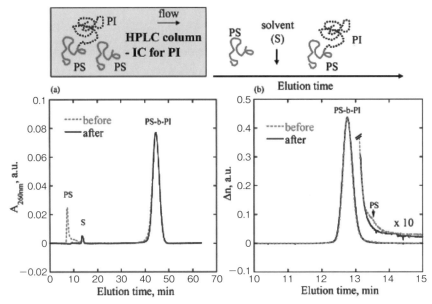

図7-1 PSホモポリマー除去前後でのPS・PIブロック共重合体の，TGIC(a)，SEC曲線(b)[3]

Reprinted with permission from ref. [3].
Copyright (2016) American Chemical Society.

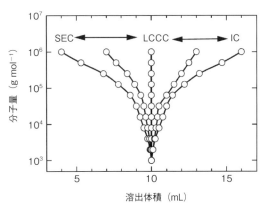

図7-2 SEC，IC，LCCC分析における異なる分子量をもつ成分の体積時間の例

用いて溶媒をジクロロエタンとアセトニトリルの混合液(体積比53：47)に変換し，高速ICによってポリイソプレンブロックを分離することで，図7-3に示すようにポリスチレンブロック，ポリイソプレンブロックの長さごとにピークを分離・評価した．

2 クロマトグラフィーの検出器による分類

前述のとおり，ブロック共重合体の場合，各モノマーと溶媒の屈折率差が同じではないために，示差屈折率計が示す強度は，高分子濃度とは必ずしも対応しない．紫外吸収計を検出器に用いた場合も同様であるが，屈折率差と紫外吸収係数の比が異なるモノマーであれば，屈折率計からのシグナルと紫外吸収計からのシグナルを比較することによって，どちらのモノマーがどの程度あるかを見積もることが可能となる．

ブロック共重合体のように，標準試料を用いて較正曲線を描くことが難しい場合には，光散乱計や粘度計を検出器に用いることで，正確な分子量(絶対分子量)を見積もることが重要となる．光散乱計は，溶液に光を入射し散乱される光の強度を測定し，必ず高分子濃度を検出できる検出器(通常は屈折率計)と併用して用いる．光散乱計の強度は，高分子の分子量と濃度と光学定数とよばれる定数に比例する．光学定数は，波長などの測定条件と高分子と溶媒の屈折率差(比屈折率増分)から計算できるので，比屈折率増分を別途測定すれば，光散乱計と屈折率計の強度の比から絶対分子量を求めることができる[6]．

図7-4に，ポリ(2-エチル-2-オキサゾリン)とポ

COLUMN

★いま一番気になっている研究者

Taihyun Chang
（ポハン工科大学校　教授）

　おもにアニオン重合を用いて，複雑な分岐構造をもったブロック共重合体を合成し，その構造を種々の分離モード，検出器を用いたクロマトグラフィーを駆使して解析している．とくにTGICやTGICを用いた二次元クロマトグラフィーを用いて，非常に精密にブロック共重合体の分離を行う点が特徴的である．

　ブロック鎖長による構造・物性の変化を調べる際に，彼らはTGICを用いた二次元クロマトグラフィーにより試料を自在に分別し，ブロック鎖長が異なる試料群を得て，詳細にブロック鎖長依存性を調べることができる．

　複雑な分岐構造をもつブロック共重合体の合成には多段階の反応が必要で，それに伴う副生成物の混合を完全に抑えることは一般には困難であるが，彼らはクロマトグラフィーを用いて副生成物を分離・除去でき，複雑な分岐構造に起因する特異的な物性の評価に非常に役立っている．アニオン重合とクロマトグラフィーを駆使してねらった構造のブロック共重合体を，高純度で得る技術は抜きんでている．

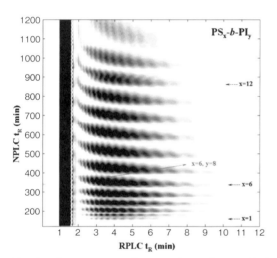

図7-3　ポリスチレン・ポリイソプレンブロック共重合体をTGICで分離後に高速ICで分離した二次元クロマトグラフィー分析結果[5]
RPLC t_R：逆相液体クロマトグラフィーの溶出時間
NPLC t_R：順相液体クロマトグラフィーの溶出時間
Reprinted with permission from ref. [5].
Copyright (2016) American Chemical Society.

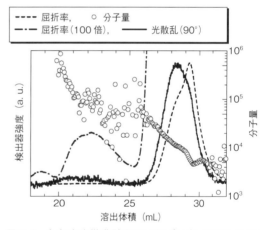

図7-4　多角度光散乱計を用いたポリ(2-エチル2-オキサゾリン)・ポリエチレンオキシドブロック共重合体のSEC分析

リエチレンオキシドのブロック共重合体に対する分析結果を示す[7]．実線で示した光散乱計の強度（正確にはほかの角度でも測定し，それを角度0に外挿した値）と破線で示した屈折率計の強度の比だけから，丸印で示した分子量が標準試料を一切用いずに決定できる．

　両親媒性ブロック共重合体などは，溶液中で大部分の成分が分子分散しても，ごく微量の巨大な会合体が形成される場合が少なくない．このような微量の会合体の分析には，光散乱計を用いたクロマトグラフィーは非常に有効である．図7-4の屈折率計は26～31 mLにしかピークがみられないが，光散乱計は分子量の大きな成分に対して非常に敏感なため，20～24 mLにも小さなピークがみられる（屈折率計

でも，拡大するとごくわずかにはみられる）．このように微量の巨大な会合体の構造解析に関して，光散乱計が有効な情報を与える．

また，散乱光強度の角度依存性から高分子のサイズを反映する回転半径を求めることができ，回転半径の分子量依存性から高分子の分岐度や剛直性を評価できる．また，検出器に散乱光の強度揺らぎの速さを評価する動的光散乱計を用いることで，同じく高分子サイズを反映する「流体力学的半径」を求められる．SECの検出器に圧力計を用いて粘度を測定し，固有粘度を見積もることも可能であり，流体力学的半径，固有粘度の分子量依存性からも高分子鎖の分岐度や剛直性を評価できる．さらに，回転半径と流体力学的半径の比は粒子の形状（球状，ランダムコイル状，棒状など）に依存するので，両者を測定すれば粒子の形状をある程度予測できる[8]．

RowlandとStriegel[9]は，アクリルアミドとN,N-ジメチルアクリルアミドの共重合体に対して，SEC分析の検出器に多角度光散乱計，動的光散乱計，紫外吸収計，粘度計，屈折率計をつないで用いた．図7-5に示すような回転半径，流体力学的半径，固有粘度の分子量依存性，および回転半径と流体力学的半径の比からこの共重合体は10^5程度以上ではランダムコイル状であるが，それ以下では高分子鎖の剛直性によって棒状に近い構造になっていることがわかる．

前述したとおり，SECカラムは分子量ではなく，高分子鎖のサイズ（流体力学的体積）に基づいて分別している．流体力学的体積が，具体的にどのような物性値で現されるかは議論があるが，多くの高分子溶液系で，絶対分子量と固有粘度（高分子溶液と溶媒の粘度の差を高分子濃度と溶媒の粘度の積で割った値を濃度0に外挿した値）の積で表されることが知られている．実際，溶出時間と分子量を示す曲線は高分子の種類によって異なるが，溶出時間と分子量と固有粘度の積の関係は，多くの種類の高分子で1本の曲線でほぼ表されることが知られている．このような較正曲線を普遍較正曲線（universal calibration curve）という．したがって，SECの検出器に圧力計を用いて粘度を測定し，固有粘度を見

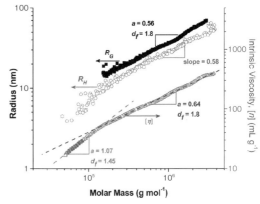

図7-5 多角度光散乱計，動的光散乱計，粘度計を用いたアクリルアミド・N,N-ジメチルアクリルアミド共重合体のSEC分析結果[9]
Reprinted with permission from ref. [9]. Copyright (2016) American Chemical Society.

積もれば，ポリスチレンのように入手しやすい標準試料から絶対分子量を見積もることができる．

普遍較正曲線自体は以前から知られていたが[10]，Iatrouら[11]はアニオン重合で精密合成した多様な分岐構造をもつPSとPIのブロック共重合体に対して，膜浸透圧法で分子量を決定し，粘度計を検出器として用いたSEC分析を行った．図7-6に示すように，異なるモノマー・分岐構造をもつ高分子に対しては，溶出時間は分子量の単純な関数とはなっていないが，分子量と固有粘度（$[\eta]$）の積に対してプロットすると1本の直線で示すことができる．したがって，分子量と固有粘度の関係が既知である直鎖ポリスチレン（標準ポリスチレン）を用いて分子量と溶出時間の関係を得れば，ポリスチレン以外の高分子でも粘度計を検出器として用いたSEC分析で絶対分子量が得られる．

さらに特殊な測定セルを用いることで，種々のクロマトグラフィーの溶離液に対して赤外吸収[12]，質量分析[13]やNMR[14]を測ることもできる．これらの分析手法とクロマトグラフィーを組み合わせることで，ブロック共重合体の各モノマー組成，ブロック鎖長さ，タクティシティーに関する情報を得ることができる．

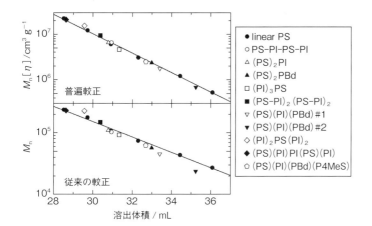

図7-6 種々の分岐構造をもったポリスチレン・ポリイソプレンブロック共重合体の普遍較正曲線
文献[11]中のデータをもとに作成.

3 まとめと今後の展望

ここまで，ブロック共重合体のクロマトグラフィーに有用な分離・測定手法について述べてきた．いくつかの手法は以前から使われており，必ずしも「最新」の手法とはいえないが，測定機器の性能はめざましく改善しており，従来よりも信頼性の高いデータが得られるようになってきている．

これらの手法を組み合わせればブロック共重合体の構造に関して詳細な情報が得られるが，実際には，やみくもにカラムや検出器を増やすのは実験にかかる労力，費用両面から無駄が多く，自分がどんなブロック共重合体のどんな性質を調べたいのかを見定め，適切な実験手法を選ぶことが肝要となる．

◆ 文献 ◆

[1] M. I. Malik, H. Pasch, *Prog. Polym. Sci.*, **39**, 87 (2014).
[2] H.-W. Park, J. Jung, T. Chang, *Macromol. Res.*, **17**, 365 (2009).
[3] S. Park, I. Park, T. Chang, *J. Am. Chem. Soc.*, **126**, 8906 (2004).
[4] H. Pasch, *Macromol. Symp.*, **110**, 107 (1996).
[5] K. Im, H-W. Park, Y. Kim, B. Chung, M. Ree, T. Chang, *Anal. Chem.*, **79**, 1067 (2007).
[6] P. J. Wyatt, *Anal. Chim. Acta*, **272**, 1 (1993).
[7] Y. Matsuda, Y. Shiokawa, M. Kikuchi, A. Takahara, S. Tasaka, *Polymer*, **55**, 4757 (2014).
[8] H. Yamakawa, T. Yoshizaki, "Helical Wormlike Chains in Polymer Solutions," Springer (2016).
[9] S. M. Rowland, A. M. Striegel, *Anal. Chem.*, **84**, 4812 (2012).
[10] Z. Grubisic, P. Rempp, H. Benoit, *J. Polym. Sci. B, Polym. Lett.*, **5**, 753 (1967).
[11] M. Stogiou, C. Kapetanaki, H. Iatrou, *Int. J. Polym. Anal. Charact.*, **7**, 272 (2002).
[12] E. Goede, P. Mallon, H. Pasch, *Macromol. Mater. Eng.*, **295**, 366 (2010).
[13] E. Esser, C. Keil, D. Braun, P. Montag, H. Pasch, *Polymer*, **41**, 4039 (2000).
[14] M. Hehn, W. Hiller, T. Wagner, J. Thiel, H. Pasch, *Macromol. Chem. Phys.*, **213**, 401 (2012).

Chap 8

ブロック共重合体が示す多彩な力学物性
Various Mechanical Properties of Block Copolymers

小椎尾 謙
（九州大学先導物質化学研究所）

Overview

ブロック共重合体は，構成する各ブロックのガラス転移温度・分子量・凝集力・結晶化能・剛直/屈曲性，体積分率，ミクロ相分離構造，構成成分どうしの相溶性などに依存して，多彩な力学物性を示す．

本章では，ビニル系の二元，三元および多元ブロック共重合体およびポリウレタンを取りあげ，力学物性評価法として一軸引っ張り試験および動的粘弾性測定に基づき力学物性を評価した例を紹介する．とくに，試料内で形成されているさまざまなミクロ相分離構造と力学物性の関係に注目して，力学物性を俯瞰した．これらの知見をもとに，高強度エラストマーを調製するための分子設計への展開を図る．

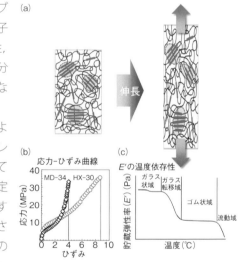

▲セグメント化ポリウレタンのミクロ相分離構造の模式図（伸長前後）(a)，応力-ひずみ曲線(b)，動的貯蔵弾性率の温度依存性の模式図(c)
［カラー口絵参照］

■ KEYWORD 🗐マークは用語解説参照

- ■一軸引っ張り試験（uniaxial elongation testing）🗐
- ■応力-ひずみ曲線（stress-strain curve）
- ■ヤング率（Young's modulus）
- ■破断強度（tensile strength）
- ■破断ひずみ（strain at break）
- ■動的粘弾性測定（dynamic viscoelastic property measurement）🗐
- ■動的貯蔵弾性率（dynamic storage modulus）
- ■動的損失弾性率（dynamic loss modulus）
- ■レオロジー（rheology）
- ■ミクロ相分離構造（microphase-separated structure）🗐
- ■マルチブロック共重合体（multi-block copolymer）🗐

はじめに

ブロック共重合体は，自身が形成するミクロ相分離構造のサイズや形態（スフィア・シリンダー・ジャイロイド・ラメラ構造）や構成ブロックの分子運動性などに依存して，さまざまな力学物性を示す．ABA型のブロック共重合体で，AおよびBブロックのガラス転移温度が使用温度よりもそれぞれ高いおよび低いブロックをもつ場合，A相が物理架橋部位として，B相が大変形を担う相として機能し，エラストマーの性質を発現する．ここでいうエラストマーの性質とは，力を印加するとただちに伸長あるいは圧縮変形し，力を取り除くと元の形に戻るゴム弾性のことを指す．ABA型のブロック共重合体の場合，物理架橋相は，熱や溶剤を適切に用いることで，いったん破壊し再形成させることが可能であるため，一般的な天然ゴムと硫黄などからなる化学架橋によるエラストマー材料と比較して，高いリサイクル性をもつ．汎用のブロック共重合体エラストマーとしては，ポリスチレン(PS)-ポリブタジエン(PB)-PS(SBS)，PS-ポリイソプレン(PI)-PS(SIS)，PS-ポリエチレンブテン-PS(SEBS)などがあり，環境負荷が低いエラストマー材料として研究，開発が進められている．

ここまでに述べたようなビニルモノマーから調製されるブロック共重合体以外のエラストマー材料としては，ポリウレタン(PU)がある．一般に，PUは，ポリエーテル，ポリエステル，ポリカーボネートを骨格にもつソフトセグメント，ジイソシアネートと短鎖のジオールからなるハードセグメントが繰り返し連結されたマルチブロック構造をもつ．とくに，このようなPUをセグメント化ポリウレタン(segmented polyurethane：SPU)とよぶ．SPUの各セグメントの化学構造やミクロ相分離状態を制御することで，幅広い力学物性を発現させることが可能である．

エラストマー材料の力学物性を考えるうえで，把握すべき物性値としては，ヤング率，破断強度，破断ひずみ，永久ひずみなどがあげられる．これらの値と分子鎖凝集構造は深く関連していることから，これらの物性値をコントロールするためには，初期構造を把握するとともに制御することがきわめて重要である．さらに，放射光X線技術の発展に伴い，各種材料の微細な構造解析やミリ秒オーダーの短時間での測定が可能になってきている．これらの利点を生かして，エラストマー材料においては，伸長過程におけるミクロ相分離構造のその場解析が行われており，伸長変形に伴うミクロ相分離構造変化を把握することで，より高性能な材料創製のための分子設計に活用されている．

本章では，エラストマー材料の力学物性評価法として広く使用されている，一軸引っ張り試験および動的粘弾性測定（引っ張りおよびせん断モード）を取りあげる．試料としては，ビニル系のブロック共重合体およびSPUに関して，力学物性の評価例と改善のための分子設計の考え方に関する最近の研究を紹介する．

1 ビニル系ブロック共重合体

1-1 一軸引っ張り試験

ここでは，ビニル系ブロック共重合体のミクロ相分離構造を，ラメラ(lamella)構造およびジャイロイド(gyroid)構造に分類して一軸伸長試験による力学物性を解説する．

(a) ラメラ構造：ブロック鎖の数の影響

接着剤，粘着剤，樹脂改質剤，靴製品などに使用されているトリブロック共重合体は，ジブロックではまったく発現しえない性質を示す．すなわち，ブロック鎖の数はさまざまな力学物性にきわめて大きな影響をもたらす．マルチブロック共重合体$(AB)_n$は，PUやポリウレアに代表されるように，優れた力学物性を示すことが多い．ハードセグメントとソフトセグメントの数や分子量と力学物性の関係は解明されていないが，$n \gg 1$であることはきわめて重要な役割をもたらしていると推測される．このような背景をもとに，連鎖重合系のブロック共重合体でも，ジブロック，トリブロック，ペンタブロックなどのブロック鎖数の違いが力学物性へ及ぼす影響の解明が進められている．Batesらは，対称構造に近いラメラ構造を形成するポリシクロヘキシルエチレン(C)-ポリエチレン(E)-C(CEC)トリブロック

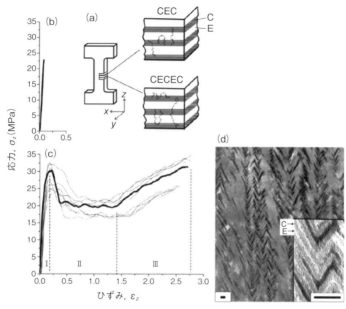

図 8-1 せん断配向したポリシクロヘキシルエチレン(C)-ポリエチレン(E)-C(CEC)トリブロック(a)，および CECEC ペンタブロック共重合体の試料内での配向状態の模式図，トリブロック共重合体(b)およびペンタブロック共重合体の応力-ひずみ曲線(c)，破断後のペンタブロック共重合体の TEM 像(d)[1]

共重合体，および CECEC ペンタブロック共重合体の力学物性を評価した[1]．この系は，試料調製時にせん断を印加することで試料全体のラメラの配向を制御することが可能である．図 8-1 は，試料内のラメラ配向状態の模式図，応力-ひずみ曲線および破断後の CECEC の TEM(transmission electron microscope，透過型電子顕微鏡)像である．試料内部で形成されたラメラ面に対して垂直に力を印加した場合[図 8-1(a)]，CEC は脆性的に破壊する[図 8-1(b)]のに対し，CECEC は延性的に破壊する[図 8-1(c)]ことを明らかにした．これは，ペンタブロックにすることにより，ラメラ層間に多くの共有結合が存在したためと考察している．これらの CEC，CECEC に加えて，さらに ECEC や ECECE で中間ブロックの E の長さを変化させたものを用いて，ブレンド物を調製して，力学物性を評価した結果，各層間にまたがる分子鎖の数や中間ブロック E の分子量に強く依存することを明らかにした[2]．

Bates ら[3]は，分子量 1〜2 万の両末端ヒドロキシ基の PS およびポリブタジエン(polybutadiene：PB)を合成し，ヒドロキシ基末端 PS とヒドロキシ基末端 PB をイソホロンジイソシアネートで鎖延長することで，ランダム(random)あるいは交互(alternating)に反応した(PS-*ran*-PB)$_n$ および (PS-*alt*-PB)$_n$ を調製した．PS-*alt*-PB および PS-*ran*-PB は，10 および 25 nm 程度のミクロ相分離構造を形成した．PS 体積分率は 0.69〜0.85 で n の値は 7 を超える程度である．各ブロックのランダム性および交互性は有効ブロック長の分布に影響し，平均ミクロドメイン構造の面間隔や偏析度などには少し影響するものの，すべての試料において，ランダムな共連続構造を形成し，伸長挙動は降伏後ネッキングして破壊に至る傾向であり，一次構造の顕著な影響は観測されなかった．これらの PS-*alt*-PB および PS-*ran*-PB マルチブロック共重合体は，同程度の PS 体積分率をもつ汎用の SBS と比較して，ヤング率はやや低いものの，破断強度は同程度で，大きな破断ひずみを示したことから，破壊エネ

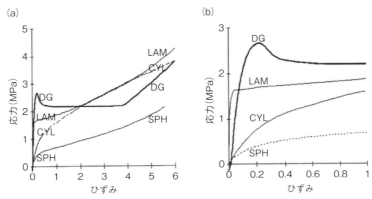

図8-2 スフィア(SPH), シリンダー(CYL), ダブルジャイロイド(DG), ラメラ構造(LAM)を内部にもつ PI-PS ブロック共重合体の応力-ひずみ曲線〔(b)は(a)の拡大図〕[6]

ギーが著しく高いことが示された.

さらに, Bates ら[4]はポリ乳酸(polylactic acid：PLA)ブロックと PB ブロックから構成されるトリブロック共重合体とマルチブロック共重合体を二段階で合成した. 一段階目は両末端ヒドロキシ基 PB への乳酸の開環重合で PLA-PB-PLA トリブロック共重合体を調製する反応である. 二段階目は得られた PLA-PB-PLA トリブロック共重合体を 2,4-トリレンジイソシアネートあるいはテレフタロイルクロライドで鎖延長してマルチブロック化する反応である. PLA 分率(f_{PLA})は 0.5～0.9 とし, マルチブロック共重合体の平均のブロック数は 10 程度(n = 5 程度)である. トリブロック共重合体およびマルチブロック共重合体ともに, f_{PLA} = 0.6 でラメラ構造, f_{PLA} = 0.7～0.8 でシリンダー構造, f_{PLA} = 0.9 で秩序のないスフィア構造を形成した. f_{PLA} = 0.6 および f_{PLA} = 0.7～0.8 のマルチブロック共重合体の力学物性は, トリブロック共重合体と比較して著しく上昇した. これは, マルチブロック共重合体では PLA ブロックによりブリッジ構造が形成されているためと考えられる. しかしながら, 無秩序のスフィア構造を形成する f_{PLA} = 0.6 ではタフ化の効果は観測されなかった.

Kramer ら[5]は, リビング重合により, 結晶性シンジオタクチックポリプロピレン(polypropylene：PP)を A ブロックに, ポリエチレン(PE)-co-PP を B ブロックにもつ ABA 共重合体を合成した. 試料として, (1) ニート, (2) 溶媒としてミネラルオイルを 90％含んだゲル状態のもの, さらに (3) ゲル状態からミネラルオイルを乾燥した三つを使用した. この共重合体を一軸伸長すると, PP 結晶が塑性変形し一部ラメラ構造から伸長方向に配向したロッド状フィブリル構造に変化することが小角 X 線散乱(small angle X-ray scattering：SAXS)測定より明らかになった. 一軸伸長試験より, ゲルから乾燥した試料は, ニートと比較して, 高い力学物性を示した. これは, ゲル調製時にゴム状相において存在しうる拘束された絡み合い(トポロジー的な制約)の減少および変形前に存在している近い末端間距離をもつネットワークによるコンパクトなコンホメーションの形成によると説明している.

(b) ダブルジャイロイド構造

Thomas ら[6]は, スフィア, シリンダー, ラメラ構造に加えてダブルジャイロイド構造をもつ PI-PS 系を調製し, これらのミクロ相分離構造と力学物性の関係を評価した. PS 重量分率が 18, 30, 36 および 45％の試料でそれぞれスフィア, シリンダー, ダブルジャイロイド, ラメラ構造を内部にもつ試料を調製後, 一軸伸長試験を行った. 図8-2は, 各ミクロ相分離構造をもつ PI-PS 系の応力-ひずみ曲線である. ヤング率は, ガラス相である PS 重量分率の増加に伴い増加した. ダブルジャイロイド構造は,

伸長に伴い，ネッキング後，延伸され，高い応力を示した．ネッキングは，ダブルジャイロイド構造のみで観測されたことから，連続したPS相が存在することが重要であると結論づけている．

(c) Fddd 構造

立方対称性をもつダブルジャイロイド構造とは異なる非立方構造の存在も明らかにされてきた[7~9]．このような構造はFddd構造とよばれ，斜方晶型のシングルネットワーク構造を有している．Batesらは，このようなFddd構造をもつ試料の力学物性を評価した[10]．試料として，ポリエチレンオキシド(O)，ポリスチレン(S)，ポリイソプレン(I)の各ブロックからなるOSISO五元ブロック共重合体を使用した．このOSISOのSとIの分率は一定とし，Oブロック鎖の長さを変化させた試料を使用した．Oの分率が0.13〔OSISO(0.13)〕および0.35〔OSISO(0.35)〕のときにそれぞれFddd構造およびthree-domainラメラ構造を形成する．図8-3は，OSISOエラストマーの応力-ひずみ曲線である．OSISO(0.35)では，応力は立ちあがったまま脆性的な破壊を示したのに対し，OSISO(0.13)では初期の立ちあがり後，降伏し，比較的大きなひずみ値まで塑性変形した．ネッキングはガラス状態の相が伸長方向に連続相として存在するときに生じるとの報告[6]とよく一致する傾向である．

1-2 動的粘弾性（固体-引っ張り）

ブロック共重合体固体の動的粘弾性測定の例は，Hendusら[11]およびMatsuoら[12]のPS-PB-PSトリブロック(SBS)共重合体の測定までさかのぼる．図8-4は，種々の分率(PSブロック分率40～80%)をもつSBSトリブロック共重合体の動的貯蔵弾性率(E')および動的損失弾性率(E'')の温度依存性である．各SBSトリブロック共重合体において，ホモのPSおよびPBのガラス転移温度(T_g)である−90℃および100℃近傍で，E'値の低下およびE''値の極大がそれぞれ観測された．これより，各ブロックは自身を多く含んだリッチ相を形成していることが明らかとなった．また，PBブロックの分率の増加に伴い，ゴム状域のE'値は低下した．

Jeromeら[13]は，両末端開始剤である1,3-phenylenebis(3-methyl-pentylidene)を用いて，シンジオタクチックポリメチルメタクリレート(sPMMA)-PB-sPMMA(sPMMA-PB-sPMMA：sPMMA含有率28, 40, 53%)を合成し，ホモのPMMAとともに動的粘弾性測定を行った．sPMMA-PB-sPMMAにおいて，PB鎖およびsPMMA鎖のガラス転移に由来するE'値の減少が

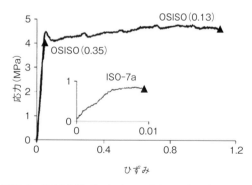

図8-3 Fddd構造をもつOSISO(0.13)およびthree-domainラメラ構造をもつOSISO(0.35)の応力-ひずみ曲線[10]

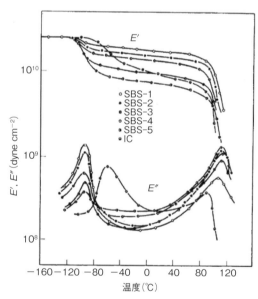

図8-4 種々の分率をもつSBSトリブロック共重合体の動的貯蔵弾性率(E')および動的損失弾性率(E'')の温度依存性

（PSブロックの重量分率　SBS-1：80%，SBS-2：70%，SBS-3：60%，SBS-4：50%，SBS-5：40%．ICはイオン性ポリマーで本章とは無関係）[12]

−40℃および120℃付近で観測された．このsPMMA鎖に由来する転移温度は，ホモのsPMMAで観測されたそれとほぼ同じであったことから，sPMMA-PB-sPMMAは強く相分離していることが明らかとなった．また，sPMMAの分率の上昇に伴い，ゴム状平坦域におけるE'値は上昇した．

乳酸とε-カプロラクトン(PLCL)の組合せは弾性材料を調製するうえでよく利用されているが乳酸とδ-バレロラクトンの組合せはあまり研究が進められていない．Sarasuaら[14]は，ブロック性をもつ乳酸とδ-バレロラクトンの共重合体(PLVL)を種々の共重合組成比で重合し，一次構造と動的粘弾性関数の関係を評価した．PLVLは，PLCLよりも高いT_gをもち，一軸伸長試験において高い引っ張り物性を示した．さらに，PLVLにおいて，非晶質であるVL分率が高いと，14日間のリン酸緩衝液(pH = 7.5)中での加水分解試験で低い安定性(高い加水分解性)を示すことが動的粘弾性測定より明らかとなった．

Soulié-Ziakovicら[15]は，アジド末端PEとアルキン片末端および両末端ポリイソブテン(polyisobutene：PIB)を用いて，環化付加反応により，ジブロック共重合体およびトリブロック共重合体を合成している．広角X線回折(wide angle X-ray diffraction：WAXD)測定より，PE鎖は結晶化していることが確認され，示差走査熱量測定(differential scanning calorimetry：DSC)よりPIBのT_gは−60℃付近，PEの融点は120℃付近に観測され，ミクロ相分離構造の形成が示唆されるとともに，引っ張り試験よりエラストマーとしての性質ももつことが明らかとなった．

1-3 動的粘弾性(液体-せん断)

Batesら[16,17]は，種々の分子量をもつポリ(エチレンプロピレン)-ポリ(エチルエチレン)(PEP-PEE)ジブロック共重合体(M_n = 31 500, 50 100, 81 200, 106 000 g/mol, それぞれのPEP体積分率は53, 56, 53, 54 wt%)について，秩序-無秩序転移温度(T_{ODT})上下において動的粘弾性測定を行った．図8-5は，種々の温度におけるPEP-PEEの動的粘弾性の周波数依存性より得られたマスターカーブである．この図8-5(a)および(b)において，各温度で得られたデータは，それぞれ臨界換算周波数ω'_cおよびω''_c以上の高周波数領域で最も重なるように，周波数軸にシフトして得られている．なお，本実験結果での重ね合わせは，横シフトに加え，縦シフトも考慮されている．

一般に，PEPやPEEホモポリマーのような熱-レオロジー的に単純な試料であれば，全周波数域で

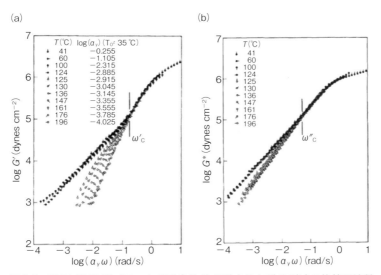

図8-5 PEP-PEEジブロック共重合体のG'(a)およびG''(b)の換算周波数プロット(マスターカーブ)[16,17]

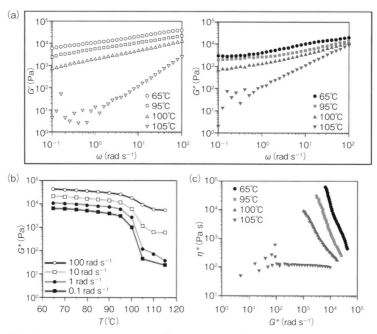

図 8-6 PEO-PPO-PEO トリブロック共重合体/benzene-1,2,3,4,5,6-hexacarboxylic acid(90/10)(wt/wt)ブレンドの各種レオロジー特性

(a) 種々の温度における G' および G'' の角周波数依存性。T_{ODT} は 100 と 105℃ の間に相当する。(b) 複素弾性率 G^* の温度依存性。T_{ODT} である 100 と 105℃ の間で G^* は減少した。この傾向は、低角周波数でより顕著に観測された。(c) 複素粘性率(η^*)と G^* の関係。T_{ODT} 以上の 105℃ では、η^* は G^* に依存しない。

温度-時間換算則が成立するため、すべてのデータ点が重なったマスターカーブが得られるが、ブロック共重合体の場合、測定温度により、重ね合わせが成立する領域としない領域が存在している。具体的には、$T > 160$℃ の温度範囲で、$\omega > \omega'_c$ の領域では時間温度換算則に従う単分子緩和に支配され、$\omega < \omega'_c$ の範囲においては、流動に伴うせん断動的貯蔵弾性率$(G') \propto \omega^2$ およびせん断動的損失弾性率$(G'') \propto \omega$ の関係が現れ、全範囲において温度-時間換算則が成立する。一方、$T < 160$℃ の温度範囲で、$\omega > \omega'_c$ の領域では先と同様に温度-時間換算則に従う単分子緩和に支配されるものの、$\omega < \omega'_c$ の範囲においては、温度の降下に伴い、濃度揺らぎの降下とラメラ構造形成に伴う緩和が出現するため、温度-時間換算則から逸脱する。

Watkins ら[18]は、ポリエチレンオキシド(PEO)-ポリプロピレンオキシド(PPO)-PEO トリブロック共重合体に、PEO に選択的に水素結合などで相互作用することが可能なカルボキシ基やヒドロキシ基などの官能基をもつ多官能低分子を添加した際の相分離構造を動的粘弾性測定に基づき評価している。なお本系では、多官能低分子と PEO 鎖の相互作用が増加すると、χ の上昇を誘起し、相分離を促進する。図 8-6 は、PEO-PPO-PEO トリブロック共重合体/benzene-1,2,3,4,5,6-hexacarboxylic acid (90/10)(wt/wt)ブレンドの各種レオロジー特性である。これらの結果より、このブレンド物の T_{ODT} は 105℃ であることが明らかとなった。これらのレオロジー測定より、転移が起こっていることは明瞭であるが、このほかにも小角 X 線散乱測定にも基づいて、相構造の評価を行っている。さらに、相構造は(1) PEO-PPO-PEO と低分子化合物の組成、(2) PEO の結晶化度、さらには(3) 低分子化合物の官能基の数、位置、水素結合力に強く依存すること

を明らかにした.

Lodgeら[19]は，PS-PEO-PSトリブロック共重合体およびイオン液体〔1-ethyl-3-methylimidazolium bis (trifluoromethylsulfonyl)amide：[EMI][TFSA]〕の自己組織化により形成されるイオンゲルを用いて，イオンゲル電解質を調製した．このイオンゲルでは，末端PSブロックはミセルの中心部を形成し，PEO中間ブロックはイオン液体に溶解している．ポリマー濃度10 wt%以下のPS-PEO-PSは54℃において溶融しており，最長緩和時間はバルクPSと同様な温度依存性を示した．ただし，イオンゲルのゲル緩和時間はバルクPSのそれの4倍の値を示した．これは，PS-PEO-PSのPSが外側のPEO/[EMI][TFSA]層に拘束を受けるためである．

一方，20～50 wt%のPS-PEO-PSは溶融せず，G'に2か所のプラトー領域が観測された．高周波数側のプラトーはPSで架橋された絡み合ったPEO鎖に由来する．このG'は，PEO鎖のループ構造に由来して線形粘弾性理論から予想される値の半分程度であった．一方，低周波数側のプラトーは，込み合った状態にあるミセルに由来するもので，溶融状態のジブロック共重合体に一般的なドメイン間距離のべき乗則依存性をもった．なお，この二つのプラトーに分割する周波数は，末端PSブロックの引き抜きの時間スケールを反映している．これらの分子運動に基づいて，イオン電導性の関係が議論されている．

このほか，高橋ら[20]はせん断場におけるPoly (styrene-block-2-vinylpyridine)s(PS-P2VP)ブロック共重合体溶液の動的粘弾性評価と小角中性子散乱測定によるミクロ相分離構造評価を組み合わせることで，構造と物性の詳細な関係に関する研究を報告している．

2 セグメント化ポリウレタン(SPU)の力学物性

SPUは，ビニル系のブロック共重合体と同様，弾性材料として一翼を担っている[21]．一般に，ビニル系のトリブロック共重合体と比較すると，ポリウレタンエラストマーのほうが，(1)主鎖中の高い極性に由来する強い分子間相互作用および(2)マルチブロック構造をもつことなどに由来して，50 MPa程度の高い強度を示すことが多い．これらのことは，Hepburnの成書[22]，Petrovicら[23]やYilgörら[24]の総説にまとめられている．

最近の研究例を3例紹介する．Korsunskyら[25]は，ポリ(オキシテトラメチレン)グリコール(PTMG)-4, 4'-ジフェニルメタンジイソシアネート(MDI)，エチレングリコール系SPUについて，マルチスケールで変形挙動を評価している．具体的には，1 mmオーダーの変形をX線顕微鏡により，nmオーダーの変形をSAXSにより，サブnmの変形をWAXDにより測定し，変形のサイズとひずみの関係を解明した．図8-7は，(a)X線顕微鏡，SAXSおよびWAXD

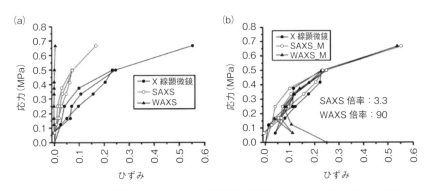

図8-7　X線顕微鏡，SAXSおよびWAXDより得られたひずみと応力の関係(a)，SAXSおよびWAXDより得られたひずみに3.3倍および90倍かけて再プロットしたもの(b)[25]

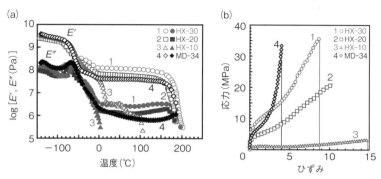

図8-8 PTMG-1,4-H₆XDI-BD(HSC = 10, 20, 30 wt%)を用いたSPUの動的粘弾性の温度依存性と応力-ひずみ曲線

より得られたひずみと応力の関係と，(b)SAXSおよびWAXDより得られたひずみに3.3倍および90倍かけて再プロットしたものである．変形量は各スケールで大きく異なるものの，マクロなひずみに対する変形挙動は一致した．

筆者ら[26]は，化学構造の対称性が高いジイソシアネート〔1,4-(ジイソシアナトメチル)シクロヘキサン〕(1,4-H₆XDI)を用いてSPUを調製した．SPUで力学物性を求める場合，4,4-ジフェニルメタンジイソシアネート(4,4-diphenylmethane diisocyanate: MDI)が用いられることが一般的である[23,27,28]が，芳香環をもっており黄変することが長年の問題であった．図8-8は，PTMG-1,4-H₆XDI-1,4-ブタンジオール(BD)系SPUの力学データである．MDI系SPUに匹敵する物性をもつとともに，ハードセグメント含有量(HSC = 10, 20, 30 wt%)により力学物性を制御できることが明らかとなった．1,4-H₆XDIは芳香環をもたず，シクロヘキサン環をもち，黄変が生じないうえ，ハードセグメントドメインが高度に発達するため，力学物性にも優れ，今後MDIの代替が進むことが期待される．

Torkelsonら[29]は環状カーボネートのアミノリシスによりイソシアネートを用いずにポリヒドロキシウレタンエラストマーを合成し，力学物性を評価している．ハードセグメント中のヒドロキシ基とソフトセグメントの水素結合を抑制するための工夫を施すことで，ミクロ相分離度を上昇させ力学物性の向上を試みている．しかしながら，耐熱性，力学物性

ともに既存のSPUと比較すると大きく劣るため，今後の改良が重要である．

3 まとめと今後の展望

エラストマーは，大変形が可能であることや摩擦特性などの観点からほかの材料では代替ができない．本章で述べたビニル系ブロック共重合体およびポリウレタンはともに熱可塑性材料で環境負荷も低いため，今後もますますの力学物性の改良が望まれる．

◆ 文 献 ◆

[1] T. J. Hermel, S. F. Hahn, K. A. Chaffin, W. W. Gerberich, F. S. Bates, *Macromolecules*, **36**, 2190 (2003).
[2] A. Phatak, L. S. Lim, C. K. Reaves, F. S. Bates, *Macromolecules*, **39**, 6221 (2006).
[3] I. Lee, F. S. Bates, *Macromolecules*, **46**, 4529 (2013).
[4] I. Lee, T. R. Panthani, F. S. Bates, *Macromolecules*, **46**, 7387 (2013).
[5] F. Deplace, A. K. Scholz, G. H. Fredrickson, E. J. Kramer, Y.-W. Shin, F. Shimizu, F. Zuo, L. Rong, B. S. Hsiao, G. W. Coates, *Macromolecules*, **45**, 5604 (2012).
[6] B. J. Dair, C. C. Honeker, D. B. Alward, A. Avgeropoulos, N. Hadjichristidis, L. J. Fetters, M. Capel, E. L. Thomas, *Macromolecules*, **32**, 8145 (1999).
[7] T. S. Bailey, C. M. Hardy, T. H. Epps, F. S. Bates, *Macromolecules*, **35**, 7007 (2002).
[8] C. A. Tyler, D. C. Morse, *Phys. Rev. Lett.*, **94** (2005).
[9] M. Takenaka, T. Wakada, S. Akasaka, S. Nishitsuji, K. Saijo, H. Shimizu, M. I. Kim, H. Hasegawa,

[10] A. J. Meuler, G. Fleury, M. A. Hillmyer, F. S. Bates, *Macromolecules*, **41**, 5809 (2008).

[11] H. Hendus, K. H. Illers, E. Ropte, *Kolloid-Z.Z. Polym.*, **216**, 110 (1967).

[12] M. Matsuo, T. Ueno, H. Horino, S. Chujyo, H. Asai, *Polymer*, **9**, 425 (1968).

[13] J. M. Yu, P. Dubois, P. Teyssie, R. Jerome, *Macromolecules*, **29**, 6090 (1996).

[14] J. Fernandez, A. Larranaga, A. Etxeberria, J. R. Sarasua, *J. Mech. Behavior Biomed. Mater.*, **35**, 39 (2014).

[15] E. Espinosa, B. Charleux, F. D'Agosto, C. Boisson, R. Tripathy, R. Faust, C. Soulié-Ziakovic, *Macromolecules*, **46**, 3417 (2013).

[16] J. H. Rosedale, F. S. Bates, *Macromolecules*, **23**, 2329 (1990).

[17] F. S. Bates, J. H. Rosedale, G. H. Fredrickson, *J. Chem. Phys.*, **92**, 6255 (1990).

[18] R. Kothari, H. H. Winter, J. J. Watkins, *Macromolecules*, **47**, 8048 (2014).

[19] S. Zhang, K. H. Lee, J. Sun, C. D. Frisbie, T. P. Lodge, *Macromolecules*, **44**, 8981 (2011).

[20] Y. Takahashi, M. Noda, S. Kitade, K. Matsuoka, Y. Matsushita, I. Noda, *Polym. J.*, **37**, 894 (2005).

[21] S. L. Cooper, A. V. Tobolsky, *J. Appl. Polym. Sci.*, **10**, 1837 (1966).

[22] C. Hepburn, "Polyurethane Elastomers, 2nd Ed.," Elsevier Applied Science, (1992).

[23] Z. S. Petrovic, J. Ferguson, *Prog. Polym. Sci.*, **16**, 695 (1991).

[24] I. Yilgör, E. Yilgör, G. L. Wilkes, *Polymer*, **58**, A1 (2015).

[25] T. Sui, N. Baimpas, I. P. Dolbnya, C. Prisacariu, A. M. Korsunsky, *Nat. Commun.*, **6**, 6583 (2015).

[26] S. Nozaki, S. Masuda, K. Kamitani, K. Kojio, A. Takahara, G. Kuwamura, D. Hasegawa, K. Moorthi, K. Mita, S. Yamasaki, *Macromolecules*, **50**, 1008 (2017).

[27] K. Kojio, M. Furukawa, S. Motokucho, M. Shimada, M. Sakai, *Macromolecules*, **42**, 8322 (2009).

[28] K. Kojio, K. Matsuo, S. Motokucho, K. Yoshinaga, Y. Shimodaira, K. Kimura, *Polym. J.*, **43**, 692 (2011).

[29] E. K. Leitsch, G. Beniah, K. Liu, T. Lan, W. H. Heath, K. A. Scheidt, J. M. Torkelson, *ACS Macro Lett.*, **5**, 424 (2016).

Chap 9

電子顕微鏡による形態学的観察・評価

3D Morphological Analysis of Block Copolymer Morphologies using Transmission Electron Microscopy

陣内 浩司
(東北大学多元物質科学研究所)

Overview

ブロック共重合体は自己組織化によりきわめて高い周期性をもつナノ構造を形成することが知られており,近年,このナノ構造を用いたさまざまな応用が模索されている.新規機能材料の設計・開発において,これらの複雑なナノ構造の三次元形態を正確に把握し,諸物性と結びつけることは喫緊の課題であろう.ナノ構造の形態観察には透過型電子顕微鏡(TEM)が有効であり,ブロック共重合体の形態観察においても長年にわたり使われてきた.しかし,ブロック共重合体の重合技術が発展するにつれてナノ構造が複雑化してきて,TEM による形態観察だけでは不十分な場合が多くなってきたのが現状である.TEM に計算機断層撮影法を組み合わせた電子線トモグラフィー(TEMT)は,三次元構造を三次元で観察することを可能とする最新法である.この最新顕微鏡法は,三次元形態観察にとどまらず,幾何学的な構造情報を与え,また,構造転移の動的過程における構造情報をも提供することができる.さらに,将来的には,TEMT と(シミュレーション実験と組み合わせることで)ブロック共重合体の自己組織化の分子レベルでの理解が大きく進むことが期待できる.

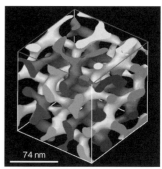

▲ダブルジャイロイド(DG)構造
[カラー口絵参照]

■ **KEYWORD** マークは用語解説参照

- ブロック共重合体(block copolymer)
- 構造―構造転移(order-order transition)
- 透過型電子顕微鏡(Transmission Electron Microscopy:TEM)
- 幾何学(geometry)
- 電子線トモグラフィー(Transmission Electron Microtomography)
- 走査型透過電子顕微鏡法(Scanning Transmission Electron Microscopy:STEM)

はじめに

ブロック共重合体はナノメートルスケールの周期的(相分離)構造を自発的に形成することが知られている。近年，ブロック共重合体のナノ構造をナノ多孔体[1]・燃料電池のセパレータ(プロトン伝導膜)・高密度磁気記憶媒体[2]などの実用材料へ応用する試みが盛んである[3]。これらの先端材料に求められる空隙率・強度・拡散などの諸特性は，ブロック共重合体の呈する複雑なナノ構造の三次元形態に大きく左右されることは言うまでもない。たとえば，次世代の超高密度記憶媒体の創成[4]においては，ブロック共重合体のナノ構造を鋳型として用いるが，その場合，厚さ数十～数百 nm の薄膜中においてナノ構造の配向を精密に制御することが重要となる。

ブロック共重合体のナノ構造の評価・解析には，本書の他の章に解説されているようなさまざまな手法が用いられてきた。それぞれに特徴のある有用な評価法であるが，ナノ構造を直接可視化できるという点で透過型電子顕微鏡(Trassmission Electron Microscopy：TEM)が最も有力であろう。TEM の原理から応用については多くの優れた成書があるので，電子顕微鏡の原理や装置の詳細を学びたい方はそちらを参照いただきたい[5]。二成分ブロック共重合体(ジブロック共重合体)が呈する球状・シリンダー状・ラメラ状など比較的識別が容易なナノ構造に加えて，最近では，高度な合成技術を背景とした多成分かつ複雑な分子構造をもつブロック共重合体の合成が行われ，それに伴ってナノ構造も急激に複雑化している。TEM は三次元構造体の二次元透過像を撮影する装置であるから，ナノ構造が複雑になればなるほど TEM による構造評価は困難となる。複雑な三次元構造体を"三次元のまま"かつ"実像として"観察することが可能になれば，ナノ構造の観察・解析はずいぶんと容易になるであろう。そこで，本章では，ナノメートルスケールの三次元構造を直接観察するのに最適な手法である「透過型電子線トモグラフィー(Transmission Electron Microtomography：TEMT)」[6]を取り上げ，この手法の高分子ナノ構造に対する応用について述べる[7,8]。

TEMT は，TEM と断面撮影法(Tomography, ギリシア語で slice を意味する "tomos" と image を意味する "graph" の造語)を組み合わせた顕微鏡法である[9,10]。この顕微鏡法は R. J. Spontak によって 1988 年に高分子コミュニティに初めて紹介された[11]。TEMT の分解能は 2000 年代後半には高分子構造の研究に十分な 0.5 nm に達し[12]，現在は，原子分解能が達成されている。TEMT によるブロック共重合体の構造解析例は，1990 年代にいくつか見られるが，この手法が本格的に使われ始めたのは，計算機の演算能力と記憶媒体の容量が劇的に改善された 2000 年以降であった。

TEMT を用いた研究例は，ブロック共重合体のナノ(共連続)相分離構造の三次元構造の同定[13~18]，ナノ相分離構造の構造転移[19~21]や粒界界面の三次元構造の同定[22]，外場によるナノ相分離構造の配向[23]，ナノ相分離構造由来の機能性材料[24,25]，球晶構造の三次元観察[26]，ナノコンポジットの構造解析[27~29]，非水ゲルの構造[30]，燃料電池電極層の三次元観察[31,32]，太陽電池の電極間薄膜の構造観察[33]，熱可塑性エラストマーブレンド[34]，共連続多孔体中における流体移送挙動の解析[35]など，基礎から応用まで多岐に渡る。本章では，TEMT をブロック共重合体の共連続構造や薄膜中のナノ構造観察に用いて観察・解析を行った例について解説する。

1 ブロック共重合体の共連続ナノ相分離構造の解析例

1-1 複雑なブロック共重合体ナノ構造の三次元直接観察

図 9-1 に，汎用高分子である polystyrene(PS)と polyisoprene(PI)が直線状に連結したブロック共重合体(SI ジブロック共重合体)が自発的に秩序化したナノ構造の TEM 像を示す。このナノ構造の規則性が非常に高いことが伺えるものの，図の二次元 TEM 像から三次元構造を決定するのは難しい。小角 X 線散乱(Small-Angle X-ray Scattering, SAXS)による逆空間での構造解析も試みられてきたが，厳密な結晶構造解析に必要な単一粒界からの散乱パターンを得ることが困難であり，このナノ構

造の詳細な三次元構造の決定は困難をきわめた[36,37].

図9-2(a)は，図9-1に示したナノ構造と本質的に同じである Poly(styrene-*block*-isoprene-*block*-styrene)(SISトリブロック共重合体)のナノ構造のTEMTによる三次元再構成画像である[13]. 金属光沢で表現したネットワーク状のPolystyrene相(PS相)が複雑に絡み合っている様子がよくわかる. ナノ構造を見やすくするためにPolyisoprene相(PI相)を透明にして表示した. 図9-2(a)の三次元再構成画像の一部を画像処理によって切り出し拡大した

ものを図9-2(b)に示す. PS相は(異なる色で表示された)2本の独立したネットワーク相からなるダブルネットワークであることがわかった. TEMTで得られる三次元画像が複雑なナノ構造の直観的な把握に非常に役立つことは図9-2を見れば一目瞭然であろう. このようなナノ構造における結晶学的な空間群の決定は，対象となる試料の単一粒界からの散乱プロファイルの解析によりなされるのが一般的である. しかし，実際には，溶媒キャスト法などの成膜法では単一粒界試料を得ることは困難であり，散乱実験では試料中のさまざまな方向を向いた粒界の存在のために回折極大がsmearされ，空間群の決定に必要なdescreteな散乱パターンが得られない. これに対して，図9-2のような三次元画像データを用いると，この画像から単一粒界を抜き出すことが可能であり，単一粒界からの散乱プロファイルを計算することができる. つまり，三次元画像データの単結晶部分に対して"仮想的"散乱実験を行うと，複雑な三次元構造の結晶学的な空間群の決定を行うことが可能になる[8]. 図9-2のナノ構造は$Ia\bar{3}d$の空間群に属し，一般的にdouble gyroid(DG)構造とよばれる構造であることがわかった.

このDG構造は高い規則性を示すことから[13]，この三次元構造をある結晶面で切断すると特徴的なパターンを示すことが予想される[38]. 図9-3にTEMTにより得られた三次元画像データから切り出した断面をいくつか示した. DG構造の{111}面,

図9-1　あるPoly(styrene-*block*-isoprene)(SI)ジブロック共重合体の透過型電子顕微鏡写真

PIドメインをOsO4により染色し電子線に対するコントラストを増強している. スケールバーは200 nm.

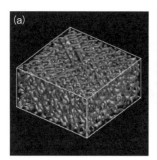 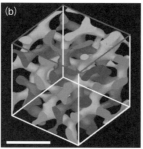 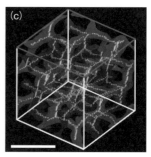

図9-2　SISトリブロック共重合体の三次元画像

(a)全体像：580 nm×580 nm×250 nm. (b) (a)の一部を抜き出して拡大した三次元画像. 異なる2色のネットワークは両方ともPS相であり交差しない. 透明部分はPI相. (c)SISトリブロック共重合体の細線化像. 細線はPS相の細線化結果を示す. スケールバーはSISトリブロック共重合体の結晶格子長(74 nm)に相当する.

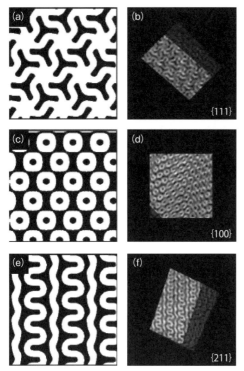

図9-3 DG構造から予測される{111}面(a),{100}面(c)および{211}面(e)のパターン.SISトリブロック共重合体の三次元画像の断面(b),(d),(f)
白い相はPS相である.

9-2のDG構造に対してPSネットワークの三次元細線化処理[39]を行うと,分岐点の空間位置と各分岐点での分岐数を決定することができる.図9-2(b)に示した三次元ボリュームデータを図9-2(c)に示すように細線化した後,分岐数を実測してみると3分岐が9割以上と計測された[40].これはSISトリブロック共重合体のナノ相分離構造がDG構造であることの直接的な証拠でもある.また,細線化結果を用いると,ネットワークの複雑さを表す指標である種数(genus)を計算することもできる[39].図9-2のDG構造の種数は約7であり,これはDG構造が球に7本のハンドルが付いた構造と同等の複雑さをもつことを示す.

さらに,三次元画像データからPI相とPS相の間の界面の形態を曲率を使って定量的に評価することもできる[41,42].ブロック共重合体が自己組織化して形成するナノ構造の界面曲率は,相分離構造中でのブロック鎖の形態を反映していることがわかっており[43],曲率に基づく相図も提案されている.詳しい議論は原論文に譲るが[13],SISブロック共重合体のDG構造の界面曲率は,同構造に対して行われたシミュレーション結果と定性的に一致した.つまり,この結果はシミュレーションの基礎となる自己無頓着場理論により系の自由エネルギーを正確に記述できることを示唆する.この点をさらに押し進めれば,TEMTにより実験的に得られる界面に対して理論に基づくシミュレーションを組み合わせることで,相分離構造内のブロック鎖の分子形態を可視化することも可能になると思われる.今後,このような実験(TEMT)と計算機科学の融合分野が発達すると思われ,ブロック共重合体の自己秩序化の原理が分子論的な観点から明らかになるものと期待している.

{100}面および{211}面の特徴的なパターンが見事に再現されている.このような任意の切断面でのパターン解析は,他の構造解析手法では不可能であり,TEMTによる三次元直接観察に特有である.また,近年著しい進歩を遂げているVirtual Reality技術を用いれば,ナノ構造を"内側から観察する"ことも容易であり,より直観的な三次元構造の理解が可能となっている.

1-2 共連続構造に関する幾何学的な構造情報

さて,顕微鏡は構造の実空間画像を取得することから,評価・解析の方向として(上記のような)構造のパターンについて議論することが多くなる.しかし,三次元画像は(二次元画像と比べて)多くの構造情報を含むことから,従来とは異なる解析が可能なはずである.実際,三次元画像から構造の幾何学的および形態学的な情報を計算することができる.図

2 ブロック共重合体のダイナミカルな現象の解析例

2-1 ブロック共重合体における構造転移の三次元観察

ブロック共重合体では温度(や圧力など)を変化させると,異なる構造への転移を誘起することが可能である.これを構造-構造転移(order-order transition：OOT)とよぶ．これまで六方格子状穴開き層状(hexagonally perforated layer：HPL)構造，DG構造，六方充填シリンダー（hexagonally packed cylinder：HEX)構造の間で起こるOOTについて検討を行ってきた．DG構造が関わるOOTは，その三次元構造の複雑さゆえにOOTにおけるミクロドメインの組み替えも複雑であり，その転移過程は物理的にも幾何学的にも興味深い．ここではDG構造からHEX構造への転移途中の構造変化を，急速冷却により固定しTEMTにより三次元観察することで，両構造間のOOTについて検討した結果について述べる[21]．なお，MatsenらによるシミュレーションI実験結果によると，このOOTではDG構造の|111|断面がシリンダー軸に転移すると予測されている[44]．

図9-4はSIブロック共重合体においてDG構造（三次元画像の左側）からシリンダー構造（同右側）を生成させたときの両構造の境界面を，TEMTにより観察した実験結果である[21]．DG構造とOOTにより生成したHEX構造が共存する様子が見て取れる．この二つの構造の境界面を詳細に調べることによりOOTのメカニズムを予想することが可能とな

る．図9-4の実験結果を詳細に解析することにより，DG構造の|220|断面がシリンダーの軸方向に転移していることが明らかとなった．このミクロドメインの組み替えは，Matsenらのシミュレーション実験結果とは異なるものである．しかし，興味深いことに，同じブロック共重合体のHEX構造からDG構造へのOOTにおいては，Matsenらがシミュレーション実験で予測したとおり，DG構造の|111|断面がシリンダー軸に転移した[45]．このように，OOTの転移様式がその方向により変化する理由は未だ不明であり，今後の検討が必要である．

2-2 ブロック共重合体のダイナミカルな現象の解明のための無染色TEM観察

高分子の電子顕微鏡観察では，染色によるコントラスト増強が必要とされることが多い．しかし，前項のブロック共重合体のOOTのような動的現象を"その場"観察するためには，染色法のように構造を固定化してしまうコントラスト増強法を用いることはできない．図9-5は，SIジブロック共重合体の無染色試料を走査型透過電子顕微鏡法（STEM）を用い，電子線の収束角と取り込み角を電子線光学シミュレーションに基づいて最適化することで，電子密度

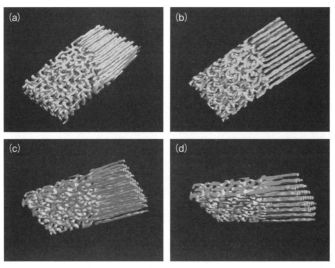

図9-4 DG構造からHEX構造への転移のTEMTによる三次元観察結果(400 nm×200 nm×80 nm)

図の左側にDG構造，右側に生成したHEX構造が見える．(a)～(d)は三次元画像を異なる方向から見た結果である．

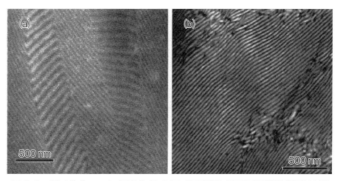

図 9-5 SI ジブロック共重合体のラメラ構造の電子顕微鏡観察結果
(a)無染色,および,(b)OsO₄ で PI 相を染色した試料の観察結果である.スケールバーは 500 nm.

の差を利用して無染色でナノ構造観察が可能であることを示した実験結果である.この成果は,動的三次元ナノ観察の実現に重要なだけではなく,これまで染色が不可能であったため TEM による構造観察が不可能であったさまざまな高分子試料のナノ構造観察に道を拓くものである.詳細については文献を参照されたい[46].

◆ 文　献 ◆

[1] S. Ndoni, M. E. Viglid, R. H. Berg, *J. Am. Chem. Soc.*, **125**, 13366（2003）.
[2] 平岡俊朗,工業材料,**51**, 31（2003）.
[3] I. W. Hamley, "Block Copolymer", John Wiley & Sons（2004）.
[4] K. Naito, H. Hieda, M. Sakurai, Y. Kamata, K. Asakawa, *IEEE TRANSACTIONS ON MAGNETICS*, **38**, 1949（2002）.
[5] 田中信夫,『電子線ナノイメージング ── 高分解能 TEM と STEM による可視化』,内田老鶴圃（2009）.
[6] "Electron Tomography : Methods for Three-Dimensional Visualization of Structure in the Cell", ed. by J. Frank, Springer, Second Edition（2006）.
[7] H. Jinnai, R. J. Spontak, *Polymer*, **50**, 1067（2009）.
[8] H. Jinnai, T. Nishi, R. J. Spontak, *Macromolecules*, **43**, 1675（2010）.
[9] 金子賢治,馬場則夫,陣内浩司,顕微鏡,**45**(1), 37（2010）.
[10] 金子賢治,馬場則夫,陣内浩司,顕微鏡,**45**(2), 109（2010）.
[11] R. J. Spontak, M. C. Williams, D. A. Agard, *Polymer*, 29, 387（1988）.
[12] N. Kawase, M. Kato, H. Nishioka, H. Jinnai, *Ultramicroscopy*, **107**, 8（2007）.
[13] H. Jinnai, Y. Nishikawa, R. J. Spontak, S. D. Smith, D. A. Agard, T. Hashimoto, *Phys. Rev. Lett.*, **84**, 518（2000）.
[14] H.-W. Park, K. Im, B. Chung, M. Ree, T. Chang, K. Sawa, H. Jinnai, *Macromolecules*, **40**, 2603（2007）.
[15] H. Jinnai, T. Kaneko, K. Matsunaga, C. Abetz, V. Abetz, *Soft Matter*, **5**, 2042（2009）.
[16] Z. Li, K. Hur, H. Sai, T. Higuchi, A. Takahara, H. Jinnai, S. Gruner, U. Wiesner, *Nat. Comm.*, **5**, 3247（2014）.
[17] C. Y. Chu, X. Jiang, H. Jinnai, R. Y. Pei, W. F. Lin, J. C. Tsai, H. L. Chen, *Soft Matter*, **11**, 1871（2015）.
[18] H.-W. Ko, T. Higuchi, C.-W. Chang, M.-H. Cheng, K. Isono, M.-H. Chi, H. Jinnai, J.-T. Chen, *Soft Matter*, **13**, 5428（2017）.
[19] V. H. Mareau, S. Akasaka, T. Osaka, H. Hasegawa, *Macromolecules*, **40**, 9032（2007）.
[20] J. K. Kim, M. I. Kim, H. J. Kim, D. H. Lee, U. Jeong, H. Jinnai, K. Suda, *Macromolecules*, **40**, 7590（2007）.
[21] H. W. Park, J. Jung, T. Chang, K. Matsunaga, H. Jinnai, *J. Am. Chem. Soc.*, **131**, 46（2009）.
[22] H. Jinnai, K. Sawa, T. Nishi, *Macromolecules*, **39**, 5815（2006）.
[23] T. Xu, A. V. Zvelindovsky, G. J. A. Sevink, K. S. Lyakhova, H. Jinnai, T. P. Russell, *Macromolecules*, **38**, 10788（2005）.
[24] S. Valkama, A. Nykänen, H. Kosonen, R. Ramani, F. Tuomisto, P. Engelhardt, G. ten Brinke, O. Ikkala, J. Ruokolainen, *Adv. Funt. Mater.*, **17**, 183（2007）.

[25] Y. Zhao, K. Thorkelsson, A. J. Mastroianni, T. Schilling, J. M. Luther, B. J. Rancatore, K. Mat-sunaga, H. Jinnai, Y. Wu, D. Poulsen, J. M. J. Frechet, A. P. Alivisatos, T. Xu, *Nat. Mater.*, **8**, 979 (2009).

[26] T. Ikehara, H. Jinnai, T. Kaneko, H. Nishioka, T. Nishi, *J. Polym. Sci. Part B: Polym. Phys.*, **45**, 1122 (2007).

[27] H. Nishioka, K. Niihara, T. Kaneko, Y. Nishikawa, J. Yamanaka, T. Inoue, T. Nishi, H. Jinnai, *Compos. Interfac.*, **13**, 589 (2006).

[28] H. Jinnai, Y. Shinbori, T. Kitaoka, K. Akutagawa, N. Mashita, T. Nishi, *Macromolecules*, **40**, 6758 (2007).

[29] N. Negrete-Herrera, J.-L. Putaux, L. David, E. Bourgeat-Lami, F. De Haas, *Macromol. Rapid Commun.*, **28**, 1567 (2007).

[30] 真下成彦, 南川直史, 上杉健太朗, 陣内浩司, 高分子論文集, **60**, 373 (2003).

[31] H. Uchida, J. M. Song, S. Suzuki, E. Nakazawa, N. Baba, M. Watanabe, *J. Phys. Chem. B*, **110**, 13319 (2006).

[32] T. Ito, U. Matsuwaki, Y. Otsuka, M. Hatta, K. Hayakawa, K. Matsutani, T. Tada, H. Jinnai, *Electrochemistry*, **5**, 374 (2011).

[33] X. Yang, J. Loos, *Macromolecules*, **40**, 1353 (2007).

[34] P. Sengupta, J. W. M. Noordermeer, *Polymer*, **46**, 12298 (2005).

[35] H. Saito, K. Nakanishi, K. Hirao, H. Jinnai, *J. Chrom. A*, **1119**, 95 (2006).

[36] E. L. Thomas, D. B. Alward, C. S. Henkee, D. Hoffman, *Nature*, **334**, 598 (1988).

[37] D. A. Hajduk, P. E. Harper, S. M. Gruner, C. C. Honeker, G. Kim, E. L. Thomas, L. J. Fetters, *Macromolecules*, **27**, 4063 (1994).

[38] T. Hashimoto, K. Tsutsumi, Y. Funaki, *Langmuir*, 13, 6869 (1997).

[39] H. Jinnai, H. Watashiba, T. Kajihara, M. Takahashi, *J. Chem. Phys.*, **119**, 7554 (2003).

[40] H. Jinnai, T. Kajihara, H. Watashiba, Y. Nishikawa, R. J. Spontak, *Phys. Rev. E*, **64**, 010803(R) (2001).

[41] Y. Nishikawa, H. Jinnai, T. Koga, T. Hashimoto, S. T. Hyde, *Langmuir*, **14**, 1242 (1998).

[42] Y. Nishikawa, H. Jinnai, T. Koga, T. Hashimoto, *Langmuir*, **14**, 3254 (2001).

[43] M. W. Matsen, F. S. Bates, *Macromolecules*, **29**, 7641 (1996).

[44] M. W. Matsen, *Phys. Rev. Lett.*, **80**, 4470 (1998).

[45] J. Jung, J. Lee, H.-W. Park, T. Chang, H. Sugimori, H. Jinnai, *Macromolecules*, **47**, 8761 (2014).

[46] H. Jinnai, T. Higuchi, X. Zhuge, A. Kumamoto, K. J. Batenburg, Y. Ikuhara, *Acc. Chem. Res.*, **50**, 1293 (2017).

Part II 研究最前線

Chap 10 小角 X 線・中性子散乱法の最前線

Forefront of Small Angle X-ray and Neutron Scattering Methods

山本 勝宏
（名古屋工業大学大学院工学研究科）

Overview

ブロック共重合体 (block copolymer：BCP) がつくるミクロ相分離構造は，ブロック共重合体一分子の大きさのスケール，すなわち数 nm〜100 nm 程度の大きさをもつ周期構造である．また，BCP の溶液中で形成するミセル構造も，まさに分子サイズスケールとなる．これらの構造解析において，小角 X 線散乱 (small-angle X-ray scattering：SAXS) 法や小角中性子散乱 (small-angle neutron scattering：SANS) 法がしばしば用いられてきたが，これは，これらの散乱法で観測する範囲がちょうど数 nm〜数百 nm になるためである．近年では大型放射光施設や大強度陽子加速器施設の利用がポピュラーになってきており，従来の波長固定での測定から，波長可変 SAXS や飛行時間型 SANS による特徴的な構造解析が行われている．また，基板上の薄膜（膜厚が数十 nm〜数百 nm）内部の構造解析としても，斜入射小角散乱法を用いた研究がなされてきた．

本章では，SAXS・SANS 法を利用した最新の測定手法の研究を紹介する．

▲テンダー X 線を利用できるビームライン
高エネルギー加速器研究機構（KEK）放射光研究施設（Photon Factory: PF）のビームライン BL15A2 に設置された tender 領域の斜入射小角散乱（GISAXS）装置
［カラー口絵参照］

■ **KEYWORD** 🔲マークは用語解説参照

- ■斜入射小角 X 線散乱 (grazing-incidence small angle X-ray scattering：GISAXS)
- ■斜入射小角中性子散乱 (grazing-incidence small-angle neutron scattering：GISANS)
- ■飛行時間 (time-of-flight：TOF)
- ■異常小角 X 線散乱 (anomalous small-angle X-ray scattering：ASAXS)
- ■tender X 線 (tender X-rays)
- ■共鳴軟 X 線散乱 (resonant soft X-rays scattering：RSoXS) 🔲
- ■複素屈折率 (complex refractive index) 🔲
- ■ミクロ相分離構造 (microphase separated structure) 🔲
- ■X 線吸収端 (X-ray adsorption edge)
- ■薄膜 (thin film)

1 X線散乱法

通常の小角X線散乱法(small-angle X-ray scattering：SAXS)では，散乱角(2θ)の範囲が1 mrad〜0.1 rad程度(散乱ベクトルの大きさ$q[=(4\pi/\lambda)\sin\theta]$で表現すれば，X線の波長($\lambda$)を1.5 Åとすると$q=0.04〜4$ nm^{-1})である．すなわちブラッグ間隔$d(=2\pi/q)$でみると，数nm〜数百nmの大きさを観測できる手法である．この範囲の大きさに対応する高分子鎖の構造としては，溶液中・バルク材料中での1本の高分子の広がり，鎖状高分子の持続長や局所コンホメーション，粒状タンパク質，ミセルの形状・表面構造，棒状分子の太さ，濃厚・準希薄溶液あるいはゲル中でのセグメント分布の相関長，結晶性高分子のラメラ厚み，ブロック共重合体のミクロ相分離構造の周期長などがあげられる．

これ以上の長さスケールの構造を観測するには，基本的には散乱法として光散乱の領域となるが，透明性のない試料(たとえば，カーボンブラックを充塡したゴム材料など)においては，それは不可能である．したがって，さらに小角(超小角散乱)の散乱強度を観測すればよいことになるが，観測できる散乱角を小さくするには，原理的にカメラ長(試料から検出器の距離)を大きくすればよい．大型放射光施設(高輝度光科学研究センターSPring-8では，カメラ長40 mや160 m程度とした超小角X線散乱(ultra-SAXS)法を利用した研究が行われている．

そのほか，放射光施設のX線は波長可変であることが特徴であり，波長の長いX線(より低エネルギーなX線)を用いれば散乱ベクトルqの小さい領域に到達することが理解できる．ただし，波長が長くなるにつれ，X線の試料や環境による吸収が大きくなることを考慮して実験を行う必要がある．また逆に波長の短いX線(より高エネルギーなX線)を用いれば，より大きなqレンジを測定できるため微細な局所構造を知ることができる．高エネルギーのX線は透過率が高くなることから，水溶液中や試料セル(石英やガラス)中に封入された試料の測定に有利になる．

X線の散乱はX線が物質の核外電子を分極することにより生じるので，構造解析の対象は，1〜100 nmのサイズの電子密度の不均質構造(密度あるいは組成の不均質構造に起因する)をもつ系となる．高分子が形成する高次構造(分子凝集構造)としては，たとえば，ブロック共重合体のミクロ相分離構造がまさに組成の不均質構造をもつ．ブロック共重合体がミクロ相分離構造を形成すれば，各相分離ドメイン(各ドメインは異種高分子からなる)には多くの場合，電子密度差(コントラスト)が存在するので散乱強度が得られる．

放射光X線の特徴は，(1) レーザーに匹敵する高指向性，(2) 輝度が高い，(3) なめらかな連続X線スペクトル(白色性)，(4) 直線偏光，(5) パルス光であることの特徴をもっている．静的測定のみならず，とくに(2)の輝度が高いため短時間測定が可能となり，マイクロ秒からミリ秒オーダーの時間分割測定による構造変化(相転移過程など)の *in-situ* (その場)観測や *in-operando* (動作中)観測が行われている．そのほか赤外分光法，ラマン分光法，光散乱法，熱分析など，異種測定手法とX線散乱の同時測定によるマルチプローブでの構造解析，構造形成メカニズム解明に関する研究が行われている．近年は(1)の特徴を利用したX線光子相関分光法(X-ray photo correlation spectroscopy：XPCS)[1,2]による高分子のダイナミクスに関する研究が試みられている．さらに(3)の特徴を利用する，異常分散(異常散乱，anomalous dispersion あるいは anomalous scattering)現象を利用した構造解析(後述)も行われている．

2 中性子散乱法

中性子散乱法は，静的構造決定においてX線散乱とは相補的である．中性子は電荷をもたず，静止質量が1.0087(原子質量単位)，スピンが1/2，磁気モーメントをもつ素粒子である．電荷をもたず磁気モーメントをもつことから，二つの散乱が生じる．一つは核散乱であり，中性子と物質を構成する原子核との相互作用による散乱である．もう一つは磁気散乱とよばれ，中性子の磁気モーメントと磁性体のもつ不対電子による磁気モーメントとの相互作用による散乱である．

高分子は一般に磁気モーメントをもたないので，

核散乱について考えればよい．原子核による中性子の散乱の程度を表す量を散乱長(b)とよぶ．これは原子核の種類に固有な量であり，X線の場合の原子散乱因子に対応する．原子散乱因子とは異なり，散乱長は正および負，まれに複素数にもなる．散乱長は同位体元素と通常元素で異なるため，それらを区別することができる．実際の高分子はほとんどの場合，水素原子($b=-0.37423\times 10^{-12}$ cm)を含むので，水素を重水素($b=0.6674\times 10^{-12}$ cm)で置換した分子は，周囲の分子と区別して観測することが可能となる．この原理を利用して，重水素ラベルした分子を用いた小角中性子散乱(small-angle neutron scattering：SANS)実験から非希釈系中の高分子1本の回転半径を測定することが可能となる．

SANSは電磁波を用いた光散乱やSAXSと散乱理論の形式は共通点をもっているが，前述のように散乱原因が異なるため，この方法にしかないいくつかの特徴をもっている．一つ目には，重水素ラベルにより物理的，化学的な性質を変えず，非ラベル高分子鎖との間に大きな散乱能のコントラスト(散乱長密度差)をつけられることである．凝集体中の分子鎖の形態[3,4]などが観測できる．二つ目には，分子の一部をラベルした高分子や分子中の部位によって散乱長が異なるように注目する分子を含む溶液(あるいはバルク)で，溶媒(媒体)のコントラストを調節(コントラスト変調法)することによって，分子中特定の部位の構造情報だけを取りだすことが可能となることである[4~10]．三つ目には，重水素ラベルにより大きなコントラストがつけられるため，X線では十分なコントラストが得られない系(たとえば，相溶性ポリマーブレンド[11]など)での構造評価に有効である．四つ目には，0.5～1 nmの波長の中性子線を用いるが，中性子線が物質波であることから，そのエネルギーが数 meVとX線の keVオーダーに比べてきわめて小さい．このことは照射による試料ダメージが少ないことを意味しており，SANSの特徴である．そのほか，透過性が高いことから特殊環境下(*in-operando*)での実験(容器やその窓の問題で)が行いやすい利点がある．

中性子の発生には，大きく分けて二つの方法がある．一つは研究用原子炉によるもので，燃料の核反応で発生した中性子を取りだし，目的に応じて波長などを選別して使っている．もう一つの手法は，超高速に加速した陽子を金属にぶつけて，その破砕の際に発生する中性子線を利用する方法であり，核破砕型線源(spallation source)とよばれる．国内では茨城県のJ-PARC(大強度陽子加速器施設)に超大型陽子加速器が備えられている．J-PARCでは，幅広いエネルギーのパルス中性子(白色中性子)が発生する特徴がある．パルスとして同時に発生した速度(エネルギー)の異なる中性子を，離れた位置に置いた中性子検出器により，飛行時間法(time-of-flight：TOF)を用いた散乱実験が行われている．

中性子とX線では，散乱機構の違いにより特徴が異なることから，それぞれに適した研究を行わなければならない．しかし，実際の物質は複数の元素から成り立っており，X線のみ，あるいは中性子のみの利用だけでは解決できない問題が多くあるため，相補的利用による構造解析を行うことが理想的である．

3 異常小角X線散乱

X線の異常分散現象とは，原子固有の吸収端に近い波長(エネルギー)のX線を照射したとき，その原子によるX線の散乱が大きく変化する現象である．この現象は，結晶構造解析においては位相決定などに利用されている．放射光X線は，入射X線の波長を連続的に変化させられるので異常分散法に向いている．高分子のpoly(3-octylthiophene)の結晶構造に関する研究で，硫黄のK-吸収端近傍(約2.47 keV)のX線を用いた報告例[12]がある．小角散乱では，異常分散効果を用いて特定原子種の部分散乱関数を求めることを目的として研究が進められており，アイオノマー(高分子電解質)[13~16]の中和金属原子の分布状態などについて研究が行われている．

試料中の異常分散を起こす元素の原子散乱因子fは，吸収端近傍で入射X線のエネルギーに強く依存して次のように表される．

$$f(E) = f_0 + f'(E) + if''(E)$$

ここで，f_0は非共鳴項であり，原子番号に等しい．

f' および f'' はエネルギーに依存する異常分散項の実部と虚部であり，それらはクラマース・クロニッヒ(Kramers-Kronig)式で関係付けられる．均一に分散した散乱体(粒子)からの散乱強度 $I(q)$ は，一般に次の式で与えられる．

$$I(q) = NF(q)F^*(q)S(q)$$

N は粒子の数密度で，$F(q)$ は散乱振幅，$F^*(q)$ はその複素共役を表す．$S(q)$ は粒子の空間相関による構造因子を表す．希薄系や粒子間に相関がない系では，$S(q) \sim 1$ を仮定できる．全散乱強度は

$$I(q,E) = F_0^2(q) + 2f'(E)F_0(q)V(q) + [f'^2(E) + f''^2(E)]V^2(q)$$

$F_0(q)$ と $V(q)$ は，それぞれ通常の散乱振幅と異常分散による散乱振幅である．上式の $V^2(q)$ が異常分散を起こす元素の空間分布の表す散乱関数となり，少なくとも三つの異なる吸収端近傍のエネルギーで観測した $I(q,E)$ を数値的に解くことで得られる．

$$V^2(q) = \frac{1}{K}\left[\frac{\Delta I(q,E_1,E_2)}{f'(E_1)-f'(E_2)} - \frac{\Delta I(q,E_1,E_3)}{f'(E_1)-f'(E_3)}\right]$$

ここで

$$\Delta I(q,E_i,E_j) = 2[f'(E_i)-f'(E_j)]F_0(q)V(q)$$
$$+ [f''^2(E_i)+f'^2(E_i)-f''^2(E_j)-f'^2(E_j)]V^2(q)$$
$$K = f'(E_2) - f'(E_3) +$$
$$\frac{f''^2(E_1) - f''^2(E_2)}{f'(E_1)-f'(E_2)} - \frac{f''^2(E_1) - f''^2(E_3)}{f'(E_1)-f'(E_3)}$$

である．

ソフトマテリアル分野において，異常小角X線散乱(anomalous small-angle X-ray scattering：

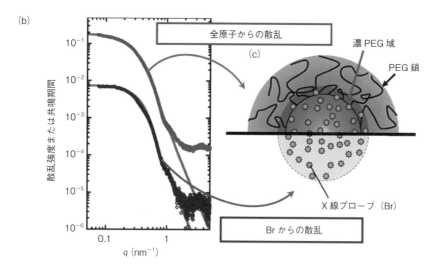

図10-1 PEG-*b*-P[Asp(Bzl)]とTBCの化学構造(a)，ミセルのSAXSプロファイル$F_0^2(q)$と共鳴項$V^2(q)$プロファイル(b)，実戦はモデル計算による散乱関数，ミセル内部構造の模式図(c) [17]

Copyright © 2013 American Chemical Society, Published in *Journal of the American Chemistry* 2013, **135**, 2574-2582. から一部改訂して利用．

ASAXS)を適用した例はいくつか報告されているが，上述のアイオノマー系以外に，臭素元素の吸収端を利用した一例を紹介する[17]．ドラッグデリバリーシステム(drug delivery system：DDS)に応用される高分子ミセル系で，ミセル内の薬剤分子の空間分布に関してASAXS法を用いて明らかにしている．薬剤分子のモデルとして疎水性化合物テトラブロモカテコール(tetrabromo catechol：TBC)を用い，ブロック共重合体(ポリエチレングリコール-b-部分ベンジルエステル化ポリアスパラギン酸，PEG-b-P[Asp(Bzl)])〔図10-1(a)〕ミセル中内包させ，ASAXSプローブとした．臭素の吸収端は13.486 keV($f'=-7.374$)であり，そこから-15，-40，-50，-100 eV離れたエネルギーでSAXS測定を行い，上式に従って共鳴項$V^2(q)$を求めた〔図10-1(b)〕．

一方，12.40 keV($f'\approx 0$)での測定を行い，それぞれの散乱プロファイルを適切なモデルを仮定してフィッティングを行うことで，$V^2(q)$から臭素化合物のみの分布領域を定量化している．この結果から，疎水性薬物(モデル)が疎水性のコアに分散し，かつ過剰な薬物が疎水性コアと親水性PEG鎖の界面領域に存在することを突き止めている．その界面領域(shell)のPEG鎖はきわめて濃厚な領域を形成していることも明らかにしており，通常の動的光散乱や顕微鏡観察では，このような薬物の分布状態をすることは難しく，ASAXS手法の有益性を示した例である．これは新規DDS系の開発に，多大な貢献を及ぼすと思われる．

4 共鳴軟X線散乱(RSoXS)

X線のエネルギーが1 keV以下の軟X線(soft X-ray)による分析手法は，高分子材料や化学構造の特異な情報を与える非破壊的手法の一つである．soft X-rayは，高分子を形成する最も基本元素である炭素，窒素および酸素の1s軌道(K殻電子)の電子遷移にかかわるエネルギー範囲に及ぶ．軟X線分光は，これらの元素の存在を選択的に検出するだけでなく，さまざまな結合環境，機能性原子団，それらの配向性の検出にも敏感である．また化学構造分析に加え

て，エネルギー依存散乱実験によって，数nm〜数百nmのスケールで空間情報を得ることができる．

ここでは，poly(1,4-isoprene)-b-polystyrene-b-poly(2-vinylpyridine)(IS2VP)トリブロック共重合体のバルク状態のモルフォロジーに関するsoft X-rayを用いた小角散乱について紹介する[18]．通常のSAXS(hard X-ray，$\lambda\sim 1$ Å)では，図10-2(a)に示すとおり，六方最密充塡シリンダー状ミクロ相分離構造の形成を示す散乱パターンが観測される．しかし，この散乱パターンからは，PIとP2VPのPSマトリックス中に空間的にどのように配列しているかは依然わからない．図10-2(b)の①と②にブロック共重合体構成成分それぞれに対してX線の複素屈折率の実部(δ)と虚部(β)が示されるが(吸収係数βはデータベースより用い，Kramers-Kronig式よりδを決定)，複素屈折率は材料の散乱能に比例するので，ちょうど炭素1sの吸収端をまたぐような，いくつかのX線エネルギーを選べば，それぞれの構成要素からの独立した散乱が観測できる．

図10-2(b)のパネルbに示すように，異なるエネルギー(250, 280, 284 eV)で観測したSAXSプロファイルは，それぞれがまったく異なったものである．280 eVで観測したものは0.16, 0.27, 0.32 nm^{-1}に散乱ピークを与え，それらは一次ピーク(q^*)に対して$\sqrt{3}\,q^*$, $2q^*$の位置に対応するので，やはり六方最密充塡シリンダー状ミクロ相分離構造の形成を示すものである．しかし250 eVで観測したものは，0.16 nm^{-1}，284 eVで観測したもの0.27 nm^{-1}の位置の散乱強度がきわめて顕著になっている．

これらは完全に別の格子からの散乱であることを示す．ドメイン間のコントラストは$\Delta\delta^2+\Delta\beta^2$で与えられるが，250 eV〜284 eVの範囲ではβはほぼゼロ($\Delta\beta$もゼロ)であることから，δの寄与で決まる．250 eVでは，$\delta_{PS}\approx 0.019$，$\delta_{P2VP}\approx 0.024$，$\delta_{PS}\approx 0.019$であるので，このエネルギーではPSとPIのコントラストはゼロ(屈折率マッチ)となる．すなわち，P2VP相が浮きでてくることになる．反対に，284 eVではP2VPとPIドメインのコントラストが最小となり，280 eVでは三つの成分間に十分異な

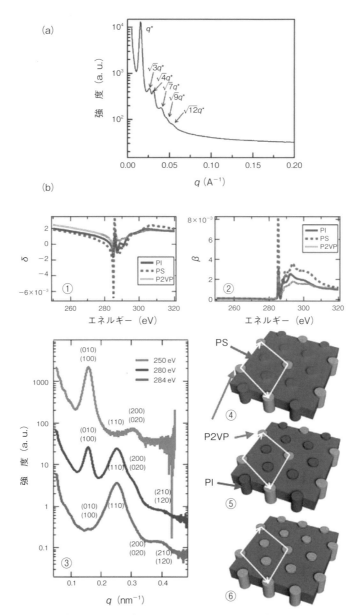

図10-2 poly(1,4-isoprene)-*b*-polystyrene-*b*-poly(2-vinyl pyridine)トリブロック共重合体のSAXSプロファイル(hard X-ray) (a)，①，②トリブロック共重合体の各成分の複素屈折率の実部δと虚部βのエネルギー依存性，③軟X線で観測した1D SAXSプロファイル(上から250, 280, 284 eV)，④〜⑥六方最密充填構造の模式図(b)[18]

Copyright © 2011 American Chemical Society. Published in *Nano Letter* 2011, **11**, 3906 から一部改訂して利用.

る屈折率の差が存在することとなる．したがって，250 eVではP2PVの六方最密充填シリンダーの格子，284 eVではPIとP2VPの区別がつかず，小さな格子状に配列した六方最密充填構造として観測される．これは，共鳴軟X線散乱(resonant soft X-ray scattering: RSoXS)が三成分からなるナノ構造解

析に非常に有益な手法であることを示すものである．

5 斜入射小角 X 線散乱（GISAXS）

数百 nm 以下の膜厚の高分子薄膜のモルフォロジーを散乱法にて観測するには，従来の透過型 SAXS では散乱体積が小さい．また基板上にコートしたままでは，基板の X 線の透過が必要不可欠になる．そこで薄膜の構造解析にはきわめて浅い入射角 α_i（試料表面と X 線のなす角：便宜上入射角とよぶ）が採用される．一般に hard X-ray では，α_i は 1°より十分小さい角度が使われる．これにより，footprint 効果として試料中のきわめて長いパスを通過させることができる．ただし，X 線は試料表面から入射し，基板と試料界面で全反射を起こす条件がしばしば選ばれる．ソフトマテリアル分野では，1997 年 Müller-Buschbaum らがシリコン基板上でのポリスチレンのナノスケールの脱濡れを観測するため斜入射小角 X 線散乱（grazing-incidence SAXS：GISAXS）が利用された[19]．超分子[20]やブロック共重合体[21〜24]にも応用されて以来，GISAXS はソフトマテリアル薄膜にとって，非常にポピュラーな手法として発展した．GISAXS 手法の基本原理はいくつかの書籍や総説[25〜27]にまとめられているので参照してほしい．

通常の SAXS と同様，放射光 X 線の利用によりビームサイズをしぼった μ ビームによる局所構造の観察や，時間分割測定（in-situ や in-operando）も行われている．hard X-ray による GISAXS の代替として tender range（1〜4 keV）や soft X-ray を利用した GISAXS も近年試みられており，その特徴を活かした薄膜の構造解析が進められている．この領域の X 線の利用により，わずかなエネルギー変化に伴うコントラスト変化をつけられる（前述）ことから詳細な解析が可能となる．また後述するが，X-ray に代わり中性子の利用も構造解析の新たな可能性を拓く．

通常の GISAXS は二次元検出器で観測され，出射角 α_f（あるいは out-of-plane 角）と in-plane 角 2θ の関数で表される．"in-plane" および "out-of-plane" は，試料表面（xy 面）を参照として用いられる．入射 X 線の試料表面への投影射影した向きを x 軸とし，表面に垂直方向を z 軸，y 軸は面内方向で z,x 軸に垂直方向をとるのが一般的である．波長 λ に対して，散乱ベクトルは次のように表される〔図 10-3 (a)〕．

$$q = \frac{2\pi}{\lambda} \begin{pmatrix} \cos(\alpha_f)\cos(2\theta) - \cos(\alpha_i) \\ \cos(\alpha_f)\sin(2\theta) \\ \sin(\alpha_i) + \sin(\alpha_f) \end{pmatrix}$$

6 tender X-rays 領域における GISAXS

X 線エネルギーの 1〜4 keV 領域は，hard X-ray でも soft X-ray でもなく最近は tender という言葉でよばれている．硬 X 線と比較すると透過能が低いことで，軽元素（ここではケイ素[28]，硫黄，塩素，リン[29]など）での異常分散効果が利用できる．通常の透過 X 線散乱に用いられる 1 mm 程度の厚みの使用では，X 線はまったく透過しない．しかし薄膜

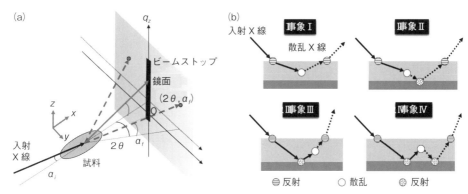

図 10-3　(a) GISAXS による散乱形のイラスト，(b) GISAXS による散乱事象

を反射配置で測定する場合には，薄膜の厚みとX線の侵入深さがほどよいため，GISAXS 測定には適している．一方，空気による吸収も激しいため，試料を真空中に置く必要があることのみならず，Be 窓なども使えず，検出器も真空対応なものが必要であるなどの制限がつく．さらに 2 keV 程度のX線は通常の波長 1 Åに比べ 5 倍も長いため，エバルト球の曲率が気になることがあるなどの注意を要する．国内では高エネルギー加速器研究機構（KEK）放射光研究施設のビームライン（PF）BL11B や BL15A2 で実験が実施されている．

奥田らは，シリコン基板上のブロック共重合体〔PS-*b*-poly(ethylenebutylene)-*b*-PS(SEBS)〕の球状ミクロ相分離構造をケイ素のK吸収端（1.839 keV）近傍のエネルギーを用いて実験（KEK PF BL11B）を行った[28]．この系において 1.837 keV のX線を用いると，ちょうどシリコンの δ と SEBS の δ が一致する（β はほぼゼロ）．すなわち基板と高分子の屈折率がなくなり，このエネルギーでのX線反射率測定において，基板と高分子界面でのX線反射がなくなることで，Kiessig フリンジパターンが消える．GISAXS 測定においても反射X線からの散乱の寄与がなくなるため，

GISAXS パターンは簡単になる（通常は入射X線による散乱と反射X線による散乱が重なって観測される〔図10-3(b)〕）．もう一つの tender X-ray の利点は，X線の侵入深度を制御した GISAXS が可能であることである．図10-3(a)にX線の侵入深度 Λ（X線の強度が $1/e$ になる位置）は，次の式で与えられる．

$$\Lambda = \frac{\lambda}{4\pi}\sqrt{\frac{2}{\sqrt{(\alpha_i^2-\alpha_c^2)^2+4\beta^2}-(\alpha_i^2-\alpha_c^2)}}$$

その計算結果（PS-*b*-P2VP）の入射角依存性を図10-4(a)に示す．tender X-ray 領域では複素屈折率の値が大きくなるため，吸収の増大と同時に全反射臨界角 $\alpha_c = \sqrt{2\delta}$ が大きくなる．全反射臨界角はほぼX線の波長に依存するので，波長 1 Å の場合に比べ 5 倍大きくなる．高分子薄膜の構造が表面近傍から膜厚み方向にどのように変化しているかに関して，入射角を精度よく制御することでX線の侵入深度を制御できる〔図10-4(a)〕．原理的には hard X-ray でも可能だが，非常に小さな角度制御，試料の方位制御が必要であること，表面のうねりやラフネス，メニスカスといった試料の状態に左右されてしまう．一方 tender X-ray 領域では，制御ははるかに容易

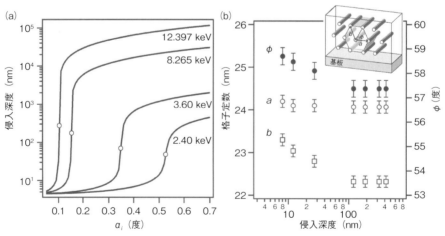

図 10-4　X線の侵入深度の入射角依存性（PS-*b*-P2VP）(a) と六方最密充塡シリンダー構造の格子パラメータの侵入深度依存性(b)[32]
シリンダードメインが P2VP．

Copyright © 2015 American Chemical Society, Published in *Macromolecules* 2015, 48, 8190 から一部改訂して利用．

であることがわかる．この原理をもとに，奥田ら[30,31]，山本ら[32~34]はブロック共重合体薄膜のミクロ相分離構について，表面近傍から膜厚方向に向かって深さ依存性［図10-3(b)］があることや，側鎖液晶性ブロック共重合体のメソゲン基の配向性が薄膜表面と基板界面で異なること[34]を明らかにしている．

7 斜入射共鳴軟X線散乱(GI-RSoXS)

より低いX線エネルギーでは，前述したように酸素(543 eV)，窒素(409 eV)，炭素(284 eV)がK吸収端になる．この吸収端の微細構造がGISAXS測定〔斜入射共鳴軟X線散乱(grazing-incidence resonant soft X-ray：GI-RSoXS)〕においても用いられる．GI-RSoXSの研究例は2013年にRudererらによって報告された[35]．

まず，X線吸収端微細構造(near-edge X-ray adsorption fine structure：NEXAFS)を測定する必要がある．これは豊富な化学結合情報を含んだスペクトルが得られるほか，薄膜表面における分子配向についても解析が可能な手法である．soft X-ray領域(数百 eV)では，NEXAFSスペクトルは高分子によって大きく異なる．たとえば，poly(3-hexylthiophene)(P3HT)とpoly[5-(2-ethylhexyloxy)-2-methoxycyanoterephtalylidene](MEH-CN-PPV)ブレンドでは，286 eVのエネルギーを用いればP3HTとMEH-CN-PPVの複素屈折率の実部がそれぞれ正および負となるため，コントラストが最大となる．つまり通常のSAXSでは低コントラストでみえなかったものがみえるようになる．また複素屈折率の実部が負になる場合は，全反射が起こらず，Yonedaピーク[36]が観測されず，通常のGISAXSとは様子がまったく異なることが特徴である．

さらにtender X-ray領域でも述べたが，X線の表面からの侵入深さもX線エネルギーに依存するが，吸収端をまたいで劇的に変化する．Rudererらは，X線エネルギーを280~289 eVの間(波長にして4.29~4.43 nm)を用い，ブレンド薄膜(有機薄膜太陽電池P3HT 70%，MEH-CN-PPV 30%のバルクヘテロ接合)における表面近傍の構造および全体の構造について明らかにした．図10-5に示すとおり，わずか3%のエネルギー変化でGISAXSパターンがまったく異なるものになることがわかる．280 eV以下のエネルギーでは，X線は完全に試料内部に侵入し全体の構造を照らし，高分子基板界面と高分子表面のラフネス相関が振動パターンとして検出器に観測されている〔図10-5(a)~(c)〕．284 eV以上のエネルギーでは，Bragg-rod状の散乱のみが観測される．この条件ではX線の侵入度は小さく，表面構造のみを観測することになる〔図10-5(d)~(h)〕．また全散乱強度は前述したとおり，コントラスト($\Delta\delta^2 + \Delta\beta^2$)に依存して変化することとなる．

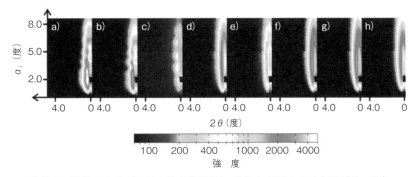

図10-5　X線エネルギーによるP3HT(70wt%)とMEH-CN-PPV(30wt%)接合薄膜の2D-GI-RSoXS測定値[35]

X線エネルギーは，280 eV(a)~289 eV(h)まで(左から右へ)1 eVごとに変更されている．
Copyright © 2013, American Chemical Society. Published in *Macromolecules* 2013, 46, 4491 から一部改訂して利用．

| Part II | 研究最前線 |

> **+ COLUMN +**
>
> ★いま一番気になっている研究者
>
> **P. Müller-Buschbaum**
> （ドイツ・ミュンヘン工科大学 教授）
>
> **C. Wang, A. Hexemer**
> （アメリカ・ローレンスバークレー国立研究所 Advanced Light Source 博士研究員）
>
> Müller-Buschbaum らは，斜入射小角 X 線散乱法をソフトマテリアル分野に応用した先駆けの研究者であり，X 線のみならず中性子散乱（D22 beam line ILL Grenoble）にも研究を広げてきた．ドイツ電子シンクロトロン（Deutsches Elektronen-Synchrotron：DESY Hamburg, Germany）におけるビームサイズをマイクロメートルオーダーとした μGISAXS の実施（面内方向の空間分解の向上），フランスグルノーブル ラウエ・ランジュバン研究所（Institut Laue-Langevin：ILL Grenoble, France）での GISANS 研究による深さ分解解析をいち早く取り組んだ．
>
> とくに近年は，Wang, Hexemer らとともに共鳴軟 X 線による GISAXS へと展開し，有機薄膜太陽電池の薄膜表面および内部構造の違いなどについて明らかにしている〔M. A. Ruderer, C. Wang, E. Schaible, A. Hexemer, T. Xu, P. Müller-Buschbaum, *Macromolecules*, **46**, 4491（2013）〕．ソフトマテリアル分野での共鳴軟 X 線散乱の利用は，アメリカ・ローレンスバークレイ国立研究所の Advanced Light Source（ALS）でしか実施されておらず，先進的な研究成果をあげている．

8 飛行時間型 GISANS

X 線と同様，中性子線による斜入射小角散乱も GISAXS と同じ原理で薄膜の構造解析が可能である．X 線と中性子での違いはいうまでもないが，散乱機構が異なることに由来するコントラストの違いにある．とくにソフトマテリアルの場合は，軽水の重水素置換によってコントラストを増大させることができる．GISANS のパイオニア研究（1999 年重水素化 PS の脱濡れ挙動）[37]は，Müller-Buschbaum らによって行われた．また金谷ら[38]によっても，重水素化 PS と poly（vinyl methy ether）の相分離と脱濡れ挙動についての報告がある（反射率測定における off-specular の解析であり長さスケールは μm）．これらは，in-plane 方向（基板面内方向）のドロップレットの相関に関する情報を得たものである．

飛行時間型（time-of-flight：TOF）の GISANS も，波長固定の GISANS に代わり 2009 年ごろより発展してきている．TOF-GISANS では幅広いエネルギー帯の中性子を用い，それぞれの波長の中性子による GISANS をデータ同時に取得することが可能である．すなわち，さまざまな散乱ベクトルの範囲を一度の測定（一つの入射角）で取得が可能になる利点がある．さらに，中性子の薄膜への侵入深度は，X 線の場合と同様，波長に依存して変化するが，最適化された入射角条件で TOF-GISANS 測定を行うと，入射角を固定したまま，表面近傍の構造情報から膜全体の構造情報が得られる（X 線の場合は，波長固定なので入射角を変化させる）．さらに中性子は透過率が高いこともあり，高分子-基板界面（埋もれた界面）近傍の構造情報も選択的に取得できることとなる[39, 40]．

しかし現状では，GISANS 実験は中性子のフラックスの制限による照射時間がそれなりに必要であること（数時間），実験可能な施設がきわめて限られていること，さらに反射・屈折の効果があるため，SANS データに比べ GISANS データ解析は複雑であることなど克服しなければならない課題はあるものの，GISANS 法は，新しい中性子源の開発（J-PARC など）によって拓かれていくと期待する．

9 まとめと今後の展望

小角散乱の歴史は，1930 年に最初の報告[41]がなされてからかなりの年月が流れている．高分子に限らず非常に多くの系で実験がなされてきており，も

はや特殊な手法ではない．そういった意味で，今回は小角散乱・中性子散乱の最前線としていくつかの研究例を紹介したが，紙面の都合上ですべてを紹介しきれていない．

　従来は波長固定の実験がおもであったが，近年は加速器研究施設の充実により幅広いエネルギー（波長）のX線や中性子の利用が可能となった．つまり通常は二色の色分け（あるいはグレースケール）で観測（考察）してきたものを，エネルギーをチューニングすることで色分け（コントラスト変調）し，みたい分子だけを抽出してみることができるようになった．さらに，空間分解能（マイクロビームや深さ分解）や時間分解能の高い測定が可能になってきている．そのほかにも，系によってはSAXSにおけるコントラスト変調法[42, 43]と水素核スピン偏極コントラスト変調SANS[44, 45]などの報告もあり，詳細かつ幅広い時間・空間スケールでの構造解析が行える可能性が広がっている．

◆ 文　献 ◆

[1] Y. Shinohara, H. Kishimoto, N. Yagi, Y. Amemiya, *Macromolecules*, **43**, 9480 (2010).

[2] T. Koga, C. Li, M. K. Endoh, K. Koo, M. Rafailovich, S. Narayanan, D. R. Lee, L. B. Lurio, S. K. Sinha, *Phys. Rev. Lett.*, **104**, 066101 (2010).

[3] F. Boué, M. Nierlich, L. Leibler, *Polymer*, **23**, 29 (1982).

[4] Y. Matsushita, M. Nomura, J. Watanabe, Y. Mogi, I. Noda, M. Imai, *Macromolecules*, **28**, 6007 (1995).

[5] A. D. Vilesov, L .V. Vinogradova, N. V. Gazdina, G. A. Evmenenko, V. N. Zgonnik, V. V. Nesterov, S. Frenkel, *Polymer*, **33**, 2553 (1992).

[6] H. Endo, S. Miyazaki, K. Haraguchi, M. Shibayama, *Macromolecules*, **41**, 5406 (2008).

[7] K. Mayumi, H. Endo, N. Osaka, H. Yokoyama, M. Nagao, M. Shibayama. K. Ito, *Macromoelcules*, **42**, 6327 (2009).

[8] M. Takenaka, S. Nishitsuji, N. Amino, Y. Ishikawa, D. Yamaguchi, S. Koizumi, *Macromolecules*, **42**, 308 (2009).

[9] R. Mashita, H. Kishimoto. R. Inoue, T. Kanaya, *Polymer J.*, **48**, 239 (2016).

[10] V. Graziano, S. E. Gerchman, D. K. Schneider, V. Ramakrishnan, *Nature*, **368**, 351 (1994).

[11] C. C. Han, B. J. Bauer, J. C. Clark, Y. Muroga, Y. Matsushita, M. Okada, Q. Tran-cong, T. Chang, *Polymer*, **29**, 2002 (1988).

[12] J. Mardalen, C. Riekel, H. Muller, *J. Appl. Cryst.*, **27**, 192 (1994).

[13] B. Chu, D. Q. Wu, R. D. Lundberg, W. J. MacKnight, *Macromolecules*, **26**, 994 (1993).

[14] H. Stuhrmann, "X-ray Scattering and Electron Microscopy," ed. by H. Kausch, H. Zachmann, Springer (1985), P. 123.

[15] N. Dingenouts, M. Patel, S. Rosenfeldt, D. Pontoni, T. Narayanan, M. Ballauff, *Macromolecules*, **37**, 8152 (2004).

[16] M. Sugiyama, T. Mitsui, T. Sato, Y. Akai, Y. Soejima. H. Orihira, Y.-H. Na, K. Itoh, K. Mori, T. Fukunaga, *J. Phys. Chem. B*, **111**, 8663 (2007).

[17] Y. Sanada, I. Akiba, K. Sakurai, K. Shiraishi, M. Yokoyama, E. Mylonas, N. Ohta, N. Yagi, Y. Shinohara, Y. Amemiya, *J. Am. Chem. Soc.*, **135**, 2574 (2013).

[18] C. Wang, D. H. Lee, A. Hexamer, M. I. Kim, W. Zhao, H. Hasegawa, H. Ade, T. P. Russell, *Nano Lett.*, **11**, 3906 (2011).

[19] P. Müller-Buschbaum, P. Vanhoorne, V. Scheumann, M. Stamm, *Europhys. Lett.*, **40**, 655 (1997).

[20] M. Knaapila, M. Torkkeli, T. Mäkelä, L. Horsburgh, K. Lindfors, R. Serimaa, M. Kaivola, A. P. Monkman, G. Brinke, O. Ikkala, *Mater. Res. Soc. Symp. Proc.*, **660**, JJ5. 21 (2001).

[21] A. Gibaud, A. Baptiste, D. A. Doshi, J. C. Brinker, L. Yang, B. Ocko, *Europhys. Lett.*, **63**, 833 (2003).

[22] D. Grosso, C. Boissière, B. Smarsly, T. Brezesinski, N. Pinna, P. A. Albouy, H. Amenitsch, M. Antonietti, C. Sanchez, *Nat. Mater.*, **3**, 787 (2004).

[23] B. Lee, I. Park, J. Yoon, S. Park, J. Kim, K.-W. Kim, T. Chang, M. Ree, *Macromolecules*, **38**, 4311 (2005).

[24] P. Busch, D. Posselt, D.-M. Smilgies, M. Rauscher, C. M. Papadakis, *Macromolecules*, **40**, 630 (2007).

[25] W. A. Hamilton, *Curr. Opin. Colloid Interface Sci.*, **9**, 390 (2005).

[26] P. Müller-Buschbaum, "Polymer Surfaces and Interfaces : Characterization, Modification and Applications," ed. by M. Stamm, Springer (2008),

P. 17.

[27] G. Renaud, R. Lazzari, F. Leroy, *Surf. Sci. Rep.*, **64**, 255 (2009).

[28] H. Okuda, K. Takeshita, S. Ochiai, Y. Kitajima, S. Sakurai, H. Ogawa, *J. Appl. Cryst.*, **45**, 119 (2012).

[29] H. Okuda, T. Yamamoto, K. Takeshita, M. Hirai, K. Senoo, H. Ogawa, Y. Kitajima, *Jpn. J. Appl. Phys.*, **53**, 05FH02 (2014).

[30] H. Okuda, K. Takeshita, S. Ochiai, S. Sakurai, Y. Kitajima, *J. Appl. Cryst.*, **44**, 380 (2011).

[31] J. Wernecke, H. Okuda, H. Ogawa, F. Siewert, M. Krumrey, *Macromolecules*, **47**, 5719 (2014).

[32] I. Saito, T. Miyazaki, K. Yamamoto, *Macromolecules*, **48**, 8190 (2015).

[33] I. Saito, D. Shimada, M. Aikawa, T. Miyazaki, K. Shimokita, H. Takagi, K. Yamamoto, *Polymer J.*, **48**, 399 (2016).

[34] D. Tanaka, T. Mizuno, M. Hara, S. Nagano, I. Saito, K. Yamamoto, T. Seki, *Langmuir*, **32**, 3737 (2016).

[35] M. A. Ruderer, C. Wang, E. Schaible, A. Hexemer, T. Xu, P. Müller-Buschbaum, *Macromolecules*, **46**, 4491 (2013).

[36] Y. Yoneda, *Phys. Rev.*, **131**, 2010 (1963).

[37] P. Müller-Buschbaum, J. S. Gutmann, M. Stamm, *Phys. Chem. Chem. Phys.*, **1**, 3857 (1999).

[38] T. Xia, H. Ogawa, R. Inoue, K. Nishida, N. L. Yamada, G. Li, T. Kanaya, *Macromolecules*, **46**, 4540 (2013).

[39] P. Müller-Buschbaum, G. Kaune, M. Haese-Seiller, J.-F. Moulin, *J. Appl. Cryst.*, **47**, 1228 (2014).

[40] P. Müller-Buschbaum, *Polymer J.*, **45**, 34 (2013).

[41] P. Krishnamurti, *Ind. J. Phys.*, **5**, 473 (1930).

[42] K. Naruse, K. Eguchi, I. Akiba, K Sakurai, H. Masunaga, H. Ogawa, J. S. Fossey, *J. Phys. Chem. B*, **113**, 10222 (2009).

[43] R. Garcia-Diez, C. Gollwitzer, M. Krumrey, *J. Appl. Cryst.*, **48**, 20 (2015).

[44] Y. Noda, T. Kumada, T. Hashimoto, S. Koizumia, *J. Appl. Cryst.*, **44**, 503 (2011).

[45] Y. Noda, D. Yamaguchi, T. Hashimoto, S. Shamoto, S. Koizumi, T. Yuasa, T. Tominaga, T. Son, *Phys. Proc.*, **42**, 52 (2013).

Part II 研究最前線

Chap 11

薄膜の表面・界面解析手法

Analysis of Interfacial Structures in Thin Films

犬束 学　田中 敬二
(九州大学大学院工学研究院)

Overview

ブロック共重合体が形成する構造として，異種相界面への濃縮現象(界面偏析)も重要である．一般に，異種相に対して親和性の高いブロックが界面と接するように偏析が起こるが，末端，分岐，分子量などに依存してエントロピーの効果も影響し，系の自由エネルギーが最小となるような界面プロファイルが形成される．適切な分子設計により，ブロック共重合体の偏析現象に基づき，材料界面に望む化学組成，構造および機能を自発的に付与させることが可能となる．

本章では，中性子反射率(NR)法の原理およびブロック共重合体薄膜を含むソフトマテリアルの構造解析において，どのように NR 法が用いられるかを解説する．また，NR 法を，和周波発生(SFG)分光や表面プラズモン共鳴(SPR)といった他の界面構造解析手法と組み合わせた研究例として，非溶媒界面におけるポリスチレン(PS)の凝集状態，また，石英基板界面におけるナフィオン薄膜の膨潤不均一性についての研究例を紹介する．

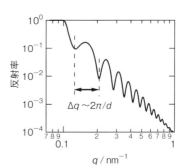

▲平滑な単層膜界面における中性子反射率曲線の例
[カラー口絵参照]

■ **KEYWORD** 📖マークは用語解説参照

- 薄膜 (thin film)
- 表面・界面 (surface, interface)
- 偏析 (segregation)
- 中性子反射率 (neutron reflectivity：NR)

はじめに

ソフトマテリアル界面および薄膜における構造および物性の解明は，ブロック共重合体に限らず，学術的な興味としてはもちろん，高機能材料を設計するうえできわめて重要である．たとえば，軽さと強靭さを兼ね備えた材料として注目される複合材料などにおいては，それぞれの要素間の親和性が接着性に影響を与え，最終的な材料自体の特性を左右する．また，太陽電池やトランジスタなどの薄膜デバイスでは，小型化・薄膜化に伴い材料全体に対する界面層の割合が大きくなるため，界面における物性が重要となる．さらには，多くの医療用材料では生体適合性が要求されるが，細胞およびタンパク質の吸着制御においても，水界面における材料の構造・物性の理解が必須となる．しかしながら，水などに代表される液体界面，また，基板などの固体界面は系中に埋もれており，このような構造・物性を非破壊で解析する手法は限定される．このため，液体・固体界面の構造を *in situ* で測定，解析する手法に産学両分野から期待が集まっている．

界面の構造，およびその形成ダイナミクスの解析において，中性子反射率(NR)法は優れた手法である[1~4]．波長 1 nm 程度以下の中性子をプローブとして用いることにより，膜材料の厚さ方向の構造をサブナノメートルの空間分解能で解析する手法である．また，中性子は原子核によって散乱されることから，ソフトマテリアルに多く含まれる水素，炭素，酸素，窒素などの軽元素に対しても感度が高い．さらに，試料中の軽水素を重水素に置換することで，試料の物理化学的な性質をほとんど変えることなく，特定の成分だけに屈折率のコントラストをつけて観測することも可能である．また，X線などに比べて物質透過力が高いため，液体界面や固体界面といった"埋もれた界面"を観測できる数少ない手法でもある．以上の特徴から，NR法による構造解析は，空気，液体，無機固体などと接した高分子界面，Langmuir-Blodgett 膜，高分子膜や半導体層などの固体膜，磁気多層膜や強磁性膜などの無機材料に至るまできわめて広範，かつ多様な対象に及んでいる．

1 NR 法の測定原理

1-1 平滑な界面での反射

物質界面に対して入射した光と反射した光の強度比で定義される反射率 R は，界面の構造を反映した情報を含んでいる．反射率法では，R を散乱ベクトル q の関数として測定し，この結果を再現するモデルを推定することで，試料の深さ方向の構造を解析する．プローブに中性子線を使用した反射率法がNR 法であり，X 線を用いれば XR 法あるいは XRR 法とよばれる．

図 11-1 は平滑な物質界面における光の反射の模式図であり，シリコン基板と空気との界面などはこの代表例である．屈折率 n_0 の媒質 0（空気など）側から波数ベクトル $\mathbf{k}_\mathrm{in} = \mathbf{k}_0$ で入射した中性子の一部が，屈折率 n_1 の媒質 1（シリコン基板など）に波数ベクトル $\mathbf{k}_1$ で透過し，残りが $\mathbf{k}_\mathrm{out}$ で反射される．入射角および反射角を θ_0，透過角を θ_1，中性子の波長を λ とすると，

$$|\mathbf{k}_\mathrm{in}| = |\mathbf{k}_\mathrm{out}| = |\mathbf{k}_0| = k_0 = \frac{2\pi}{\lambda} \tag{1}$$

と書ける．反射による波数ベクトルの変化分，すなわち，散乱ベクトル $\mathbf{q} = \mathbf{k}_\mathrm{in} - \mathbf{k}_\mathrm{out}$ について，図 11-1 より以下のように書ける．

$$|\mathbf{q}| = |\mathbf{k}_\mathrm{out} - \mathbf{k}_\mathrm{in}| = q = \frac{4\pi}{\lambda}\sin\theta_0 \tag{2}$$

吸収が無視できる場合，中性子にとっての物質中の屈折率は以下のように書ける[4]．

$$n_1^2 = 1 - \frac{\lambda^2}{\pi}\left(\frac{b}{V}\right) \tag{3}$$

ここで b は散乱長，V はモル体積である．(b/V) は散乱長密度とよばれ，物質に含まれる元素と密度から次式のように計算できる．

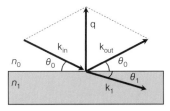

図 11-1 平滑な界面での反射の模式図

$$\left(\frac{b}{V}\right) = \frac{\rho N_A \sum_i b_i}{M} \tag{4}$$

ここで，Mは試料を構成する分子の分子量，ρは密度，N_Aはアボガドロ数，$\Sigma_i b_i$はその分子を構成するすべての原子の散乱長の総和である．b_iの値は元素(原子核)ごとに異なり，たとえば水素(H)では-3.74×10^{-15} m，重水素(D)では6.67×10^{-15} m，酸素では5.80×10^{-15} m，炭素では6.64×10^{-15} m程度である．一般に，高分子を構成する軽元素どうしでは散乱長に大きな差がないので，異なる高分子の間でも散乱長密度の差は小さく，両者を見分けることは容易でない．しかしながら，水素Hと重水素Dでは散乱長が大きく異なるため，ポリマーどうしあるいは同種のポリマーでもその一部，あるいは，全部を重水素置換することによって，他の物性をほとんど変えることなく散乱長密度にコントラストをつけることが可能となる．

全反射の臨界角についてはSnellの法則より，次式が成立する．

$$n_0 \cos\theta_0 = n_1 \cos\theta_1 \tag{5}$$

ここで媒質0を空気とすると，$n_0 = 1$として式(5)は

$$n_1 = \frac{\cos\theta_0}{\cos\theta_1} \tag{6}$$

となる．一般に，中性子に対する物質の屈折率は1より小さくなるので($n_1 < 1$)，入射角を小さくしていくと，臨界角θ_c以下で全反射が起こる．このとき，$\theta_1 = 0$となるので

$$\cos\theta_c = n_1 \tag{7}$$

と書け，式(3)より

$$\theta_c = \lambda \left(\frac{1}{\pi} \cdot \frac{b}{V}\right)^{\frac{1}{2}} \tag{8}$$

となる．したがって，臨界角における散乱ベクトルq_cが求められる．

$$q_c = \frac{4\pi}{\lambda} \sin\theta_c = 4\pi^{\frac{1}{2}} \left(\frac{b}{V}\right)^{\frac{1}{2}} \tag{9}$$

ここで，入射光と反射光の振幅の比として定義されるフレネルの反射係数$r_{0,1}$について考える．$r_{0,1}$は，界面における波の連続性から

$$r_{0,1} = \frac{k_0 - k_1}{k_0 + k_1} \tag{10}$$

と書ける．実際に検出器で観測されるのは，振幅の2乗に比例する入射光および反射光の強度である．入射光強度と反射光強度の比として定義される反射率Rは，$r_{0,1}$とその複素共役$r_{0,1}{}^*$を用いて

$$R = r_{0,1} \cdot r_{0,1}{}^* = \left(\frac{k_0 - k_1}{k_0 + k_1}\right)^2 \tag{11}$$

となる．これをqおよびq_cを用いて書き直すと，

$$R(q) = \left\{\frac{q - (q^2 - q_c^2)^{\frac{1}{2}}}{q + (q^2 - q_c^2)^{\frac{1}{2}}}\right\}^2 \tag{12}$$

となり，$q \gg q_c$では

$$R(q) \approx \frac{16\pi^2}{q^4} \left(\frac{b}{V}\right)^2 \sim q^{-4} \tag{13}$$

と書ける．これは，平滑な界面ではRがqの−4乗に従って減少することを示している．

1-2 粗さのある界面での反射

一方，界面に組成の勾配や，(相関のない)粗さが存在する場合，反射が起こりにくくなる．界面プロファイルが誤差関数$\mathrm{erf}(z/2^{\frac{1}{2}}\sigma)$で記述できる場合，$R$は膜の不完全性を表す特性長$\sigma$を用いて

$$R(q) = \left\{\frac{16\pi^2}{q^4}\left(\frac{b}{V}\right)^2\right\} \cdot e^{-q^2 \cdot \sigma^2} \tag{14}$$

と書け，式(13)で得られる反射率に指数関数$\exp(-q^2\sigma^2)$がかかった形となり，高いq領域では，qの−4乗より顕著な減衰を示す．図11-2に，平滑な界面($\sigma = 0$ nm)およびラフネスを有する界面($\sigma = 2$ nm)でのNR曲線の例を示す．平滑な界面で

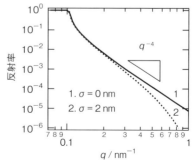

図11-2 界面が平滑および粗い場合の反射率

は，反射率が q^{-4} に従い小さくなる．一方，ラフネスを有する界面では，q の高い領域で反射率がより低下している．ただし，界面粗さに相関がある場合，反射光は鏡面反射(specular)成分だけでなく，非鏡面反射(off-specular)成分も含むことになる．非鏡面反射成分の解析により，界面におけるラフネスの相関長などの情報を得ることも可能である[5]．

1-3 単層膜での反射

次に，図11-3に示すような基板上に形成された厚さ d の単層膜における反射と屈折を考える．多重反射を考慮しなければ，反射振幅の和 $r_{0,1}'$ は，おもに以下の2成分の足し合わせで表すことができる．

1. 媒質0(空気)と媒質1(薄膜)との界面において反射係数 $r_{0,1}$ で反射された波
2. 透過係数 $t_{0,1}$ で媒質0から媒質1に透過し，媒質1と媒質2の界面において反射係数 $r_{1,2}$ で反射され，さらに媒質1から媒質0に $t_{1,0}$ で透過した波

以上より，

$$r_{0,1}' = r_{0,1} + t_{0,1} r_{1,2} t_{1,0} e^{2ik_1 d} \quad (15)$$

と書ける．ただし，

$$k_1 = -\frac{2\pi}{\lambda} n_1 \sin\theta_1 \quad (16)$$

であり，$\exp(2ik_1 d)$ は位相差による干渉を表している．実際には透過係数は1と見なせるので，式(15)は

$$r_{0,1}' \approx r_{0,1} + r_{1,2} e^{2ik_1 d} \quad (17)$$

と書いてよい．この式から，反射係数および反射率が干渉により中性子の入射角と波長，すなわち q の変化に対応して振動することがわかる．したがって，一般に単層膜からのNR曲線は図11-4のようになる．図中に見られるような反射率が q の変化に対応して増減する挙動は Kiessig フリンジとよばれる．Bragg の干渉の式

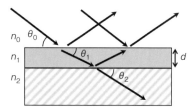

図11-3 平滑な単層膜界面での反射の模式図

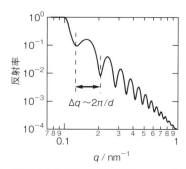

図11-4 基板上に調製した単層膜からの反射率曲線

$$\lambda = 2d\sin\theta \quad (18)$$

と q の定義[式(2)]から，薄膜の厚み d について，Kiessig フリンジの幅 Δq と

$$d = \frac{2\pi}{\Delta q} \quad (19)$$

の関係が導かれる．したがって，反射率のフリンジ幅から試料の厚さを求めることができる．多重反射を考慮した単層膜の反射係 $r_{0,1}'$ は，Parratt による計算により

$$r_{0,1}' = \frac{r_{0,1} + r_{12} e^{2ik_1 d}}{1 + r_{0,1} r_{12} e^{2ik_1 d}} \quad (20)$$

と求められている[6]．

2 測定例

NR法を実際のソフトマテリアルに適応し，薄膜および界面の構造解析を行った研究例を以下に示す．

2-1 ブロック共重合体薄膜のミクロ相分離構造の解析

基板上に調製したブロック共重合体薄膜において，ミクロ相分離構造は界面の影響を強く受ける．とくに，基板に対して平行に配向したラメラ構造を形成する場合，中性子反射率測定はその周期構造，およびドメイン間の界面プロファイルの解析に非常に有用である．

Russell らは，NR測定が実現可能となり始めた初期の段階からラメラ状相分離構造の詳細な解析を報告している[7]．図11-5は，基板上に製膜したポリ(重水素化スチレン-b-メタクリル酸メチル)〔P(dS-b-MMA)〕(分子量は52.9 k および 48 k)薄膜

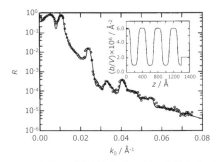

図 11-5 P(dS-b-MMA)薄膜の NR 曲線およびベストフィットを得た際の(b/V)プロファイル

[Adapted with permission from *The Journal of Chemical Physics*, 92, 5677 (1990). Copyright 1990 AIP Publishing.]

の NR 曲線を示しており,挿入図は多層モデルを用いた解析から得た(b/V)プロファイルである.このプロファイルから,基板界面に対して垂直方向に周期的なラメラ構造が形成されたことが明らかである.反射率曲線では,この周期構造に対応した Bragg ピーク状のフリンジが確認できる.さらに,この薄膜が 3.5 周期のラメラから構成されており,dPS ブロックおよび PMMA ブロックのそれぞれのドメインの厚さはそれぞれ 21.0 nm および 18.8 nm であること,空気界面には dPS ブロック,基板界面には PMMA ブロックがそれぞれ偏析していることなどの情報も得られる.また,各ドメイン間の界面厚についても,0.5 nm 程度の精度で議論できる.ブロック共重合体のドメイン間の界面プロファイルは,Helfand[8]らのグループによって理論的な考察が行われてきたが,NR 法によって詳細な実験的検証が可能となった.

2-2 ポリスチレン/非溶媒界面の構造解析

水,メタノール,ヘキサンはポリメタクリル酸メチル(PMMA)に対して非溶媒であり,通常の条件では PMMA を溶解しない.しかしながら,これまでの研究において,これら非溶媒との界面層で PMMA が膨潤し,凝集状態が変化することが明らかとなっている[9].このような界面特異的な挙動が,極性官能基をもたない PS でも起こるのか検討した例を紹介する[10].

試料として数平均分子量(M_n) = 317 k の単分散重水素化ポリスチレン(dPS)を用いた.dPS はスピンキャスト法により合成石英基板上に製膜した.dPS 膜は真空下で 393 K,24 h 熱処理を行った.dPS 薄膜上にテフロン製リザーバーをマウントし,溶解度パラメータおよび極性がそれぞれ異なる非溶媒と接触させた.

図 11-6(a)は空気,水,ヘキサンおよびメタノール界面における dPS 膜の NR 曲線であり,1,2,3 および 4 の破線と実線は,図 11-6(b)に示した(b/V)プロファイルに基づき計算した反射率曲線である.実験で得た反射率曲線と計算によって得た曲線がよく一致していることから,用いたモデル(b/V)プロファイルは試料の密度分布をよく反映していると考えてよい.空気中において,dPS 薄膜の表面近傍における(b/V)値の変化は急峻であり,明確な界面が観測されている.一方,ヘキサン中では,dPS 膜の内部領域における(b/V)値が減少するとともに厚さが増加している.これは,dPS 層全体がヘキサンで膨潤したことを示している.また,ヘキサンとの界面は空気界面よりも広がっている.水およびメタノール界面における(b/V)値の変化は急峻であり,また,界面・バルク領域ともに膨潤は観測されなかった.

NR 測定の結果からは,水やメタノールは dPS の凝集状態を変化させず,ヘキサンのみ,膜内および界面層の膨潤が起こるように思われる.しかしながら,界面選択的な振動分光法である和周波(SFG)分

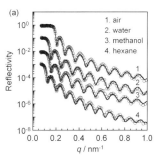
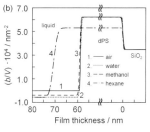

図 11-6 (a)空気,水,メタノールおよびヘキサン中における dPS 薄膜の NR 曲線,(b)ベストフィットを得た際の(b/V)プロファイル

[Adapted with permission from *Langmuir*, 30, 6565 (2014). Copyright 2014 American Chemical Society.]

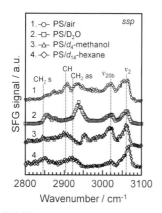

図11-7 非溶媒界面におけるPSのSFGスペクトル
[Adapted with permission from *Langmuir*, 30, 6565 (2014). Copyright 2014 American Chemical Society.]

光法により，空気および各非溶媒界面におけるdPSの局所コンフォメーションを観測すると，図11-7に示しているように，それぞれの界面におけるSFGスペクトルは異なっていた．これは，水およびメタノールとの界面においても，dPS鎖のコンフォメーションが再編成することを意味している．以上のように，サブナノメートルスケールの組成プロファイルを求めることができるNR法と，分子配向の情報を得ることができるSFG分光を併用することで，異種界面における高分子構造をより詳細に解析することが可能となる．

2-3 水中におけるナフィオン薄膜の膨潤構造の解析

テトラフルオロエチレン骨格にスルホン酸基を多数有するナフィオンは，優れたイオン伝導度と耐久性を兼ね備えた高分子材料として，固体高分子型燃料電池（PEFC）の電解質膜に利用されている[11]．水中において膨潤した際のナフィオンの構造および物性は，電解質膜としてのナフィオンの性能を左右する要因として盛んに研究されてきた．膨潤度が1.05以下の場合，水分子はスルホン酸基と強く相互作用する．一方，膨潤度が1.05を超えると，球状のイオンクラスターが形成され，水分子とスルホン酸基との相互作用は比較的弱まる．さらに膨潤度が大きな1.26以上では，球状のクラスターがネットワーク状に結合することが知られている．

ナフィオンのバルク状態における膨潤挙動の理解は進んでいるが，薄膜状態での検討はほとんど行われていない．一般に，膜の厚さが100 nm程度以下になると，試料全体積に占める表面および界面の割合が高くなり，バルクとは異なる性質を示すことが知られている．ナフィオンを薄膜にした際の膨潤挙動の知見は，PEFCのさらなる小型化，ポータブル化のために必要な知見である．ここでは，ナフィオン薄膜の水中における膨潤挙動をNR法およびSPR法に基づき検討した例を紹介する[12]．

膨潤挙動における基板の効果を検証するため，SiO_x基板およびAg基板を用いて実験を行った．石英基板およびガラス基板上にAgを蒸着したものをAg基板，何も蒸着しない石英基板およびガラス基板上にAgとSiO_xを蒸着した基板をSiO_x基板とした．各基板上に，ナフィオンのアルコール分散液をスピンコートすることで，ナフィオン薄膜を調製し，真空下，313 Kで24 h乾燥させた．偏光解析測定に基づき評価したナフィオン膜の乾燥膜厚は，SPR測定用試料が47 nm，NR測定用試料が53 nmであった．

図11-8は，NR法およびSPR法によって得た，水中におけるナフィオン膜の膨潤挙動である．それぞれの手法で観測した膨潤度の経時変化はよく一致している．水浸漬後の時間経過とともに，膨潤度は1.05および1.26を境として不連続に増加している．前述の知見を考慮すると，それぞれ，球状クラスターおよびそれらのネットワーク構造の形成に対応していると考えられる．

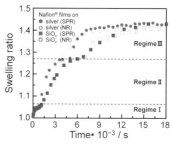

図11-8 SPR法およびNR法により得られたナフィオン薄膜の水膨潤挙動
[Adapted with permission from *ACS Macro Letters*, 2, 856 (2013). Copyright 2013 American Chemical Society.]

果は，ナフィオン薄膜におけるイオン伝導度が界面の影響を受けることを示している．

3 まとめと今後の展望

本章ではNR測定の原理を解説した後，高分子薄膜，とくに，界面での構造解析を行った例を紹介した．NR法は，表面・界面の構造解析をサブナノメートルの高い分解能で分析できる強力な手法であるが，モデルフィッティングを要する．このため，推定される構造は一義的に決まらず，別解が存在する可能性にも注意を払う必要がある．正しい解に収束させるためには，用いるモデルおよびパラメータの初期値，固定値および拘束条件を適切に設定する必要がある．また，他の界面選択分光法の測定と結果を比較することで，より精度の高い界面の構造解析が可能となる．

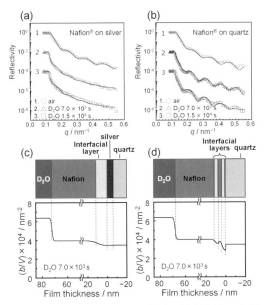

図11-9 (a)Ag基板，および(b)石英基板上の水膨潤ナフィオン薄膜のNR曲線，および(c)(d)ベストフィットを得た際の(b/V)プロファイル

[Adapted with permission from *ACS Macro Letters*, 2, 856 (2013). Copyright 2013 American Chemical Society.]

NR法は，SPR法と比較して，1回の測定に時間を要するため，時間分解能は劣る．しかしながら，NR法はサブナノメートルの深さ分解能で組成分布を解析できる強力な手法である．本研究ではさらに，NR法を用いてAg基板およびSiO$_x$基板がナフィオン膜の膨潤挙動に与える影響について検討した．図11-9(a)および(b)は，それぞれAg基板および石英基板上に製膜したナフィオン薄膜の重水浸漬後7.0×10^3 sおよび1.5×10^4 sにおけるNR曲線である．これらの反射率を多層モデルによりフィッティングしたところ，Ag基板界面近傍には(b/V)値の低い層が1層存在するのに対し，石英基板上では多層存在した．これらの基板界面層における(b/V)値はナフィオンの(b/V)値よりも低いことから，界面層では軽水が収着していると考えられる．以上の結果から，基板界面近傍において，ナフィオンの膨潤は不均一であり，バルク中よりも膨潤度の高い界面層が存在していることが明らかとなった．以上の結

◆ 文 献 ◆

[1] T. P. Russell, *Mater. Sci. Rep.*, 5, 171 (1990).
[2] H. Zabel, *Appl. Phys. A*, 58, 159 (1994).
[3] 鳥飼直也，武田全康，日本中性子科学会誌, 18, 221 (2008).
[4] N. Torikai, "Neutrons in Soft Matter," ed. by T. Imae, T. Kanaya, M. Furusaka, N. Torikai, John Wiley & Sons (2011), p.115.
[5] S. K. Sinha, E. B. Sirota, S. Garoff, H. B. Stanley, *Phys. Rev. B*, 38, 2297 (1988).
[6] L. G. Parratt, *Phys. Rev.*, 95, 359 (1954).
[7] S. H. Anastasiadis, T. P. Russell, S. K. Satija, C. F. Majkrzak, *J. Chem. Phys.*, 92, 5677 (1990).
[8] E. Helfand, Z. R. Wasserman, *Macromolecules*, 9, 879 (1976).
[9] K. Tanaka, Y. Fujii, H. Atarashi, K. Akabori, M. Hino, T. Nagamura, *Langmuir*, 24, 296 (2008).
[10] A. Horinouchi, N. L. Yamada, K. Tanaka, *Langmuir*, 30, 6565 (2014).
[11] S. Kaufman, W. P. Slichter, D. D. Davis, *J. Polym. Sci.*, 9, 829 (1971).
[12] Y. Ogata, D. Kawaguchi, N. L. Yamada, K. Tanaka, *ACS Macro Lett.*, 2, 856 (2013).

Part II 研究最前線

Chap 12 液晶ブロック共重合体薄膜が拓くナノ材料科学
Liquid Crystalline Block Copolymer Film Toward Nanomaterials Science

彌田 智一
(同志社大学ハリス理化学研究所)

Overview

ブロック共重合体の本来の姿としてミクロ相分離構造を記述する基礎的なバルク(塊状)に対して,界面・表面の効果が影響する薄膜や繊維はミクロ相分離の応用問題だったが,工学的に使えるナノ材料として表舞台に立つ. 90年代半ばのブロック共重合体リソグラフィ,同テンプレートプロセスによって学際分野に発展したが,よく似た論文は増えてもイノベーションには至っていない.せっかくの自然の恵み,薄膜ミクロ相分離を手なずける材料化学プロセスを駆使した革新的な展開が望まれる.物質を透過する多孔性基板への液晶ブロック共重合体の成膜プロセスが新しい膜科学・膜工学を拓くかもしれない.

液晶ブロック共重合体薄膜

多孔性基板

輸送チャンネルの階層化・空孔化・内壁修飾

▲液晶ブロック共重合体のスマートメンブレン

■ **KEYWORD** □マークは用語解説参照

- ■液晶ブロック共重合体(liquid crystalline block copolymer)
- ■テンプレートプロセス(template process)
- ■転写複合化(structural transcription and hybridization)
- ■薄膜ミクロ相分離(microphase separation in thin film)
- ■膜貫通PEOシリンダー(vertically penetrating PEO cylinders)

はじめに～薄膜のミクロ相分離～

ブロック共重合体の塊（バルク）が示すミクロ相分離に対して，その薄膜のミクロ相分離は表面の影響を強く受ける．実用的な材料形態である薄膜の場合，そのミクロ相分離構造の方位が問題となる．たとえば，ラメラ相界面が膜面に平行か，あるいは垂直か，また，ヘキサゴナルシリンダー相の場合は，シリンダー長軸が面内にあるか，面外すなわち垂直に向くか，相構造の方位という設計自由度が加わる．この方位制御がブロック共重合体の薄膜機能を活かすも殺すも重要な役割を演じる（図12-1）．膜を二つの相を隔て，両相の分子/高分子，イオン，電子/ホールの輸送・反応を通じて，分離，反応，情報変換の場と捉えると，膜面を貫通する垂直シリンダー構造や垂直ラメラ構造が望ましい．しかしながら，非相溶性のブロックからなるブロック共重合体のミクロ相分離ドメインは，おのずと基板表面との相互作用も異なり，どちらかのドメインが選択的に基板にぬれる平行シリンダーや平行ラメラがエネルギー的に安定である．膜機能に相応しい垂直シリンダーや垂直ラメラを実現するには，その表面エネルギーの不安定分を穴埋めして上回る工夫が必要である．平行シリンダーや垂直ラメラの場合は，面内方位にも自由度を残すため，さらに二つの方位制御が必要となる．

1 垂直配向ヘキサゴナルシリンダー構造

筆者らは，ブロック共重合体に化学的に強いコントラストを与える両親媒性と異方的な分子配向秩序を与える液晶性の導入を試みた．親水性ポリエチレンオキシド（PEO）と側鎖に液晶メソゲンをもつ疎水性ポリメタクリレートを成分とする両親媒性かつ側鎖液晶型ジブロック共重合体（PEO-*b*-PMA(Az)）を合成したところ，従来のブロック共重合体と異なるミクロ相分離構造の形成を見つけた[1]．それは，層状のスメクティック液晶相を示すPMA(Az)マトリックスに，PEOシリンダードメインが六方格子に配列して垂直配向するナノ規則構造である（図12-2）．基板表面の前処理をまったく必要としない．PMA(Az)ドメインの液晶秩序が空気界面から内部に発達し（ホメオトロピック配向），取り残されるようにPEOシリンダードメインが基板側に向かって生長する過程が観察された[2]．シリコンウェハ，ガラス，マイカ，金属など各種基板にただ塗って，融点以上に加熱すればよい．従来の非液晶性のブロック共重合体に必須の表面エネルギーをマッチングさせる基板の前処理が不要である．この垂直配向シリンダー構造は，PMA(Az)の体積分率が50-95％の広い範囲で出現するため，分子量に応じて，相構造の転移を伴うことなく，直径2-25 nm，周期8-51 nmの範囲で制御できる．さらに，このナノ構造はマイクログラビア法によるロール型PET基板への連続塗工プロセスにおいて，数十メートルス

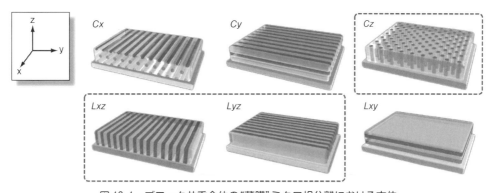

図12-1　ブロック共重合体の"薄膜"ミクロ相分離における方位
膜機能発現に相応しい垂直シリンダー相（*Cz*）と垂直ラメラ相（*Lxz*と*Lyz*，さらに面内方位の制御が必要）．

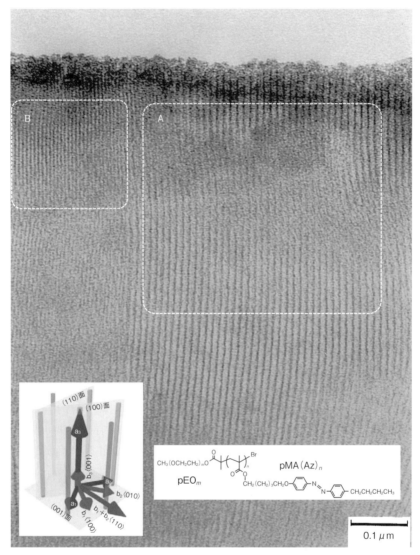

図12-2 PEO-b-PMA(Az)の膜断面TEM像
Ru染色された親水性PEOシリンダードメインが膜面に対して垂直貫通している．縞模様の広い領域A(12.0 nm)と狭い領域B(6.7 nm)は，六方格子の(110)面と(100)面に対応する(縞模様の周期の比 12.0 nm/6.7 nm=1.79≒$\sqrt{3}$)．PEOシリンダードメインの直径約4 nm，中心間距離13.4 nm．〔2002年春，土屋肇氏(日東分析センター)提供〕．
〔カラー口絵参照〕

ケールで膜全面に形成され，工学的に利用できる自己組織化ナノ規則構造である．

2 ナノテンプレートプロセス～染色技術はナノ複合化のお手本～

図12-2で示したTEM像は，薄膜試料をRuO_4蒸気に曝す染色処理によってコントラストを得ている．親水性のPEOドメインに選択的にドープされた揮発性のRuO_4がPEOを酸化して，自らは還元されてRuO_2を生成する．重原子であるルテニウムは，電子線を強く散乱するのでTEM像にコントラストがつく．そもそも生物試料や高分子など軽元素からなる有機物試料のTEM観察には，コントラストをつける(選択的な)染色処理が不可欠である．

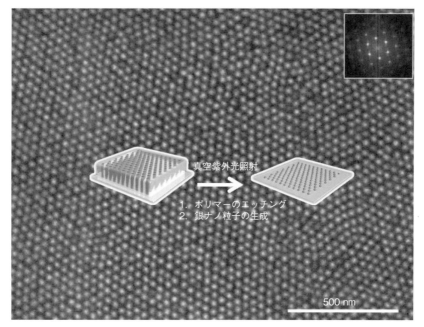

図 12-3 基盤全面に六方格子配列した銀ナノ粒子
両親媒性液晶ブロック共重合体薄膜をナノテンプレートに硝酸銀溶液を滴下,真空紫外光(VUV)照射によって,ブロック共重合体を光分解,PEO シリンダー中の銀イオンの還元が起こり,銀ナノ粒子アレイ(直径 22 nm 粒子間距離 38 nm)が 4 インチウエハ全面に形成される.

RuO_4, OsO_4, リンタングステン酸,酢酸ウラニウムなど古くから使われてきた染色試薬は,ナノスケールの化学的性質の違いを利用した選択的な吸着特性や反応選択性に基づいている.見方を変えると,化学的性質の異なるドメインが配列するミクロ相分離構造を"鋳型(テンプレート)"とする異種物質(染色試薬)の選択的な複合化と言える.つまり,図 12-2 は,RuO_2 ナノ粒子をナノスケールで規則的に凝集配列したことになる.

PEO は,水やトルエンなどに溶解する一方,そのエーテル結合のため極性分子や塩を溶解する.この垂直配向シリンダー構造は,エーテル系溶媒の PEO が満たされ,かつ疎水性 PMA(Az)ドメインとの相界面に固定されたナノスケールの"試験管"(ナノリアクター)と見なすことができる.この膜に $AgNO_3$ 水溶液を滴下し,真空紫外光を照射すると,液晶ブロック共重合体の分解とともに,PEO シリンダードメインに溶解した(ドーピングされた)Ag^+ の光還元が進行し,銀ナノ粒子がシリンダー周期を保ったまま,基板全面に六方格子配列する(図 12-3)[3].液晶ブロック共重合体の分子量と膜厚,Ag^+ ドーピング量を変化させると,銀ナノ粒子の直径と周期,さらには銀ナノロッドの高さを制御することができる.同様に,イオン化傾向の小さい Au, Pb, Ni, Pd, Pt などのナノ粒子アレイあるいはナノロッドアレイを無電解めっき,酸素プラズマ,電子線照射などのウエットプロセスとドライプロセスを組み合わせた適用範囲の広い作製方法に展開できる[4~6].これは,液晶ブロック共重合体膜の高品位な垂直配向 PEO シリンダー構造を金属ナノ規則構造に転写するナノテンプレートプロセスである[図 12-4(a)(b)].

シリカなど金属酸化物の作製でよく使われるゾルゲル法を本ナノテンプレートプロセスへ適用した.膜表面に tetraethoxysilane の酸性水溶液を滴下し,600℃で加熱処理あるいは酸素プラズマ処理すると,シリカナノロッドアレイが基板全面に形成される[7].このプロセスは,酸化チタン,酸化タンタルなど広

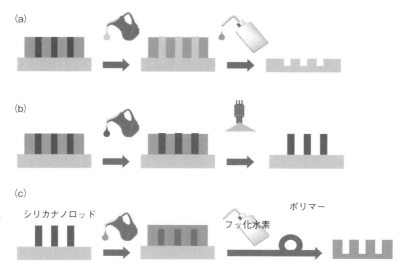

図 12-4 垂直配向 PEO シリンダー構造を形成する両親媒性液晶ブロック共重合体薄膜のナノテンプレートプロセス

(a)基板の選択的エッチングによるナノホールアレイ作製プロセス，(b)基板表面に異種材料を規則配列するナノドット・ロッドアレイ作製プロセス，(c)シリカナノロッドを第2テンプレートとするナノホールアレイ作製プロセス．

範な機能性金属酸化物に展開可能である．CTABなど界面活性剤を添加したシリカゾルからは，各シリカナノロッド内部に長軸に沿って数本のメソ孔が形成される．シリカナノロッドアレイの表面エネルギーは小さく，水，アセトン，トルエンなど極性の異なる溶媒に対する接触角はほぼ0°で，ナノロッドアレイによくぬれる．このことを利用すると，所望のポリマーを溶液，あるいは溶融体をシリカナノロッドアレイの空隙に充填可能であり，フッ化水素酸水溶液によってシリカを溶解除去すると，ポリマー表面にナノホールアレイを作製できる．この場合，シリカナノロッドアレイは，耐熱性のある第2のテンプレートと考えられ，液晶ブロック共重合体のテンプレートプロセスの適用範囲を一挙に広げることができる〔図12-4(c)〕．

3 ラボスケールの液晶ブロック共重合体メンブレン

溶解除去できる基板上に液晶ブロック共重合体を製膜すると，自立膜を作製できる．犠牲層として酢酸セルロース膜を基板に，アゾベンゼンの代わりに酸素存在下，熱架橋性のstylbene(stb)や光架橋性のchalconeを側鎖にもつ液晶ブロック共重合体を製膜し，ミクロ相分離形成，架橋処理後，酢酸セルロース犠牲層をアセトンで溶解すると，液晶ブロック共重合体自立膜が得られる．この液晶ブロック共重合体自立膜の表裏面および膜断面の構造評価から，自立膜化プロセスを通じて，垂直貫通PEOシリンダー構造の維持が確認された(図12-5)[8]．得られた480 nm厚の自立膜について，ローダミン色素水溶液を用いた簡単な透過実験を行った．膜透過が開始するまでの誘導期の後，カチオン性，中性，アニオン性ローダミン色素の定常的な膜透過を確認した．一方，加熱処理をしない自立膜では有為な膜透過は確認できなかった．このことは，ローダミン色素が，液晶ブロック共重合体自立膜の垂直貫通PEOシリンダードメインを輸送チャンネルとする膜透過だと結論づけられる．

この液晶ブロック共重合体自立膜は，TEM，SEM，AFMによって輸送チャンネルの直径，長さ，表面密度が実測できる．つまり，絡み合った高分子鎖の間隙(自由体積)を輸送チャンネルとして透過分子が潜り抜ける従来の高分子膜と異なり，屈曲や行き止まりや分岐のない輸送チャンネルが均一な直円

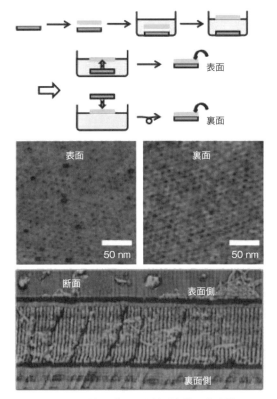

図12-5 液晶ブロック共重合体の自立膜

トルエンに不溶な酢酸セルロース薄膜をアセトン溶液から成膜し，これを犠牲層に，液晶ブロック共重合体膜をトルエン溶液から成膜．加熱処理により垂直配向シリンダー構造を形成後，アセトンによって酢酸セルロース犠牲層を溶出すると，液晶ブロック共重合体自立膜が作製できる．液晶ブロック共重合体膜の表裏面および膜断面のAFM観察より，垂直配向PEOシリンダー構造が維持されている．

柱構造として"可視化"できる．したがって，マクロな透過実験から，PEO 輸送チャンネル1本当たりの透過分子数を評価できる(480 nm 厚の液晶ブロック共重合体膜の場合，200-400 分子/秒)．

最近，ナノシリンダードメインを占める PEO が，乾燥状態で結晶化温度 −20°C に至る過冷却状態にあること，含水状態で自由水と束縛水の割合が温度依存することなど，PEO 輸送チャンネルの興味深いナノ物性も明らかになってきた．このように，液晶ブロック共重合体自立膜は，輸送 PEO チャンネルのナノ物性，分子・イオンの輸送特性，そして直円柱構造としてナノ流体力学シミュレーションとの相性の良さが期待できる理想的な膜と言える．

輸送チャンネル構造を規定できる液晶ブロック共重合体膜を透過膜，すなわちメンブレンとして工学的に利用するためには，汎用の多孔性支持基板への大面積製膜プロセスの開発が必須である．この液晶ブロック共重合体膜の技術移転に備えるだけでなく，実験室レベルのガス分離や液相分離など広範な輸送特性の評価においても，信頼性の高い基礎データを積み上げていくには，論文発表に繋がらなくても再現性の良い量産プロセスの構築は必要不可欠である．マイクログラビア塗工のテスト塗工を行っている株式会社ラボのサポートもあり，多孔性フィルムを基板に用いた roll-to-roll プロセスによる垂直貫通 PEO シリンダー構造の形成に取り組んでいる．液晶ブロック共重合体の開発以来13年経って，ようやく物質が透過する膜(=メンブレン)として，本格的な機能評価のステージにきた．

4 シングル PEO チャンネルの空間と輸送

液晶ブロック共重合体自立膜に，極希薄濃度の親水性側鎖をもつ poly(fluorene) (PF)を透過させると，PF1 本がドーピングされた PEO シリンダーが低い表面密度で存在する．このような PF 捕捉 PEO シリンダーが隣接する確率や，1 本の PEO シリンダーに 2 本以上の PF が捕捉される確率はきわめて低い．これは，捕捉された PF の一分子発光測定に理想的な状況を提供する．M. Vacha 教授(東京工業大学)は，PEO チャンネルひとつに捕捉された PF 一分子のフォトルミネッセンスとエレクトロルミネッセンスの分析より，EL 発光効率の向上で課題となってきた緑色発光種がトラップサイトとなることを明らかにした[9]．吉田博(日立研究所)は，集束イオンビーム(FIB)によるナノ孔を作製した極薄 SiN 基板に，液晶ブロック共重合体をスピンコート製膜し，加熱処理した．基板全面に観察される垂直配向 PEO シリンダー構造は，ナノ孔を被覆した液晶ブロック共重合体膜にも形成される．1 本の PEO チャンネルの輸送特性を評価できる試料作製技術が整った．一本鎖 DNA が PEO チャンネル透過を示唆するイオン電流のスパイク状変位が検出された[10]．今後，シングル PEO チャンネルのナノ輸

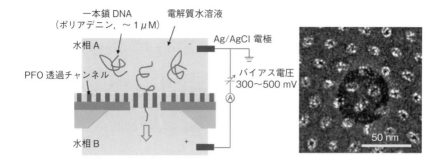

図 12-6　PEO シリンダードメインを利用したナノポアデバイス
TEM 観察用 SiN グリッドに 30-50 nm 径のナノ孔を加工し，液晶ブロック共重合体をスピンコートした．加熱処理後，垂直配向シリンダー構造はナノ孔内においても形成した．これを用いて，一本鎖 DNA の電界透過を行うことができる．

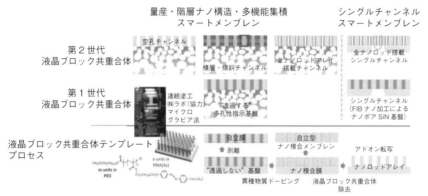

図 12-7　両親媒性液晶ブロック共重合体の膜科学への展開（スマートメンブレン）

送の物理化学の研究が期待される．

最先端のナノ加工技術を駆使して作製される空孔を利用するナノポア研究（図 12-6）と異なり，透過物質が PEO シリンダードメインを通過する．将来的には，シリンダー内壁の機能基導入やブレンドによる分子間相互作用の制御など"化学的"なナノポア研究の開拓が楽しみである．とくに，液晶ブロック共重合体の特徴である高アスペクト比の垂直貫通 PEO チャンネル構造は，複数の機能基を輸送方向に順に配置する潜在性を有し，ナノスケールのフロー式触媒反応膜として，"Nano-Kombinat（ロシア語）"，"Nano-Factory" など膜工学の新しい展開が期待される．

5　まとめと今後の展望　～スマートメンブレンに向けて～

ミクロ相分離秩序と液晶秩序を併せもつがゆえに，従来のブロック共重合体と大きく異なる液晶ブロック共重合体膜のナノテンプレートプロセスと透過膜への展開（スマートメンブレン）を紹介した（図 12-7）．液晶ブロック共重合体膜，ナノドットアレイ，ナノロッドアレイ，ナノホールアレイのプロセス化学を最適化して，一部はサンプル提供を行っている．広範な用途開発には，量産プロセスといつでも誰でも再現可能なレシピは必須である．

90 年代後半にブロック共重合体の工学的利用が提唱された．半導体プロセスの線幅 250 nm であった当時，ブロック共重合体のミクロ相分離が示す数

十 nm 周期のパターンは，微細加工の救世主の出現と目され，"Block copolymer lithography"の分野形成が始まった．あれから約 25 年，筆者が参入してから 15 年，ずっと描画限界と言われながらもトップダウン技術は驚異的な技術革新の末，10 nm プロセスが進んでいる．はたして，ブロック共重合体が次世代の半導体プロセス技術に期待されていた革新的な出番は疑わしい．これに関わる研究者，評価者，政策立案者の真摯な見通しと責任ある見解が求められる．一方，この間にブロック共重合体は高分子物理の枠を超えて，応用物理学，光学，バイオ関連分野などさまざまな学際分野で使われるようになった．筆者も液晶ブロック共重合体の透過膜への展開にシフトしつつある．物質を透過しない基板から透過する多孔性支持基板への製膜は，意外と難問である．表面が粗く，製膜溶液の染込みもある．ろ紙や不織布など凸凹表面に垂直配向 PEO シリンダー構造を形成させる塗工プロセスに取り組んでいる．幅広い共同研究を通じて，マクロ膜による工学的展開と用途開発，そして PEO シリンダー 1 本を対象にしたシングル輸送チャンネルの理解を車の両輪にして進めているところである．

◆ 文　献 ◆

[1] Y. -Q. Tian, K. Watanabe, X. -X. Kong, J. Abe, T. Iyoda, *Macromolecules*, **35**, 3739 (2002).

[2] M. Komura, A. Yoshitake, H. Komiyama, T. Iyoda, *Macromolecules*, **48**, 672 (2015).

[3] J. -Z. Li, K. Kamata, S. Watanabe, T. Iyoda, *Adv. Mater.*, **19**, 1267 (2007).

[4] J. -Z. Li, K. Kamata, T. Iyoda, *Thin Solid Films*, **516**, 2577 (2008).

[5] N. Yamashita, S. Watanabe, K. Nagai, M. Komura, T. Iyoda, K. Aida, Y. Tada, H. Yoshida, *J. Mater. Chem. C*, **3**, 2837 (2015).

[6] S. Hadano, H. Handa, K. Nagai, T. Iyoda, J. -Z. Li, S. Watanabe, *Chem. Lett.* **42**, 71 (2013).

[7] A. -H. Chen, K. Komura, K. Kamata, T. Iyoda, *Adv. Mater.*, **20**, 763 (2008).

[8] T. Yamamoto, T. Kimura, M. Komura, Y. Suzuki, T. Iyoda, S. Asaoka, H. Nakanishi, *Adv. Func. Mater.*, **21**, 918 (2011).

[9] Y. Honmou, S. Hirata, H. Komiyama, J. Hiyoshi, S. Kawauchi, T. Iyoda, M. Vacha, *Nat. Commun.*, **5**, 4666 (2014).

[10] H. Yoshida, Y. Goto, R. Akahori, Y. Tada, S.Terada, M., Komura, T. Iyoda, *Nanoscale*, **8**, 18270 (2016).

Part II
研究最前線

Chap 13

半導体ブロック共重合体を使った有機薄膜太陽電池の高効率化
Semiconducting Block Copolymers for Efficient Organic Solar Cells

但馬 敬介
(理化学研究所)

Overview

有機半導体ポリマーを用いた薄膜太陽電池は，新規な材料開発によって近年その性能が向上し，11%を超える太陽光変換効率が報告されている．薄膜構造として，電子ドナー性と電子アクセプター性の有機半導体を単純に混合して塗布した構造(混合バルクヘテロ接合構造)がおもに用いられている．太陽電池のさらなる効率化と安定化のためには，ポリマー薄膜中のナノ構造に加えて，ドナーとアクセプターの界面構造を分子自己組織化によってより精密につくりこんでいくことが必要である．

本章では，半導体ブロック共重合体を用いた自己組織化による構造制御によって，ポリマー薄膜太陽電池の性能向上を目指した最近の研究について紹介する．

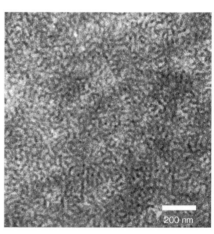

▲半導体ブロック共重合体が形成したミクロ相分離構造の透過型電子顕微鏡像

■ **KEYWORD** □マークは用語解説参照

- ■有機薄膜太陽電池(organic solar cell)
- ■バルクヘテロ接合(bulk heterojunction)
- ■電荷輸送(charge transport)
- ■光誘起電荷分離(photo-induced charge separation)
- ■ナノ構造(nanostructure)
- ■半導体ブロック共重合体(semiconducting block copolymer)
- ■有機界面(organic interface)
- ■自己組織化(self-assembly)□
- ■薄膜(thin film)
- ■分子配向(molecular orientation)

はじめに

　半導体ポリマーを用いた有機薄膜太陽電池は，溶液の塗布によって作製できる利点をもち，製造プロセスの低コスト化やフレキシブル基板への作製が可能であるという特徴から，その変換効率の向上に伴って近年大きな注目を集めている．その薄膜中では，電子ドナー性材料としてπ共役系の半導体ポリマーが，電子アクセプター性材料として可溶化フラーレン化合物がおもに用いられてきた．現在，半導体ポリマーとフラーレン化合物の組合せで，最高値として11.7％の太陽光変換効率が報告されている[1]．また最近になって，電子アクセプター性の半導体ポリマー[2]やπ共役系の低分子[3]も開発され，フラーレン系のアクセプター材料を用いた場合と同程度の高い変換効率が達成されている．このためドナーとアクセプター材料の両方について，分子設計の自由度が格段に大きくなってきている．

　有機薄膜の作製法としては，電子ドナー材料と電子アクセプター材料を溶液中で混合して薄膜化する方法（混合バルクヘテロ接合）が現在広く用いられている〔図13-1(a)〕．分子混合によって二つの材料の界面の面積を大きくすることで，光吸収によって生成した励起状態（励起子）の電荷対へ分離が効率化するため，太陽電池の短絡電流密度（J_{SC}）が増加する．さらに混合薄膜の熱処理などによって，薄膜中の材料の結晶性や相分離構造をある程度制御することができ，相互に貫入した構造を形成させることで，生成した電荷の収集効率が向上する．また，ドナー／アクセプター材料の混合比率を変えることで，ホールや電子の移動度などの最適化を行える．このように作製方法が簡単でありながら，高い変換効率を得られることが混合バルクヘテロ接合の利点といえる．

　一方で，混合によって得られる薄膜構造は非常に複雑であり，現在でも詳細が明らかになっていない．材料の界面における構造は，光吸収をはじめ励起子拡散，電荷分離，電荷収集など太陽電池の動作中のさまざまな素過程に大きく影響することが予想されるため，重要な情報を含んでいるはずである．たとえば，半導体ポリマーとフラーレン化合物の混合薄膜では，比較的純粋な半導体ポリマーとフラーレン化合物の相分離ドメインに加えて，ポリマーとフラーレンが混合したドメインが間に存在すると考えられている〔図13-1(a)〕．シミュレーションによる検討から，この分子混合層の存在が高効率な光電変換に重要な役割を果たしているという仮説も提出されている[4]．しかし最近筆者らの研究チームでは，ドナー／アクセプター界面での分子混合は，電荷の再結合に関して必ずしも有利に働かないことを実験的に示しており[5]，分子混合層の存在や役割についてはいまだ明らかになっていない．

　いずれにせよ混合薄膜中の構造を直接的に分析する手法は限られており，また単純な混合に頼っている現状では，それらをナノスケール，分子スケールで自在に制御することも難しい．混合で組み合わせる材料の相溶性や結晶性によって，薄膜中の構造は大きく変化する．相分離したドメインの純度についても，定量的な分析や制御は困難である．さらに，混合溶液の塗布によって得られる構造は熱力学的に準安定な構造である場合が多く，時間とともに相分離が進行して薄膜太陽電池の効率が低下することが観測されている．このように，単純な混合によるバルクヘテロ接合構造は，有機半導体分子どうしの界

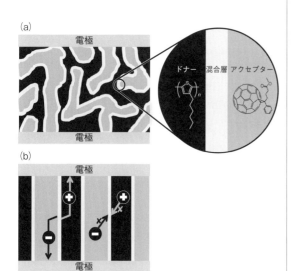

図13-1　半導体ポリマー／フラーレン化合物の混合バルクヘテロ接合とその界面構造(a)，半導体ジブロック共重合体のミクロ相分離構造の模式図(b)

［カラー口絵参照］

面構造やナノ構造の制御に関して本質的な限界を抱えている．

結果として，現在の材料開発の延長線上で達成できる変換効率は限界に近づきつつあり，有機系太陽電池の動作原理のより深い理解に基づいた材料や構造の設計が必要となってきている．たとえば，有機薄膜太陽電池で得られる開放電圧（V_{OC}）は，材料の光吸収（バンドギャップ）のエネルギーからの損失が，無機の太陽電池に比べて大きいことが問題となっている[6]．最近の研究では，有機薄膜太陽電池のV_{OC}は，ドナー/アクセプター界面での電子状態や構造の不均一性などに密接に関連していることが明らかになってきている[7]．界面構造の精密制御によって，この損失を抑えることができれば，さらなる高効率化につながると考えられる．

これらの現状を踏まえると，有機太陽電池の効率化を目指すためには，より精密な分子・ナノスケールの構造制御が必須である．相溶性の低いブロックからなる半導体ブロック共重合体のミクロ相分離構造を用いれば，材料の混合に頼らずに精密なナノ構造制御が可能になると期待できる．この概念自体は2000年代前半から提唱されてきているが，ポリマーの合成のみにとどまっている研究がほとんどであり，初期の研究では太陽電池に用いた場合にも効率が非常に低かった．しかし近年の半導体ポリマーの合成技術の進歩に伴って，より精密なブロック共重合体の構造制御が可能となってきており，実際に太陽電池に応用して効率と構造との相関を評価する研究が増えつつある．

本章では，半導体ブロック共重合体を有機太陽電池に応用するうえで，混合バルクヘテロ接合に比べて期待できる利点を中心に述べる．同時に，それらの点について，現在どの程度達成されているかを代表的な例をあげて解説する．ブロック共重合体の合成法などについては，最近いくつかの総説が出版されているので参照されたい[8～10]．

1 相分離ドメインサイズの精密制御

混合バルクヘテロ接合における検討から，薄膜中でドナー/アクセプターがある程度相分離して10～20 nm程度の大きさのドメイン構造を形成することが，高い効率を得るために必要であることが明らかになっている．半導体ブロック共重合体を用いれば，それぞれのブロックの長さによってミクロ相分離構造の大きさを制御できるため，より精密なサイズの制御が可能であると期待できる．

いくつかのドナー/アクセプター型半導体ブロック共重合体において，薄膜中でのミクロ相分離構造の形成が確認されている．透過型電子顕微鏡（transmission electron microscope：TEM）や原子間力顕微鏡（atomic force microscope：AFM）などによって，直接構造を観測することができる．また，小角X線散乱（small-angle X-ray scattering：SAXS）などによっても，ミクロ相分離構造による規則構造の存在を確認することができる．例として，筆者らの研究チームで合成したフラーレン部位をポリチオフェンの側鎖に連結したブロック共重合体（**1**）は，薄膜中でオーバービューや図13-2に示すよ

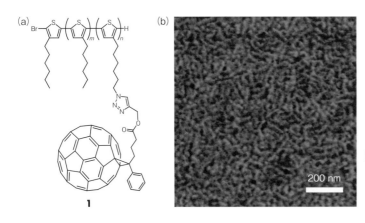

図13-2 フラーレン連結型半導体ブロック共重合体（**1**）の構造(a)，薄膜中ミクロ相分離構造の原子間力顕微鏡像(b)

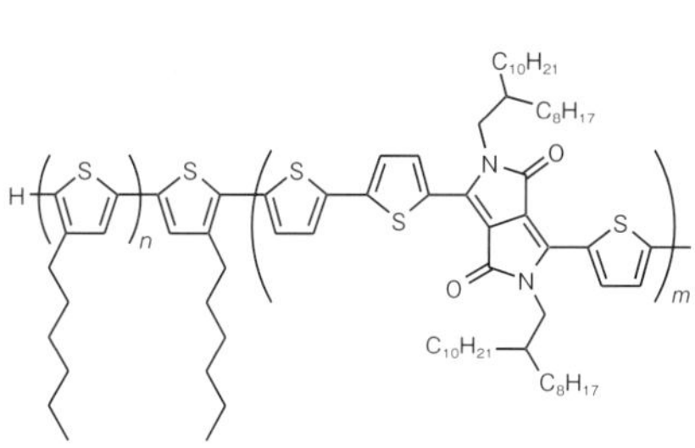

図 13-3 最近報告された主鎖型のドナー/アクセプター型半導体ブロック共重合体の例

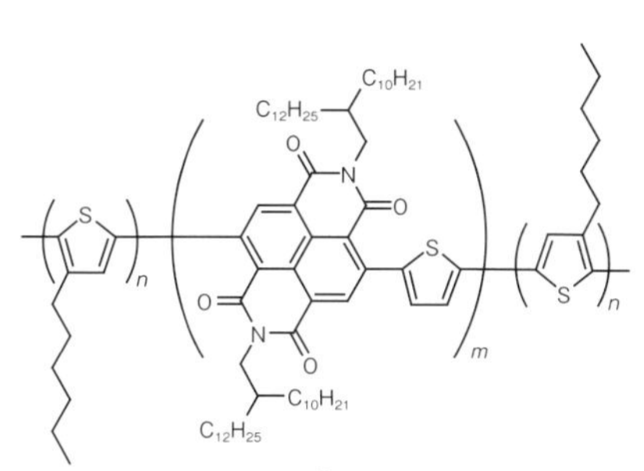

うな明確なミクロ相分離構造を観測することができる[11]. また，π共役の主鎖にドナーとアクセプター部位を導入したポリマーとしては，ポリチオフェンとジケトピロロピロール(diketopyrrolopyrrole：DPP)のブロック共重合体(**2**)[12]や，ポリチオフェンとナフタレンジイミド(naphtalenedimide：NDI)のABA型トリブロック共重合体(**3**)[13]の例があげられる．

薄膜中の精密な構造制御のためには，ポリマーの分子量や分子量分布などの一次構造を制御する合成方法の確立が必要である．また当然，ホモポリマーの混入などは好ましくない．そのため，触媒移動型連鎖重合反応を用いた擬リビング重合により，精密重合が可能なポリ(3-アルキルチオフェン)が用いられる場合が多い．しかしポリ(3-アルキルチオフェン)はバンドギャップが大きく，太陽光の吸収に不利であるため高い効率は望めない．今後の半導体ポリマーの精密重合法の進歩によって，ブロック共重合体の分子設計の自由度がさらに大きくなれば，高性能な有機太陽電池材料における構造制御が期待される．

ミクロ相分離構造のサイズと太陽電池における性能の相関については，まだ系統的な検討がなされておらず，今後の大きな課題となっている．また剛直なπ共役主鎖の設計を反映して，現在観測されているミクロ相分離構造はほとんどがラメラ相である．ヘキサゴナル相などの相の違いが太陽電池特性にどのように影響するかについては，その制御方法も含めて今後の研究が必要である．

2 構造の安定性

最大の変換効率を与える混合バルクヘテロ接合構造は，熱力学的には安定な状態ではなく，ポリマーのガラス転移点以上の温度では，ドナーとアクセプターの相分離が進行し，効率が低下することがしばしば観測されている．一方でブロック共重合体のミクロ相分離構造は，安定状態であるため構造変化による太陽電池特性の変化は小さいことが期待できる．実際に，ブロック共重合体(**1**)を用いた薄膜太陽電池において，光電変換性能の高い熱安定性が示されている．

図 13-4 に示すように，ポリ(3-ヘキシルチオフェン)とフラーレン化合物 PCBM([6,6]-phenyl-C_{61}-butyric acid methyl ester)の混合バルクヘテロ接合では，130℃の熱処理によって相分離の進行に伴って顕微鏡像で観測できるほど大きな PCBM 結晶が薄膜中に析出し，同時に太陽電池性能が大きく低下する．一方で，(**1**)を用いた太陽電池では薄膜の形態は熱処理後も安定であり，初期の変換効率が維持

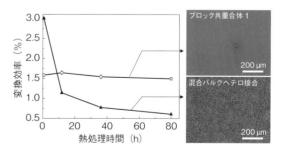

図 13-4 ブロック共重合体(**1**)および混合バルクヘテロ接合を用いた薄膜太陽電池の130℃加熱に伴う変換効率の変化と加熱後の薄膜の光学顕微鏡像

| Part II | 研究最前線 |

+ COLUMN +

★いま一番気になっている研究者

Koen Vandewal
(ドレスデン工科大学 教授)

　有機薄膜太陽電池の基礎研究において，いま最もホットなトピックは，「有機半導体界面が光電変換過程にどのように影響するのか」という疑問であると思う．Vandewal らは，有機半導体の界面で形成する電荷移動状態（CT 状態）を直接励起しても，ポリマーを励起した場合と同程度の高い効率で自由な電荷が生成することを実験的に示した〔K. Vandewal et al., Nature Mater., 13, 63 (2014)〕.これは，界面 CT 状態では電荷対のクーロン力による強い束縛が存在するという一般的な予想に反するものであり，この現象を説明するためにさまざまな魅力的な仮説を生みだすことにつながった．現在も議論は続いているが，この問題を解決したうえで材料設計に生かしていくことが，有機薄膜太陽電池の効率化につながると考えている．

されていることがわかる[14]．このように，半導体ブロック共重合体を用いることで，混合バルクヘテロ接合の形態の安定性の問題を解決することができることが示されている．

③ 半導体ポリマーの結晶性

　とくにアクセプター部位を導入した半導体ポリマーにおいては，アクセプター部位のかさ高さや凝集によって，半導体ポリマーの結晶性を大きく低下させることが懸念される．ポリマー側鎖に単純にアクセプターを導入した分子ではこれがとくに顕著であり，ドナー/アクセプターを連結した材料で効率が低下する大きな要因になっている．これをブロック共重合体化して，アクセプター連結部分と半導体ポリマー部位を分離することで，結晶性を落とさずにアクセプター部位を導入することが可能になる．
　ブロック共重合体（**1**）の例では，対応するランダム共重合体と比較して，ポリチオフェンの結晶性が高いことが示されている[11]．その結果として，有機太陽電池の電荷取出し効率を示すフィルファクター（fill factor：FF）が比較的高い値を示す．これは，ミクロ相分離によって半導体ポリマードメインの純度が向上することを示唆している．

④ ホール・電子輸送経路の分離

　熱処理によって適度に相分離した混合バルクヘテロ接合では，ドナー/アクセプターが分子レベルで混合した領域が存在するといわれている（図 13-1）．このような領域の役割は完全には明らかになっていないが，電荷移動を促進すると同時に，電荷対の再結合サイトとして働く可能性もある．再結合を抑制するためには，電荷分離後のホールと電子が空間的に離れた輸送経路を伝導する必要がある．ブロック共重合体の設計を注意深く行うことによって，ミクロ相分離構造の形成を用いてそのような分離した輸送経路を構築できる可能性がある．
　最近，ブロック共重合体（**1**）の薄膜における過渡吸収スペクトルによる検討により，太陽電池の電荷生成と再結合のダイナミクスを検討した．その結果，混合バルクヘテロ接合に比べて，ブロック共重合体薄膜では初期の電荷発生は比較的低いが，一方で二分子再結合は抑制されており，その結果，電荷が長寿命化しているという結論が得られている[15]．これは，ホールと電子の輸送経路の分離と関係していると考えられる．今後は，ブロック共重合体のドメインの純度などをより詳細に分析する必要がある．

⑤ ドメインの配向

　混合バルクヘテロ接合で形成したドメイン構造は配向性がなく，電荷が拡散によって電極まで到達する経路は確率的に決定されていると考えられる．一方ブロック共重合体薄膜では，基板や表面での相互

作用や,電場や磁場などの外部刺激によって,ドメインの配向性を制御できることがよく知られている.半導体ブロック共重合体でも同様の配向制御ができれば,電荷輸送経路が電極まで直線的につながることができ,効率的な電荷収集が起こると期待できる.とくに,一般的なバルクヘテロ接合で最適なポリマー膜厚よりも厚い領域(200 nm 以上)において,電荷輸送性能に大きな違いがみられる可能性がある.厚い膜では光吸収がより有利になるため,変換効率の向上が期待できる.

しかし現在のところ,半導体ブロック共重合体薄膜中でドメイン配向の制御を報告している例はない.これはπ共役ポリマーの構造が剛直で分子鎖間相互作用が強く,薄膜中での運動性が低いためと考えられる.配向を達成するためには,薄膜中の分子鎖の運動と電荷の輸送性能を両立させる分子設計が必要である.

6 電荷分離界面の制御

混合バルクヘテロ接合においては,ドナー/アクセプター分子の相対的な位置や配向は確率的に決定されており,一定の分布をもっていると考えられる.両者を一つの分子中に含有するブロック共重合体においては,一次構造を制御することでドナー部位とアクセプター部位の空間的な距離や配向を自由に制御できる可能性がある.このような精密な制御によって,電荷分離の効率を高め,同時に再結合を抑制する有機界面を形成することが可能になるかもしれない.

最近,図13-5に示した主鎖型のドナー/アクセプターブロックからなる共重合体において,ブロックの結合部位の構造が,有機薄膜太陽電池の電荷発生過程に大きな影響を及ぼしている可能性が示唆されている[16].この二つのブロック共重合体では,**4**は電子ドナー性のフルオレン部位で結合しているのに対して,**5**では電子アクセプター性のベンゾチアジアゾール部位で結合しているという違いがある.構造上は結合部位のわずかな違いだけにもかかわらず,これらのブロック共重合体を用いた薄膜太陽電池の性能は大きく異なっていた.これはブロック間の分子内での電子的相互作用の違いによると結論づけられている.

また同様の構造をもつモデル化合物において,光誘起電荷分離過程を過渡吸収スペクトルで検討した結果,初期の過程が大きく異なっているという結果も得られている[17].しかし,**4**と**5**の合成法の違いや薄膜構造の違い,合成手法上除くことができないホモポリマーの混合などの要因から,明確な結論をだすまでには至っていない.ブロック共重合体によって有機薄膜太陽電池の電荷分離界面をどこまで精密に制御できるかについては,研究は始まったばかりである.

7 まとめと今後の展望

半導体ブロック共重合体を用いることで,有機薄膜太陽電池における究極的な構造にアクセスできる可能性がある.そのためには,半導体ポリマーの精密合成技術の進歩と,薄膜構造の分析手法の発展が必須である.同時に,ミクロ相分離構造のサイズ・配向制御や,さらにはドメイン界面での分子配列・配向の制御などさまざまなレベルでの構造制御が必要になってくる[18].

これらの要素技術はまだまだ発展途上にあり,さまざまな観点からの基礎的な研究の対象となってい

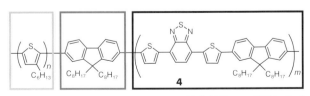
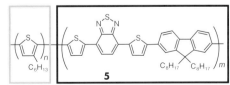

図13-5 結合部分のみが異なるブロック共重合体の構造
4では,ポリチオフェンとの結合部位にフルオレンが存在するが,**5**では電子アクセプター性のブロックに直接接続している.

るが，共通した大きなターゲットの一つとして有機薄膜太陽電池への応用を考えてもらえればと願っている．

◆ 文　献 ◆

[1] J. Zhao, Y. Li, G. Yang, K. Jiang, H. Lin, H. Ade, W. Ma, H. Yan, *Nature Energy*, **1**, 15027 (2016).

[2] H. Benten, D. Mori, H. Ohkita, S. Ito, *J. Mater. Chem. A*, **4**, 5340 (2016).

[3] W. Zhao, D. Qian, S. Zhang, S. Li, O. Inganas, F. Gao, J. Hou, *Adv. Mater.*, **28**, 4734 (2016).

[4] T. M. Burke, M. D. McGehee, *Adv. Mater.*, **26**, 1923 (2014).

[5] K. Nakano, K. Suzuki, Y. Chen, K. Tajima, *Sci. Rep.*, **6**, 29529 (2016).

[6] W. Li, K. H. Hendriks, A. Furlan, M. M. Wienk, R. A. Janssen, *J. Am. Chem. Soc.*, **137**, 2231 (2015).

[7] T. M. Burke, S. Sweetnam, K. Vandewal, M. D. McGehee, *Adv. Energy Mater.*, **5**, 1500123 (2015).

[8] M. J. Robb, S. Y. Ku, C. J. Hawker, *Adv. Mater.*, **25**, 5686 (2013).

[9] J. Wang, T. Higashihara, *Polym. Chem.*, **4**, 5518 (2013).

[10] 但馬敬介，「有機太陽電池への応用に向けた半導体ブロックコポリマーの合成」，『ブロック共重合体の自己組織化技術の基礎と応用』，竹中幹人，長谷川博一　監修，シーエムシー出版 (2013).

[11] S. Miyanishi, Y. Zhang, K. Hashimoto, K. Tajima, *Macromolecules*, **45**, 6424 (2012).

[12] S. Y. Ku, M. A. Brady, N. D. Treat, J. E. Cochran, M. J. Robb, E. J. Kramer, M. L. Chabinyc, C. J. Hawker, *J. Am. Chem. Soc.*, **134**, 16040 (2012).

[13] J. Wang, M. Ueda, T. Higashihara, *Acs Macro Letters*, **2**, 506 (2013).

[14] S. Miyanishi, Y. Zhang, K. Tajima, K. Hashimoto, *Chem. Commun.*, **46**, 6723 (2010).

[15] S. Yamamoto, H. Yasuda, H. Ohkita, H. Benten, S. Ito, S. Miyanishi, K. Tajima, K. Hashimoto, *J. Phys. Chem. C*, **118**, 10584 (2014).

[16] J. W. Mok, Y.-H. Lin, K. G. Yager, A. D. Mohite, W. Nie, S. B. Darling, Y. Lee, E. Gomez, D. Gosztola, R. D. Schaller, R. Verduzco, *Adv. Funct. Mater.*, **25**, 5578 (2015).

[17] K. Johnson, Y. S. Huang, S. Huettner, M. Sommer, M. Brinkmann, R. Mulherin, D. Niedzialek, D. Beljonne, J. Clark, W. T. Huck, R. H. Friend, *J. Am. Chem. Soc.*, **135**, 5074 (2013).

[18] P. H. Chen, K. Nakano, K. Suzuki, K. Hashimoto, T. Kikitsu, D. Hashizume, T. Koganezawa K. Tajima, *ACS Appl. Mater. Interfaces*, **9**, 4758 (2017).

Part II
研究最前線

Chap 14

フォトニック材料
Photonic Materials

野呂　篤史　　松下　裕秀
(名古屋大学大学院工学研究科)

Overview

異種高分子成分を化学的に結合させて得られるブロック共重合体は，ナノメートルスケールの規則的周期構造を形成し，これはフォトニック結晶として利用できる．フォトニック結晶とは異なる屈折率の物質を周期的に配列させた構造体のことであり，フォトニックバンドギャップとよばれる電磁波(光)の進入を許さない波長帯域をもっている．とくに一次元的な構造の繰返しをもつ一次元フォトニック結晶では，構成成分の厚み，屈折率に応じて特定波長の光を反射する．最近では，ボトルブラシブロック共重合体，ブロック共重合体/ホモポリマーブレンド，溶媒で膨潤させたブロック共重合体など，ブロック共重合体フォトニック材料に関する数多くの研究が報告されている．

本章では，新規なブロック共重合体フォトニック材料創製のヒントとなるように，とくに分子構造，ナノ構造に焦点を当てつつ最近の研究例を紹介する．

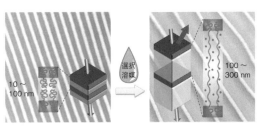

▲ブロック共重合体膜と溶媒膨潤ブロック共重合体フォトニック膜の透過型電子顕微鏡写真(背景)とそのナノ構造模式図 ［カラー口絵参照］

■ KEYWORD ◻マークは用語解説参照

- ブロック共重合体(block copolymer)◻
- ナノ相分離構造(nanophase-separated structure)◻
- 分子量(molecular weight)
- ブレンド(blend)
- フォトニック結晶(photonic crystal)◻
- フォトニック膜(photonic film)
- 反射(reflection)
- ボトルブラシブロック共重合体(bottle-brush block copolymer)
- 溶媒膨潤(solvent swelling)
- イオン液体(ionic liquid)

1 ブロック共重合体のナノ相分離構造とフォトニック材料応用

材料用途の多様化に伴い,高分子材料への高機能・高性能付与が求められている.複数の異種成分高分子からなるブロック共重合体は,そのような要求に応えるものとして注目されている.異種成分どうしで反発し合うものの,それらは強制的に化学結合されているために,10～100 nm 程度の周期構造を自発的に形成する.この構造は,その周期サイズに因んでナノ相分離構造*1 とよばれる.ナノ相分離構造はブロック共重合体の体積分率により,ラメラ状,共連続,柱状,球状などとその相分離界面の形を変えてゆく[1,2].また,平均分子量が大きくなるほど構造周期 D は大きくなる.具体的には,ブロック共重合体分子量の約 2/3 乗に比例して,D が増大することが知られている[3,4].

さて,このようなブロック共重合体のナノ相分離構造は,フォトニック結晶として利用することができる.フォトニック結晶[7]とは,異なる屈折率の物質を周期的に配列させた構造体のことであり,フォトニックバンドギャップとよばれる電磁波(光)の侵入を許さない波長帯域(禁制帯域)をもっている.また,構造の繰り返し周期の次元により一次元,二次元,三次元フォトニック結晶に分類することができる(図14-1).このような概念は,1987 年に Yablonovitch[8] や John[9] によって提唱されている.フォトニック結晶を用いることで光の屈折や反射を制御できるため,レンズ,センサー,ディスプレイ,レーザーなどへの

図 14-1 構造の繰返し周期の次元によるフォトニック結晶の分類
左から一次元,二次元,三次元フォトニック結晶.

---

*1 構造周期サイズが微視的であることから,歴史的にはミクロ相分離構造[5,6]ともよばれてきたが,本章ではナノメートルスケールの相分離構造であることに因んで,これ以降ナノ相分離構造とよぶことにする.

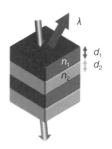

図 14-2 一次元フォトニック結晶の模式図
厚み d_1,屈折率 n_1 の成分 1 の層と,厚み d_2,屈折率 n_2 の成分 2 の層との繰返しからなるナノ構造体.垂直入射光 $\lambda = 2(n_1 d_1 + n_2 d_2)$ を反射.

応用も期待されている.

最も単純なフォトニック結晶は一次元的な構造の繰返しをもつ一次元フォトニック結晶であり,このような周期構造をもつ膜全体を指して光学多層膜,ブラッグミラーなどともよばれる.2 成分(成分 1 と成分 2)の層状の繰り返し構造に対して垂直方向から光を照射した場合,層の厚み(d_1, d_2),層の屈折率(n_1, n_2)に応じて特定波長 λ の光を反射することが知られており,下記の式(1)により表される(図 14-2)[10].

$$\lambda = 2(n_1 d_1 + n_2 d_2) \quad (1)$$

また,反射率(R)は各層の屈折率と層の数 N に依存し,式(2)のように表される.

$$R = \left[\frac{1 - \left(\frac{n_2}{n_1}\right)^{2N}}{1 + \left(\frac{n_2}{n_1}\right)^{2N}}\right]^2 \quad (ただし\ n_1 > n_2) \quad (2)$$

フォトニック結晶は精密な周期構造であるため,金属などの無機物を微細加工して作製されることが通常であるが,ブロック共重合体の自己組織化構造を代わりに利用することもできる.有機物の屈折率はおよそ 1.5 であるため,ブロック共重合体のラメラ構造を用いて可視光(およそ 400～800 nm)を反射させるためには $\lambda = 3(d_1 + d_2) = 3D$ の関係から,130 nm を超えるような D が必要とされる.このような大きな D を実現するための数平均分子量 M_n を見積もると数十万となり,現実的にはその合成は容易ではなく,ゆえに応用は限られていた.

最近筆者らは，ラメラ状ナノ相分離構造を形成するポリスチレン-b-ポリ(2-ビニルピリジン)（PS-P2VP）ブロック共重合体の薄膜を不揮発なプロトン性イオン液体中に浸漬することによって，近紫外～近赤外の光を反射するソフトフォトニック結晶膜（以下では，単にフォトニック膜とよぶ）とできることを報告している[11,12]．そのほかにも，ブロック共重合体を利用したフォトニック材料が，ここ数年で数多く報告されている．本章では，ブロック共重合体フォトニック材料研究の現状について紹介する．

2 ボトルブラシブロック共重合体からなるフォトニック材料

$D>130$ nm のナノ相分離構造を通常のジブロック共重合体で形成させようとすると，分子量で数十万，重合度では数千程度が必要となり，その合成は容易ではない．そこでジブロック共重合体の基本分子骨格は残しつつ，比較的容易に高分子量化する手法が開発されている．すなわち，櫛型ブロック共重合体の利用である．分子量数千～数万程度の側鎖が導入されると側鎖どうしが込み合って反発し合い，主鎖が伸び切りやすくなり，比較的小さな重合度でも大きな構造周期を実現できる．櫛型ブロック共重合体のフォトニック材料応用については，2007年にRungeらが最初の報告を行っている[13]．側鎖の分子量が2,000～10,000，主鎖部分の分子量が35万～70万（重合度では2,500～6,000程度），全体分子量で100万～600万の櫛型ブロック共重合体を合成

し，フォトニック材料として有用であることを明らかにしている（図14-3）．2009年以降では，GrubbsらやRzayevらもGraft-through法[14]やGraft-from法[15]により側鎖ブラシをもったボトルブラシブロック共重合体を合成し，可視光に対するフォトニック結晶特性を明らかにしている．

以上のように，側鎖基導入は有機性フォトニック材料の調製に有用な手法である．

3 ブロック共重合体/ホモポリマーブレンドからなるフォトニック材料

体積比が1：1であるポリスチレン-b-ポリイソプレン（polystyrene-b-polyisoprene：PS-PI）ブロック共重合体の構造周期は $D=0.024M_n^{2/3}$ (nm)で表されることが報告されており[3]，$D>130$ nm を実現するためには分子量は小さくても40万は必要であった．そこで1999年，Thomasらはブロック共重合体単独で相分離構造を形成させるのではなく，ホモポリマーとブレンドすることで，構造周期を大きくする試みをしている．ブロック共重合体/ホモポリマーブレンドの相分離構造に関する研究[16,17]は1990年代はじめに行われており，とくに分子量の小さいホモポリマーであれば，ブロック共重合体の重量の4倍程度まで混ぜ込んでも均一に混合できることがわかっている．また，ABブロック共重合体/Aホモポリマー/Bホモポリマー混合系であれば，構造転移を生じずに構造周期を2.5倍程度まで大きくできることが報告されている．Thomasらはこの

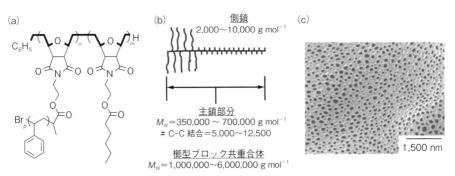

図14-3 Rungeらが合成した櫛型ブロック共重合体の化学構造式(a)，分子模式図(b)，電子顕微鏡写真(c)[13]

電子顕微鏡写真では $D>100$ nm の構造がみられている．文献[13]から許可を得て転載．Copyright 2007 American Chemical Society.

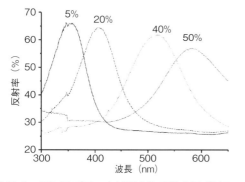

図14-4 PS-PIブロック共重合体/PSホモポリマー/PIホモポリマーブレンドからなるフォトニック膜の反射率スペクトル[19]
ホモポリマーの含有量が大きい試料ほど長波長の光を反射している。文献[19]から許可を得て転載.
Copyright 2000 John Wiley & Sons Inc.

方法を，分子量が27万，組成がおよそ1:1のPS-PIジブロック共重合体に適用している．分子量27万のPS-PI単体では，そのナノ相分離構造の D はせいぜい100 nmであり，$\lambda>400$ nmの可視光を反射させることはできない．

しかし，これに分子量が13,000のPSホモポリマー，分子量が13,000のPIホモポリマーをそれぞれ25 wt%ずつ混ぜ込むことで，400～550 nmの可視光を反射するフォトニック膜を作製している[18]．組成がおよそ1:1，分子量が39万のPS-PIに対しても，上記と同様のPSホモポリマー，PIホモポリマーを同時に添加していくことでフォトニック膜を作製しており，フォトニックバンドギャップ，すなわち反射光波長を350～600 nmで変化させられることを報告している(図14-4)[19]．ホモポリマーを混合する手法はボトルブラシブロック共重合体に対しても有効で，390～1400 nmで反射光波長制御がなされている．

4 溶媒で膨潤させたブロック共重合体フォトニック材料

溶媒で膨潤させたブロック共重合体フォトニック材料は，その調製法が容易であることに加え，応用も多様であり，最も注目されている．ナノ相分離構造を溶媒で膨潤させる手法は，ホモポリマーで膨潤させるのと基本的には同じ考え方であるが，溶媒は粘度が低く液体であるために相分離構造内に浸透しやすく，また平衡構造に近い構造を形成しやすい．2003年，Thomasらはトルエンを溶媒として用いて高濃度のPS-PI溶液を調製し，この溶液が可視光域の光に対してフォトニック特性を示すと報告している[20]．2014年には，Okamotoらもジn-オクチルフタレート，n-テトラデカン，ジメチルフタレートなどの高沸点溶媒を用いてPS-PIの溶液とし，そのフォトニック特性を報告している[21]．

しかしこれらの報告では，バルク体のブロック共重合体に対して溶媒を加えていることから溶媒の浸透が不十分であり，均一なフォトニック材料を得ることは難しいとされていた．2007年になると，薄膜に対して溶媒を浸透させる手法がThomasらから報告されている(図14-5)[22]．薄膜であるので膜全

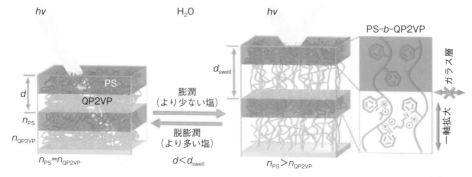

図14-5 溶媒膨潤ブロック共重合体フォトニック膜の分子模式図，ナノ構造模式図[22]
QP2VP相のみが溶媒により膨潤し，可視光を反射．文献[22]から許可を得て転載.
Copyright 2007 Nature Publishing Group.

体に溶媒が浸透するのにさほど時間はかからず，比較的容易に均一なフォトニック膜を得ることができる．また，特定成分のみを溶解する選択溶媒を用いることで，構造転移を生じさせずに構造周期だけを大きくさせることもできている．具体的には，中程度分子量のPS-P2VPからなる薄膜（PS相とP2VP相からなる交互ラメラ構造）に対してP2VP〔poly(2-vinylpyridine)〕のみを溶解するメタノールなどの選択溶媒を添加することで，P2VP相のみを膨潤させて可視光を反射する溶媒膨潤ソフトフォトニック膜としている．しかし揮発性溶媒を用いていたために，溶媒蒸発によりフォトニック特性が失われてしまうという欠点もみられ，材料として利用するのには不十分であった．もし長期間にわたり一定のD，光学特性を保持するフォトニック膜とできれば，調製の容易な不揮発性フォトニック膜，さらに外部刺激（たとえば電場，温度，応力など）に応答するフォトニック膜として，さまざまな応用・利用が期待できる．

5 イオン液体膨潤ブロック共重合体フォトニック膜

前節で言及した問題点，とくに溶媒蒸発によるフォトニック結晶特性の喪失について解決するため，NoroらはブロックN共重合体薄膜を不揮発性のイオン液体*2 で膨潤させている（図14-6）[11, 12]．

スピンコートにより，ガラスもしくはポリイミドなどの基板上に数μm厚のPS-P2VP（分子量は約8万，PSの体積分率は0.50でラメラ構造組成）薄膜を作製している．THFとクロロホルムの混合溶媒の蒸気を用いてアニール処理を行い，その後イミダゾリウムビス(トリフルオロメタンスルホニル)イミダイド[23, 24]とイミダゾールの混合物（モル比で3：4．室温では不揮発性液体でありP2VPのみを溶解させる．）をイオン液体（ionic liquid：IL）として添加し，40℃程度で1～2時間加熱することで不揮発なソフトフォトニック膜を得ている．

---

*2 イオン液体の蒸気圧も厳密にはゼロではないが，本章では常温常圧で1 Pa以下の蒸気圧である場合を不揮発とよぶことにする．

IL添加前後の透過型電子顕微鏡（transmission electron microscope：TEM）観察結果を，図14-6(d), (e)に示している．観察像にコントラストをつけるためにヨウ素蒸気での染色処理を行っており，P2VP相が暗くみえる．IL添加前〔図14-6(d)〕では対称組成のラメラ構造（D～33 nm，明るいPS相～16 nm，暗いP2VP相～17 nm）が観察されていたのに対し，IL添加後〔図14-6(e)〕では非対称組成のラメラ構造（D～106 nm，明るいPS相～18 nm，暗いP2VP相～88 nm）がみられた．P2VP相が，ILによって選択的に膨潤していることがわかる．また，D＞100 nmのナノ相分離構造の測定に有効な超小角X線散乱（ultrasmall-angle X-ray scattering：U-SAXS）についても測定がなされている．IL添加前のDは37 nmであったが，IL添加後ではD＝137 nmとなり，IL添加前と比較してDが3.7倍と大幅に大きくなっていることがU-SAXSから確認されている．

上記の膜の反射率測定結果を，図14-7(a)に示している．379 nmに鋭い反射ピークがみられ，膜の

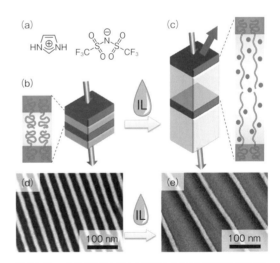

図14-6 イミダゾリウムビス(トリフルオロメタンスルホニル)イミダイドの化学構造式(a)，イオン液体で膨潤させる前のブロック共重合体膜の分子模式図・ナノ構造模式図(b)，イオン液体で膨潤させたブロック共重合体フォトニック膜の分子模式図・ナノ構造模式図(c)，PS-P2VP膜のTEM像(d)，PS-P2VP/ILフォトニック膜のTEM像(e)

図14-7 (a) PS-P2VP/IL フォトニック膜の反射率スペクトル，(b) IL 添加前後のナノ構造模式図

外観(紫色)に対応した結果が得られている．ここで，PS 相は膨潤せず P2VP 相のみが膨潤すると仮定し，U-SAXS で求めた D を用いると $d_1=18.5$ nm，$d_2=118.5$ nm と見積もられる．また，PS の屈折率は 1.59，IL を含有した P2VP の屈折率は 1.45 である〔図 14-7(b)〕．これらの値を用いて式(1)より反射光波長 λ を計算すると 402 nm となり，実験値 379 nm とおおよそ一致していることがわかる．ナノ構造観察と反射率測定の両面から，一次元フォトニック膜であることを確認できた．

このようなフォトニック膜は今回用いたイオン液体だけではなく，たとえば 1-エチルイミダゾリウム ビス(トリフルオロメタンスルホニル)イミダイド，トリエチルアンモニウム ビス(トリフルオロメタンスルホニル)イミダイド，1-エチルイミダゾリウム トリフルオロメタンスルホネートなど，ほかのプロトン性のイオン液体[25]からでも作製できることがわかっている．また，イオン液体ではなくてもテトラエチレングリコールや 1,5-ペンタンジオールのように，プロトン性溶媒であればフォトニック膜作製に利用できることがわかっている．ポリマー–溶媒間での水素結合などの相互作用により，ブロック共重合体膜に大きな浸透圧が生じることで，大きな膨潤度，すなわち大きな D を実現し，フォトニック膜として働いていると考えられている．

6 ブロック共重合体/フィラーからなるフォトニック材料

ブロック共重合体ナノ相分離構造をホモポリマーや溶媒以外のもの，たとえば無機フィラーにより膨らませた研究もいくつか報告されている．無機フィラーは有機物とは屈折率が大きく異なるため，もし自由自在に相分離構造の特定部位に詰め込むことができれば，フォトニック材料としての可能性・潜在性を大きくひきあげることができると期待される．

7 まとめと今後の展望

本章ではブロック共重合体フォトニック材料について，最近の研究例をあげながら紹介した．可視光に対してフォトニックバンドギャップを生じるようなブロック共重合体フォトニック材料とするためには，130 nm 以上の構造周期のナノ相分離構造を形成させる必要がある．しかし，このように大きな構造周期のナノ相分離構造を形成させるためには，分子量 40 万以上のジブロック共重合体が必要であり，その合成は容易ではない．そこで，分子量数千～数万程度の側鎖をもった櫛型のブロック共重合体，いわゆるボトルブラシブロック共重合体からなるフォトニック材料に関する研究がなされ，報告されている．

一方でありふれたジブロック共重合体を用い，この相分離構造を膨潤させてフォトニック材料にしようとする研究も盛んに行われている．膨潤剤としてはホモポリマー，溶媒(有機性低分子量可塑剤)，無機フィラーなどが用いられており，とくにブロック共重合体薄膜に対して選択溶媒を添加するだけで作製できる溶媒膨潤ブロック共重合体フォトニック膜は比較的容易に作製できるため，さまざまな応用が期待されている．さらに不揮発性のプロトン性溶媒で膨潤させて得られるフォトニック膜は，溶媒が蒸発しないために長期にわたってそのフォトニック特性を維持する．外場応答性フォトニック材料としても利用できるため，たいへん有望である．

◆ 文 献 ◆

[1] M. Matsuo, S. Sagae, H. Asai, *Polymer*, **10**, 79 (1969).
[2] T. Inoue, T. Soen, T. Hashimoto, H. Kawai, *J. Polym. Sci., Part A-2: Polym. Phys.*, **7**, 1283 (1969).
[3] T. Hashimoto, M. Shibayama, H. Kawai, *Macromolecules*, **13**, 1237 (1980).
[4] Y. Matsushita, K. Mori, R. Saguchi, Y. Nakao, I. Noda, M. Nagasawa, *Macromolecules*, **23**, 4313 (1990).
[5] L. Leibler, *Macromolecules*, **13**, 1602 (1980).
[6] F. S. Bates, G. H. Fredrickson, *Annu. Rev. Phys. Chem.*, **41**, 525 (1990).
[7] "Photonic Crystals: Modeling the Flow of Light, 2nd Ed.," ed. by J. D. Joannopoulos, S. G. Johnson, J. N. Winn, R. D. Meade, Princeton University Press (2008).
[8] E. Yablonovitch, *Phys. Rev. Lett.*, **58**, 2059 (1987).
[9] S. John, *Phys. Rev. Lett.*, **58**, 2486 (1987).
[10] A. C. Edrington, A. M. Urbas, P. DeRege, C. X. Chen, T. M. Swager, N. Hadjichristidis, M. Xenidou, L. J. Fetters, J. D. Joannopoulos, Y. Fink, *Adv. Mater.*, **13**, 421 (2001).
[11] A. Noro, Y. Tomita, Y. Shinohara, Y. Sageshima, J. J. Walish, Y. Matsushita, E. L. Thomas, *Macromolecules*, **47**, 4103 (2014).
[12] A. Noro, Y. Tomita, Y. Sageshima, Y. Matsushita, J. J. Walish, E. L. Thomas, PCT/JP2014/062747.
[13] M. B. Runge, N. B. Bowden, *J. Am. Chem. Soc.*, **129**, 10551 (2007).
[14] Y. Xia, B. D. Olsen, J. A. Kornfield, R. H. Grubbs, *J. Am. Chem. Soc.*, **131**, 18525 (2009).
[15] J. Rzayev, *Macromolecules*, **42**, 2135 (2009).
[16] T. Hashimoto, H. Tanaka, H. Hasegawa, *Macromolecules*, **23**, 4378 (1990).
[17] H. Tanaka, H. Hasegawa, T. Hashimoto, *Macromolecules*, **24**, 240 (1991).
[18] A. Urbas, Y. Fink, E. L. Thomas, *Macromolecules*, **32**, 4748 (1999).
[19] A. Urbas, R. Sharp, Y. Fink, E. L. Thomas, M. Xenidou, L. J. Fetters, *Adv. Mater.*, **12**, 812 (2000).
[20] A. M. Urbas, E. L. Thomas, H. Kriegs, G. Fytas, R. S. Penciu, L. N. Economou, *Phys. Rev. Lett.*, **90**, 108302 (2003).
[21] A. Matsushita, S. Okamoto, *Macromolecules*, **47**, 7169 (2014).
[22] Y. Kang, J. J. Walish, T. Gorishnyy, E. L. Thomas, *Nat. Mater.*, **6**, 957 (2007).
[23] A. Noda, A. B. Susan, K. Kudo, S. Mitsushima, K. Hayamizu, M. Watanabe, *J. Phys. Chem. B*, **107**, 4024 (2003).
[24] G. J. Wilson, A. F. Hollenkamp, A. G. Pandolfo, *Chem. Int.*, **29**, 16 (2007).
[25] T. L. Greaves, C. J. Drummond, *Chem. Rev. Soc.*, **108**, 206 (2008).

Part II 研究最前線

Chap 15

高性能熱可塑性エラストマー：オレフィン系

High-Performance Thermoplastic Elastomer: Polyolefin

山口 政之
（北陸先端科学技術大学院大学
マテリアルサイエンス系）

Overview

ポリオレフィン系の熱可塑性エラストマーはその種類が多く，材料構成も多岐に渡るが，とくにポリプロピレンを1成分として用いている熱可塑性エラストマーは，軟質材料のなかでもコストパフォーマンスと耐熱性のバランスに優れることが知られている．また，その高次構造はほかの熱可塑性エラストマーと大きく異なり，高性能化に対するアプローチも独特である．

本章では，ポリオレフィン系熱可塑性エラストマーのなかでも，とくにポリプロピレンとこれと相溶するゴム状物質とのブレンドや，動的架橋法で得られた熱可塑性エラストマーに着目し，その力学的性質や流動特性などについて説明する．

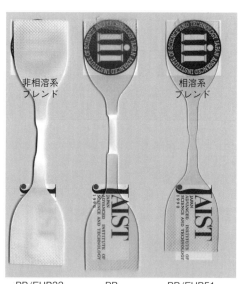

PP/EHR33　　PP　　PP/EHR51
　(90/10)　　　　　　(70/30)

▲100%の引張変形を与えて除荷した後の試験片
［カラー口絵参照］

■ **KEYWORD** 📖マークは用語解説参照

- ■熱可塑性エラストマー（thermoplastic elastomer）
- ■ポリオレフィン（polyolefin）
- ■ポリマーブレンド（polymer blend）
- ■動的架橋（dynamic vulcanization）📖
- ■レオ・オプティックス（rheo-optics）
- ■ゴム弾性（rubber elasticity）
- ■永久ひずみ（permanent set）
- ■レオロジー特性（rheological properties）
- ■塑性流体（plastic fluid）

はじめに

代表的な熱可塑性エラストマーとして，ポリスチレン系，ポリウレタン系，ポリオレフィン系，ポリエステル系，ポリアミド系の各種材料があげられるが[1]，そのなかでもポリオレフィン系熱可塑性エラストマー（thermoplastic polyolefin elastomer：TPO）は，材料としての定義が最も曖昧な熱可塑性エラストマーと思われる．特許庁の資料には，「ポリオレフィン系熱可塑性エラストマーの技術内容」として，「ポリオレフィン系熱可塑性エラストマーの代表的な製造方法としては，単純ブレンドと部分架橋がある．特徴としては…．」と記載されている[2]．本記載からもわかるように，いわゆるTPOは本書の主題となっているブロック共重合体ではない．ほかの熱可塑性エラストマーは，基本的にハードセグメントとソフトセグメントから構成されるブロック共重合体であることから，TPOの構造はかなり特殊である．なお広い意味では，低結晶性のエチレン-α-オレフィン共重合体，エチレン-酢酸ビニル共重合体，シンジオタクチック1,2-ポリブタジエンなどもTPOに含めることがある．これらは少量の結晶がハードセグメントの役割を果たしているものの，やはり厳密にはブロック共重合体ではない．ただし，一部のメーカーから，水素添加したブタジエン系ブロック共重合体が，オレフィン結晶-エチレンブチレン-オレフィン結晶ブロック共重合体熱可塑性エラストマーとして市販されており[3]，これはブロック共重合体のTPOとなる．

また，TPOのなかでも，とくにゴム成分が架橋されている材料を動的架橋型熱可塑性エラストマー（thermoplastic vulcanizates：TPV）とよぶことがある．このような材料は，"動的架橋"（dynamic vulcanization）と称される方法によって製造されている．動的架橋とは，流動場でプラスチック成分とゴム成分を溶融混合しながらゴム成分の架橋を行う方法であり，Coranらの研究とその実用化により一躍有名になった[1,4,5]．ゴム成分が完全に架橋された"完全架橋型"と，一部のゴム成分が架橋されていない"部分架橋型"が実用化されている．

このようにTPOといっても，その構造や組成は多岐にわたり，厳密な定義はほとんど意味をもたない．そこで本章では，ポリプロピレンとエチレン-α-オレフィン共重合体を架橋せずに単純に混合した軟質系ブレンドと，動的架橋法によって調製された材料に限定し，その内容を紹介する．

1 ポリプロピレンとエチレン-α-オレフィン共重合体からなるブレンド

ポリオレフィンの相溶性に関する研究は，メタロセン触媒の発見により一次構造の制御された共重合体が製造できるようになった1990年代に急激に進んだ．これらの研究によると，異種ポリオレフィンの相溶性はパッキング長（packing length）とよばれる分子特性値の違いに強い影響を受け，同程度のパッキング長を示す物質は相溶する可能性が高い[6]ことがわかっている．たとえば，立体規則性がイソタクチック型の一般的なポリプロピレン（polypropylene：PP）とは，α-オレフィン共重合量が50モル％を超えるエチレン-ブテン-1共重合体，エチレン-ヘキセン-1共重合体，エチレン-オクテン-1共重合体が非晶領域で相溶性を示す[6,7]．図15-1に，分子量が20万程度のPPと各種エチレン-α-オレフィン共重合体との相溶性を示す．また，ポリプロピレンの立体規則性はパッキング長にも影響を及ぼすために，シンジオタクチック型のポリプロピレンと上記のエチレン-α-オレフィン共重合体は必ずしも相溶性を示さない[8]．なお，相溶性を示す共重合体であっても，PPの結晶領域には存在できないためにPPの融点を大きく低下させることはな

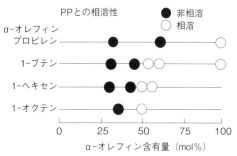

図15-1　PPとエチレン-α-オレフィン共重合体の相溶性[7]

い，α-オレフィンの共重合量が少ない共重合体は非相溶となるが，界面張力は比較的低いために分散粒子径は小さくなりやすい[7,8]．これらのエチレン-α-オレフィン共重合体はPPの耐衝撃性改質などにも用いられている．

図15-2に，PPとヘキセン-1共重合量の異なるエチレン-ヘキセン-1共重合体ブレンドの透過型電子顕微鏡写真を示す[7]．EHR33はヘキセン-1が33モル%，EHR51は51モル%の共重合体である．また，ブレンド中におけるPPの割合は70重量%である．ヘキセン-1が50モル%を超える共重合体とのブレンドには相分離構造が観測されず，動力学特性などを測定しても単一のガラス-ゴム転移が観測される．すなわち，両ポリマーは非晶領域で相溶しており，

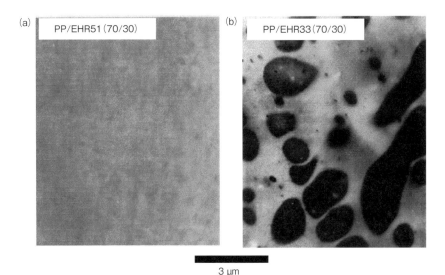

図15-2　PP/エチレン-ヘキセン-1共重合体ブレンドの透過型電子顕微鏡写真[7]
(a) 相溶系ブレンド PP/EHR51(70/30)，(b) 非相溶系ブレンド PP/EHR33(70/30)．

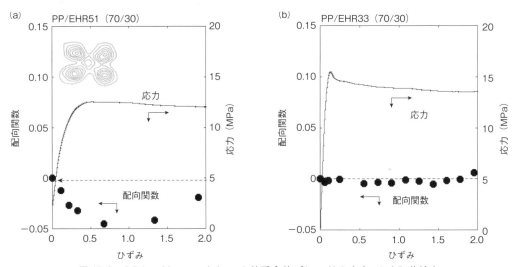

図15-3　PP/エチレン-ヘキセン-1共重合体ブレンドの応力-ひずみ曲線とPP分子鎖の配向関数[7]
(a) 相溶系ブレンド PP/EHR51(70/30)，(b) 非相溶系ブレンド PP/EHR33(70/30)．
(a)図中には，ひずみ0.5におけるHv光散乱像を示している．

共重合体の分子鎖は結晶ラメラ間にPPの非晶鎖とともに存在する．共重合体の存在により非晶領域の厚みが増加するために，タイ分子(隣り合う結晶を連結する分子鎖)の分率が低下する．また，共重合体の影響を受けてガラス転移温度も低下する．それらの結果，クレイズ形成などPPに特徴的である脆性的な破壊が抑制され，球晶組織が崩壊することなく延伸方向に大きく変形可能となる．図15-3には，応力-ひずみ曲線と，それと同時に測定したPP分子鎖の配向関数(赤外二色比より算出)，さらにはひずみ0.5において測定したHv光散乱像を示す[7]．

このように，光学量を力学特性と同時に測定する手法はレオ・オプティックスとよばれており，高分子材料の変形機構の解明に重要な情報を与えてくれる．相溶系ブレンド(PP/EHR51)の場合，球晶が弾性的に変形するためラメラが延伸方向へ配向し，その結果，PP分子鎖は延伸方向とは垂直に配向する(負の配向関数)．また弾性率が低く，降伏点におけるひずみも大きいことから優れた軟質材料となっている．なお，本ブレンドに100%の引張変形を与えても除荷後には60%以上のひずみ回復を生じる．一方，相分離構造を形成するブレンド(PP/EHR33)の場合，ゴム粒子内のキャビテーション(空洞化)が数多く発生するとともに，応力集中に伴うせん断降伏が局所的に生じるために，系全体としては配向関数がほとんど変化しない状態で降伏点を迎える．降伏点を示すひずみも相溶系に比べて小さく，PPとほぼ同じである．さらに，除荷後のひずみ回復も乏しく，PPとほとんど変わらない．ただし，初期弾性率や降伏応力が高く，耐衝撃性にも優れることから，硬質材料として用いるには非相溶系ブレンドのほうが望ましい用途が多い．

2 動的架橋により得られるポリプロピレン系熱可塑性エラストマー

最初に述べたように，TPOはほかの熱可塑性エラストマーとは高次構造がまったく異なるために，固体状態における力学的性質や流動特性も大きく異なる．ここではとくに，動的架橋によって製造されるTPOに着目し，その固体物性およびレオロジー特性について説明する．なお，TPOに限らずほとんどの熱可塑性エラストマーでは，固体状態における弾性率が低く変形後の弾性回復が顕著であること，さらに溶融粘度が低く流動性に優れることが求められており，それらを目的とした技術開発が必要になることが多い．

TPOが固体状態において示すゴム弾性は，本材料の開発当初より興味の対象となっており，数多くの報告が行われている[9, 10]．これらの報告では，一部のPPが架橋ゴムを連結する働きを示すために，材料全体としてゴム弾性を生じると考えられている．TPOの応力-ひずみ曲線は，架橋ゴムのように逆S字型とはならないが，いったん予ひずみ(pre-strain)を与えることにより，予ひずみ以下の二度目の延伸では架橋ゴムのような力学特性を示すことが知られている(図15-4)．実用的な架橋ゴムでも，予ひずみにより応力が低下する現象は観測され，マリンズ効果とよばれている．架橋ゴムのマリンズ効果には，充填材表面に吸着したゴム分子鎖の脱着など

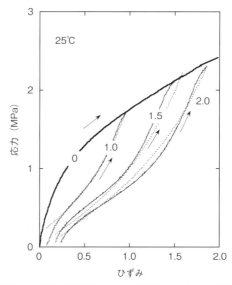

図15-4 動的架橋法によって製造された市販TPOの応力-ひずみ曲線

太い実線は予ひずみなし，細い実線は図中に記載してあるひずみを予め与えたのちに測定した値，細い破線は逆ランジュバン関数による計算値．試料：完全架橋型TPO(材料構成比率PP 10〜15%，EPDM(エチレン・プロピレン・ジエン三元共重合体ゴム)30〜40%，オイル30〜40%，充填材10〜20%)．

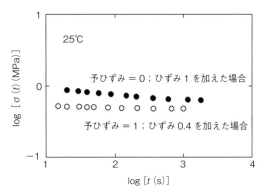

図15-5 市販TPOにおける変形停止後の応力の時間変化

(●)：予ひずみを与えていない試験片にひずみ1を与えた後の応力変化．(○)：ひずみ1をあらかじめ与えておいた試験片に再度0.4のひずみを与えた後の応力変化．試料は図15-4と同じ．

が関与すると考えられている．

　さて，予ひずみを与えておいたTPOに一定ひずみ（予ひずみ以下）を再び与えて応力の時間変化を測定すると，応力はほとんど緩和せずに理想弾性体に近い挙動を示す（図15-5）．一方，予ひずみを与えていない場合には，応力は時間とともに低下し，除荷後のひずみ回復性も乏しくなる．TPOが一度目の変形履歴で示す非回復性のひずみ，さらには予ひずみによる引っ張り応力の低下は，マトリックスであるPPのせん断降伏による塑性変形が原因となっている．すなわち，塑性変形を生じにくい熱可塑性プラスチックを連続相として用いると，圧縮永久ひずみ（圧縮変形における非回復性のひずみ）[11]などに代表される塑性ひずみは低減可能である．たとえばPPの一部を，前節で紹介したPPと相溶するエチレン-α-オレフィン共重合体に代替すると，圧縮永久ひずみは小さくなり，理想弾性体に近づくことが報告されている[12]．

　前述したように，予ひずみ以下の領域では応力はほとんど緩和しない．また，応力-ひずみ曲線はひずみが小さい領域であっても，伸び切り鎖を考慮したゴムの構成方程式で記述される．なお，架橋ゴムの場合には，大変形により分子鎖の伸び切り効果が顕在化すると，逆ランジュバン関数により応力-ひずみ曲線を記述できることが知られている[13]．図

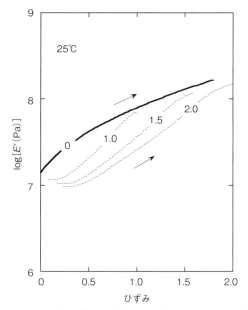

図15-6 一軸延伸中に微小な振動変形を与えて測定した引っ張り貯蔵弾性率，E'

静的な延伸条件および試料は図15-4と同じ．与えた周波数は100 Hz．図中の数字は予ひずみの大きさを表している．

15-4に示した破線は逆ランジュバン関数による計算値を表しているが，実測値（細い実線）とよく一致することがわかる．また，筆者らは応力-ひずみ曲線を測定する際に，同時に微小な振動ひずみを延伸方向に与えて動的弾性率を測定している．図15-6に示す結果から明らかなように，予ひずみを与えることで貯蔵弾性率は低くなる．また，その変化は予ひずみが大きくなるほど顕著である．さらに，二度目の延伸（破線）では，変形のごく初期において弾性率が一定値を示すものの，すぐに弾性率は増加することがわかる．これらの結果は，予ひずみが大きくなると，架橋ゴム粒子をつなぐPPのサイト（連結点）が減少すると考えることで説明可能である．すなわち，大きなひずみを与えるほど多くのPPが塑性変形を示し架橋ゴムをつなぐ能力を失うものの，一部のPPは架橋ゴムを連結しており，弾性的な力学応答を担う．

　TPOは，ほかの熱可塑性エラストマーと流動特性も大きく異なる．市販のTPOを用いて測定した動的粘弾性の温度依存性を図15-7に示す[14]．PP

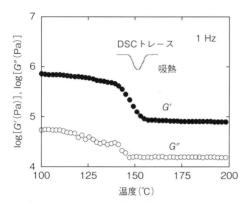

図 15-7 動的架橋により製造された市販 TPO の動的せん断弾性率の温度依存性[14]
●貯蔵弾性率, ○損失弾性率.
図中の実線は DSC(differential scanning calorimetry, 示差走査熱量測定)昇温曲線を示す. 試料は図 15-4 と同じ.

の融点付近で弾性率は一度低下するものの, それより高温でも一定の弾性率を保ち続けていることがわかる. すなわち, 線形粘弾性において TPO は流動領域を示さない. 成形加工温度域で振動ひずみを大きくすると, あるひずみ(γ_{th})を超えたところで, 複素応力の絶対値が一定($|\sigma^*|_{th}$)となる(図 15-8). リサジュー図形(Lissajous pattern)も, 応力が臨界値を超えない形状になる. 角速度にほとんど依存しないこの値は, 降伏応力とみなすことができる. すなわち PP の融点以上において, 動的架橋 TPO は塑性流体として振る舞う. また降伏応力を超えると,

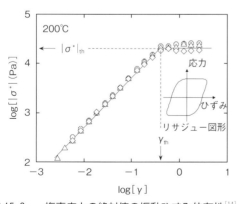

図 15-8 複素応力の絶対値の振動ひずみ依存性[14]
角速度:(○)0.044 s^{-1},(△)0.44 s^{-1},(◇)4.4 s^{-1}. 図中には非線形領域(ひずみ 1.2)におけるリサジュー図形を示している. 試料は図 15-4 と同じ. 測定温度は 200℃.

架橋ゴム粒子が互いの相対位置を変えながら移動し巨視的な流動を生じると考えられる. この粒子流動は臨界応力を超えると発生するが, それは圧力流の場合でも同じである. その結果, 図 15-9 に示すように毛管粘度計によって評価されたせん断応力は, せん断速度にほとんど依存せずにほぼ一定値を示す. さらにその際のせん断応力(σ)は, 複素応力の絶対値($|\sigma^*|_{th}$)にほぼ等しい. すなわち, 粒子流動を生じる臨界応力を低減することで, 粘度は低下し流動性は向上する.

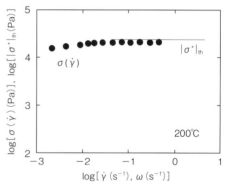

図 15-9 定常流せん断応力のせん断速度($\dot{\gamma}$)依存性(●)と, 複素応力の絶対値の角速度(ω)依存性(実線)[14]
試料は図 15-4 と同じ. 測定温度は 200℃.

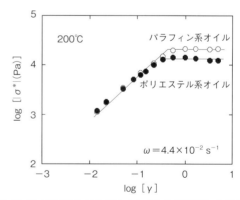

図 15-10 PP/アクリルゴム/オイルから調製した動的架橋 TPO における複素応力の絶対値の振動ひずみ γ 依存性[14]
測定温度は 200℃, 角速度は 0.044 s^{-1}, 試料:完全架橋型 TPO(材料構成比率 PP 14%, 架橋アクリルゴム 45%, オイル 9%, 相容化剤 3%, カーボンブラック 28%). オイルとして PP との混和性に優れるパラフィン系オイル, またはアクリルゴムとの混和性に優れるポリエステル系オイルを使用.

粒子流動に必要となる臨界せん断応力と，材料の構成成分との関係を明確にするため，ポリプロピレン，架橋アクリルゴム，オイルから構成される動的架橋TPOを調製し，同様の実験を行った[14]．その結果，非線形領域の複素応力はオイルの種類によって大きく異なることが判明した（図15-10）．すなわち，アクリルゴムとの相溶性に優れるオイルを用いると応力が高く，PPとの相溶性に富むオイルでは応力が低くなる．流動性を示すPP中にオイルが存在することで，マトリックスの体積分率が増加したためであると考えられる．なお，本実験は動的測定から得られた結果であるが，毛管粘度計で測定した定常状態のせん断応力もこれに対応している．すなわち，マトリックスに存在しやすいオイルの添加は流動性を高める．最も汎用的な動的架橋TPOは架橋ゴムにエチレン-プロピレンゴムを用いており，PPとほぼ同じ程度の溶解度パラメータを示す．その場合，PPが結晶状態ではオイルが架橋ゴム中に存在することでマトリックスの体積分率が低下し，融点以上では溶融したPP中へオイルが移行するためにマトリックスの体積分率が増加することになる．このようにオイルが温度変化に伴って移行する現象が，熱可塑性エラストマーとしての特性を高めていると考えられている[10]．余談ではあるが，相分離系ブレンドにおける第三成分の相間移動は，さまざまな材料設計に利用することが可能である．現在筆者らは，冬になるとマトリックスに可塑剤が増えてガラス転移温度が低下する材料などを設計している[15]．

3 まとめと今後の展望

ポリオレフィン系材料の特長である軽量性は多くの用途分野で大きな魅力となることから，今後も注目される軟質材料であり続けることは間違いない．なお，"ポリオレフィン系"の"熱可塑性エラストマー"として文献検索を行うと，最近ではナノコンポジットの研究報告例が増えている．TPOとしての基本的な材料設計はほぼ終えて，さまざまな用途に応じた開発が重要な局面になっていることを意味しているのかもしれない．ただし，永久ひずみ（塑性ひずみ）が架橋ゴム並みの値を示すとともに，汎用のプラスチック成形機で容易に加工できる高性能TPOに対する市場ニーズは強いことから，今後の技術革新にも期待したい．

◆ 文献 ◆

[1] J. G. Drobny, "Handbook of Thermoplastic Elastomers, Second Edition" Elsevier (2014).

[2] 特許庁ホームページ, http://www.jpo.go.jp/shiryou/s_sonota/hyoujun_gijutsu/golf_ball/page071.htm

[3] JSR株式会社 ホームページ, http://www.jsr.co.jp/pd/tpe_dynaron.shtml

[4] A. Y. Coran, R. P. Patel, *Rubber Chem. Technol.*, 53, 141 (1980).

[5] "Thermoplastic Elastomers from Rubber-Plastic Blends," ed. by S. K. De, A. K. Bhowmick, Ellis Horwood (1990).

[6] D. J. Lohse, W. W. Graessley, 'Thermodynamics of Polyolefin Blends,' "Polymer Blends, Volume 1: Formulation," ed. by D. R. Paul, C. B. Bucknall, John Wiley & Sons (1999), chap. 8.

[7] K. Nitta, M. Yamaguchi, 'Morphology and Mechanical Properties in Blends of Polypropylene and Polyolefin-Based Copolymers,' "Polyolefin Blends," ed. by D. Nwabunma, T. Kyu, John Wiley & Sons (2008), chap. 9.

[8] M. Yamaguchi, H. Miyata, *Macromolecules*, 32, 5911 (1999).

[9] S. Toki, B. S. Hsiao, 'Structure, Morphology, and Mechanical Properties of Polyolefin-Based Elastomers,' "Polyolefin Blends," ed. by D. Nwabunma, T. Kyu, John Wiley & Sons (2008), chap. 8.

[10] J. C. Angola, 井上 隆, 日本ゴム協会誌, 69, 92 (1996).

[11] JISハンドブック,『ゴム・エラストマーI』, 日本規格協会 (2015).

[12] 山口政之, 鈴木謙一, 西尾省治, 熱可塑性エラストマー組成物, 特開平7-126452.

[13] L. R. G. Treloar, "The Physics of Rubber Elasticity (Oxford Classic Texts in the Physical Sciences), Third Edition," Oxford University Press (2005).

[14] 山口政之, 鈴木謙一, 日本レオロジー学会誌, 23, 125 (1995).

[15] N. Kuhakongkiat, V. Wachteng, S. Nobukawa, M. Yamaguchi, *Polymer*, 78, 208 (2015).

Chap 16

エポキシ/ブロック共重合体ポリマーブレンドの自己組織化ナノ相構造と強靭化
Self-Assmbled Nanophase Structure and Toughening of Epoxy/Block Copolymer Blends

岸 肇
(兵庫県立大学大学院工学研究科)

Overview

構造材料,接着剤,塗料などとして工業界で広く用いられるネットワークポリマーであるエポキシ樹脂の強靭化を目的として,エラストマーや熱可塑性樹脂とのポリマーブレンド,あるいは無機フィラーなどの強化剤との複合化が検討されてきた.近年,ブロック共重合体の自己組織化能力を生かし,ナノサイズの周期的相構造を形成するエポキシ/ブロック共重合体ポリマーブレンドが注目されている.組合せによっては,既存エポキシ樹脂と比較して20倍以上の強靭化効果がもたらされる有望技術である.

本章は,このエポキシ/ブロック共重合体ポリマーブレンドのナノ相構造形成および強靭化について解説する.

▲エポキシ/アクリルブロック共重合体ブレンドの配列ナノシリンダー相構造(硬化樹脂破断面)
[カラー口絵参照]

■ KEYWORD □マークは用語解説参照

- エポキシ樹脂(epoxy resin)
- ブロック共重合体(block copolymer)
- ナノ構造(nanostructure)
- 相構造(phase structure)
- 反応誘起型相分離(reaction-induced phase separation)
- 靭性(toughness)

はじめに

繊維強化複合材料や電子材料などの高信頼性を要求される産業において，エポキシ樹脂(epoxy resin)が多く用いられている．耐熱性，耐溶剤性，耐クリープ性，耐疲労性などの耐久性を得るためには，線状高分子よりネットワークポリマー(架橋高分子)が有利となるからである．このエポキシ樹脂にさらなる機能を付与する技術として，ポリマーブレンドがある．古くからエポキシ樹脂の強靭化を目的として，液状ゴムや熱可塑性樹脂といった高分子改質剤とのブレンドが検討されてきた．ポリマーブレンドは未硬化段階のエポキシオリゴマーにこれらのポリマーを溶解し，硬化剤との反応過程で生じる相分離現象を活用する技術である[1~5]．ブレンド樹脂に熱や光を照射して生じる重合(高分子化)反応が，混合系の自由エネルギーを上昇させ相分離を引き起こすため**反応誘起型相分離**(reaction-induced phase separation)とよばれている[6, 7]．この技術を用いると，サブマイクロ～マイクロサイズの相構造(phase structure)が硬化樹脂中に形成されることが多い．工業的に実用化された技術だが，熱力学的平衡状態に達する前にゲル化して相構造が固定されるため，硬化成形条件が異なると同一組成物であっても生じる相構造は異なり，所定の物性になりにくいという課題がある．

そのような背景にあって，近年，エポキシ樹脂とブロック共重合体(block copolymer)の適切な組成物を見いだせば，数十 nm 以下のサイズで周期性をもつミセル構造(球状，シリンダー状，ラメラ状など)が自己組織形成されることが明らかとなった．後述するようにどのようなブレンド組成でもナノ相構造が得られるわけではないが，組み合わせによっては既存エポキシ樹脂と比較して著しく強靭化されることが報告されている．本章では，そのナノ相構造形成と強靭化について筆者らの研究も含めて解説する．

1 エポキシ／ブロック共重合体ポリマーブレンドの相構造形成

まず，F. S. Bates らの先駆的研究について紹介する．両親媒性ブロック共重合体であるポリエチレンオキシド(polyethylene oxide：PEO)-ポリエチルエチレン(polyethylethylene：PEE)ジブロック共重合体や PEO-ポリエチレンプロピレン〔poly(ethylene-alt-propylene)：PEP〕ジブロック共重合体をビスフェノール A 型エポキシ樹脂(diglycidyl ether bisphenol A：DGEBA)に溶解させフタル酸無水物で硬化したところ，硬化樹脂中に直径約十 nm サイズのコア-シェル型シリンダーが配列する相構造が生じた．六方最密充填型のシリンダー配列構造であり，シリンダーのコア部は極性の低い PEE もしくは PEP，シェル部は PEO からなることが，小角 X 線散乱および電子顕微鏡観察により明らかになった(図 16-1)[8, 9]．

また彼らは，PEO-PEP ジブロック共重合体を添加した DGEBA について，芳香族ジアミン硬化の途中過程での *in-situ* 小角 X 線散乱を行った[9]．ジブロック共重合体添加量 20 wt%までの樹脂組成では相構造は認められなかったが，25 wt%にて球状，45～60 wt%でシリンダー状，60～75 wt%にてジャイロイド，それ以上の添加量ではラメラ状相構造が樹脂中に形成された．69 wt%ブレンド組成は硬化前にはジャイロイドであったが，100℃でのエポキシ硬化過程でラメラ構造へと変化したこともわかった．PEO 鎖はエポキシモノマーに相溶するものの，エポキシと芳香族アミンとの硬化反応進行に伴い相溶性が乏しくなり，相界面の曲率が変化したと推測

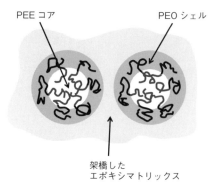

図 16-1　PEO-PEE ジブロック共重合体 25 wt%添加エポキシ硬化物のシリンダー配列構造断面模式図[8]

されている[9].

S. Ritzenthaler, L. Leibler, J. P. Pascault ら[10, 11]は，ABC型トリブロック共重合体であるポリスチレン-ポリブタジエン-ポリメチルメタクリレート(PS-PB-PMMA)をDGEBAに混合し，芳香族ジアミンMCDEA〔4,4-methylene-bis-(3-chloro-2,6-diethylaniline)〕で硬化したところ，ナノサイズのラズベリー状の分散相がエポキシマトリックス中に形成されることを見いだした(図16-2[11])．エポキシ非相溶なPS鎖からなる球状ドメインの上にやはり非相溶性のPB鎖ドメインが球状で点在し，エポキシマトリックスとの界面にはエポキシ親和性の高いPMMA鎖が取り巻く特徴的な相構造である．これは，ブロック共重合体含有量が組成物中30～50 wt%という高濃度ブレンド系で見いだされた知見である．

前述のように，ポリマーを未硬化樹脂に均一溶解させた後でエポキシ硬化反応に伴い相分離させる"反応誘起型相分離"の経路を辿ると，ゲル化に至るまで相分離が進行し，一般には相構造サイズがマイクロメートルオーダーまで成長しやすい．しかし，S. Zheng らは，ポリエチレンオキサイド-ポリε-カプロラクタム-ポリスチレントリブロック共重合体をエポキシ樹脂にブレンドし，系全体がいったん均一相溶して反応誘起型相分離の経路を辿るにもかかわらず，相分離サイズが数十 nm にとどまるケースを見いだした[12]．硬化初期には，ブロック共重合体の両方のブロック鎖がエポキシ樹脂オリゴマーに相溶状態にあり，硬化過程の中間段階で片方のブロック鎖のみが非相溶，もう一方が相溶となる組合せとなり，ナノ相構造を形成したと解釈されている．

筆者ら[13～15]は，ポリメチルメタクリレート-ポリブチルアクリレート-ポリメチルメタクリレート(PMMA-PnBA-PMMA)ブロック共重合体(以下，アクリルBCPとよぶ)とDGEBAとのブレンド系が形成する相構造を，硬化剤種を比較しながら観察した．硬化剤は次の4種，すなわち芳香族アミン系の 4,4′-diamino diphenyl sulphone (DDS)，フェノール系の phenol novolak (PN)，酸無水物系硬化剤 methylnadic anhydride (MNA)，およびアニオン重合硬化触媒 tris(dimethylaminomethyl) phenol (DMP)を検討に用いた．アクリルBCPを20 wt%添加したところ，DDS，MNA，DMP硬化系ではマイクロサイズの相構造を形成した．ブロック共重合体を主成分とする海相中にエポキシリッチな島相が分散する相構造であり，反応誘起型のマクロ相分離によって生じたものであった．

一方，PN硬化系は，直径35～45 nmのシリンダー相が規則配列するナノ相構造を形成した〔透過型電子顕微鏡(TEM)像；図16-3(a)〕．シリンダー相内は相対的に軟らかいPnBAからなり，海相はエポキシ(DGEBA/PN)リッチ組成からなることが

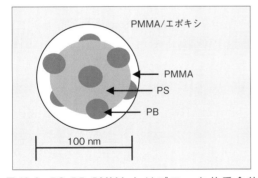

図16-2　PS-PB-PMMAトリブロック共重合体30 wt% 添加エポキシ硬化物〔4,4-methylene-bis-(3-chloro-2,6-diethylaniline)硬化〕中に形成されたラズベリー状のナノ分散相[11]

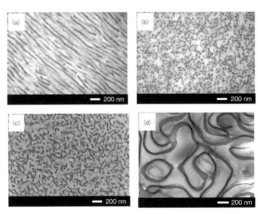

図16-3　エポキシ/アクリルブロック共重合体ブレンドのナノ相構造
(a) 配列シリンダー，(b) 球，(c) ランダムシリンダー，(d) 湾曲ラメラ[14, 15]

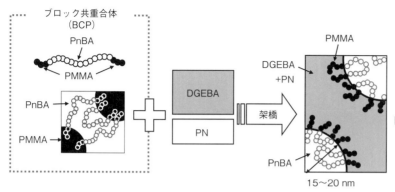

図16-4 エポキシ／ＰＭＭＡ-PnBA-PMMA ブロック共重合体ブレンドの自己組織的ナノ相構造形成機構[14]

SPM（走査型プローブ顕微鏡）解析でわかった．同じBCPを用いながら，硬化剤種により相構造サイズが大きく異なる理由を明らかにすべく，アクリルBCPの一方のセグメントに相当するPMMAホモポリマーとエポキシ硬化物との相容性を評価した．すると，PN硬化系のみにおいてPMMAホモポリマーがエポキシに相容し，透明硬化樹脂が得られた．すなわち，BCPの片方のブロック鎖と相容しうるエポキシ樹脂／硬化剤系を選択した場合のみにおいて，エポキシ／BCPブレンド中で自己組織的ナノ相構造が形成されたことがわかった（図16-4）[14]．さらに，アクリルBCPのブロック組成，分子量，ブレンド添加量を系統的に変化させ，球状ミセル〔図16-3(b)〕，ランダムシリンダー状ミセル〔図16-3(c)〕，配列シリンダー状ミセル〔図16-3(a)〕，湾曲ラメラ状ミセル〔図16-3(d)〕といった種々のナノ相構造のつくり分けができた[15]．このエポキシ／アクリルBCPブレンド樹脂にはナノサイズの周期的相構造が硬化前から存在し，硬化反応中の構造サイズ変化は小さいことが超小角X線散乱により判明した[14,15]．

これら種々のアクリルBCPブレンド組成について，ゲル化時間と相構造形態（TEM像）の関係を調べた（図16-5）[15]．120℃硬化におけるゲル化時間は，PN硬化に併用する触媒量をわずかに変化させて制御した．BCP1-10 wt%ブレンド樹脂ではゲル化時間15〜230分のいずれにおいても直径約30 nmの球構造を形成しており，ゲル化速度の相構造への影響は小さかった．アクリルBCP中のPnBAブロック率を増やしたBCP2-10 wt%ブレンド樹脂も，15〜230分のいずれもが直径約20 nmのランダムシリンダー構造を形成し，やはりゲル化速度の影響は小さかった．BCP1-20 wt%ブレンド樹脂は15〜230分のいずれもが配列シリンダー構造を形成したが，ゲル化時間15分でのシリンダー配列は不十分であり，安定配列状態に至るのに30分程度必要であった．BCP3-20 wt%ブレンド樹脂はいずれも湾曲ラメラ構造を示したが，ラメラの配列はゲル化時間が延びるほど明確になった．すなわち，等方性の高いナノ構造（球，ランダムシリンダー）の場合，反応初期段階から安定状態を形成してそのままゲル化する．一方，異方性の高いナノ構造（配列シリンダー，湾曲ラメラ）の場合，高粘度ブレンド樹脂中に形成される相構造が熱力学的に安定な異方性構造に達するのに比較的長時間を要するため，ゲル化時間が短いと不安定な状態のまま相構造固定が生じてしまうと考えられる．

2 エポキシ／ブロック共重合体ポリマーブレンドの破壊靭性

硬化樹脂のナノ相構造と力学特性との関係は，工業的には非常に重要な研究課題である．PEO-PBジブロック共重合体オリゴマーを改質剤に用いたBatesらの検討[16]では，球状ミセル，ワームライクミセル，ベシクル型ミセルのなかでベシクル構造の破壊靭性が高いと述べられている．ただし，破壊ひずみエネルギー解放率 G_{IC} は530 J m^{-2} 程度であり，反応誘起型相分離を用いた従来技術と比較してとくに強靭化効果が大きいとはいえない．その後にBatesら自身がPEO-PBOジブロック共重合体を改

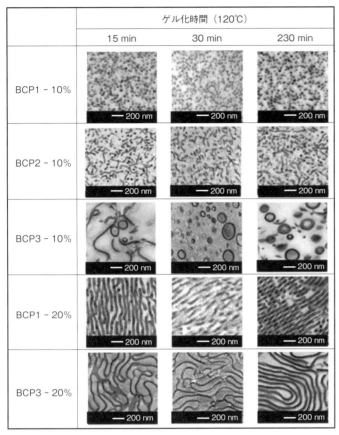

図 16-5 エポキシ/アクリルブロック共重合体ブレンドのナノ相構造とゲル化時間の関係[15]

質剤としたフェノールノボラック硬化ビスフェノール A 型エポキシブレンド樹脂にて G_{IC} が 1560 J m^{-2} に達する系を見いだした[17]. そのモルフォロジーは，枝分れしたシリンダー状ミセル構造をもっていた．

一方，I. Mondragon ら[18] が報告した PS-エポキシ化 PB ジブロック共重合体ブレンドエポキシ樹脂の相構造と破壊靭性の関係をみると，エポキシ化率 46％の PS-エポキシ化 PB ジブロック共重合体を 30 wt％添加した MCDEA 硬化 DGEBA は六方最密充填型シリンダー配列構造をもつが，その G_{IC} は約 500 J m^{-2} であり未硬化樹脂の 2 倍程度にとどまっていた. つまり，ナノシリンダー相構造を形成すれば，必ず飛躍的な強靭化効果が得られるわけではない．

筆者ら[13]は，PN 硬化エポキシ/アクリル BCP ブレンド樹脂について，球状ミセル，ランダムシリンダー状ミセル，湾曲ラメラ状ミセルを比較し，ランダムシリンダー状ミセル構造を形成した樹脂は

2,500 J m^{-2} もの G_{IC} を発現することを見いだした. 未改質樹脂の 20 倍を超える破壊靭性であり，強靭プラスチックとして知られるポリカーボネートに匹敵する値である．

J. Liu, H.-J. Sue は Bates らとの共同研究[19, 20]にて，PEP-PEO ジブロック共重合体ブレンドエポキシ樹脂の強靭化メカニズムを解析した．tris(hydroxyphenyl)ethane 硬化 DGEBA 型エポキシに PEP-PEO ジブロック共重合体をブレンドした樹脂系において，ブロック共重合体オリゴマーの PEO 率が 0.40 の場合，エポキシ硬化樹脂中には球状ミセルが形成された．一方，ブロック共重合体オリゴマーの PEO 率が 0.32 の場合，硬化樹脂中にはワーム状ミセルが形成された．エポキシ樹脂親和性が高い PEO 鎖の比率が高いほうが球状ミセルになったと理解できる．ブロック共重合体 5 wt％ブレンドの破壊靭性値(臨界応力拡大係数 K_{IC})を比較

すると，球状ミセルの場合が未改質樹脂より84%増加したことに対し，ワーム状ミセルでは106%増加であり強靱化効果が顕著であった．彼らの解析によれば，球状ミセルの場合はミセルのキャビテーション（空洞化）に伴うマトリックスエポキシ樹脂の塑性変形（せん断バンド形成）が主たる強靱化メカニズムであった．一方，ワームライクミセルの場合は，シリンダーのキャビテーションとエポキシ樹脂の塑性変形のみでなく，亀裂先端の鈍化，ミセル界面剥離およびシリンダー状ミセルによる亀裂のブリッジングの同時発生による複合効果が著しい強靱化をもたらしたとされている．

3 まとめと今後の展望

以上の検討から，ブロック共重合体の自己組織的ナノ相構造形成能力を生かしたエポキシブレンドにおいては，相構造形態はおおむね樹脂組成により決定されること，および硬化前段階から非相溶ブロック鎖の相分離による相構造の種は存在し，硬化過程での構造成長はいくぶんあるものの，ゲル化により構造凍結されるために数十nmサイズの相構造にとどまることがわかった．今後ブロック共重合体の選択によっては，相構造の形態やサイズが硬化条件の影響を実質的に受けない樹脂組成物を得ることも可能であろう．反応誘起型相分離タイプのポリマーブレンドに比較して，強靱性などの機能を安定して発現させうる技術になると考えられる．

ブロック共重合体の設計自由度は広く，エポキシ樹脂/硬化剤との組合せの多様性を考えると，さらにさまざまな形態やサイズのブレンド相構造が見いだされるに違いない．多用な相構造形態は，破壊靱性以外の機能発現に有効活用可能なプラットフォームにもなりうるだろう．ブロック共重合体設計の精密化・発展により，ネットワークポリマーブレンド・複合材料にさらなる飛躍がもたらされることが期待される．

◆ 文　献 ◆

[1] A. J. Kinloch, S. J. Shaw, D. A. Tod, D. L. Hunston, *Polymer*, **24**, 1341 (1983).
[2] A. F. Yee, R. E. Pearson, *J. Mater. Sci.*, **21**, 2462 (1986).
[3] C. B. Bucknall, I. K. Partridge, *Polymer*, **24**, 639 (1987).
[4] C. B. Bucknall, A. H. Gilbert, *Polymer*, **30**, 213 (1989).
[5] H. Kishi, N. Odagiri, "Aerospace Materials (Series in Materials Science and Engineering)," ed. by B. Cantor, H. Assender, P. Grant, Institute of Physics Pub. (2001), chapter 14, p. 187.
[6] K. Yamanaka, T. Inoue, *Polymer*, **30**, 662 (1989).
[7] K. Yamanaka, Y. Takagi, T. Inoue, *Polymer*, **60**, 1839 (1989).
[8] M. A. Hillmyer, P. M. Lipic, D. A. Hajduk, K. Almdal, F. S. Bates, *J. Am. Chem. Soc.*, **119**, 2749 (1997).
[9] P. M. Lipic, F. S. Bates, M. A. Hillymer, *J. Am. Chem. Soc.*, **120**, 8963 (1998).
[10] S. Ritzenthaler, F. Court, L. David, E. Girard-Reydet, L. Leibler, J. P. Pascault, *Macromolecules*, **35**, 6245 (2002).
[11] S. Ritzenthaler, F. Court, E. Girard-Reydet, L. Leibler, J. P. Pascault, *Macromolecules*, **36**, 118 (2003).
[12] F. Meng, S. Zheng, W. Zhang, H. Li, Q. Liang, *Macromolecules*, **39**, 711 (2006).
[13] H. Kishi, Y. Kunimitsu, J. Imade, S. Oshita, Y. Morishita, M. Asada, Proceedings of WCARP-IV (4th World Congress on Adhesion and Related Phenomena), Arcachon, France (2010), p. 125.
[14] H. Kishi, Y. Kunimitsu, J. Imade, S. Oshita, Y. Morishita, M. Asada, *Polymer*, **52**, 760 (2011).
[15] H. Kishi, Y. Kunimitsu, Y. Nakashima, T. Abe, J. Imade, S. Oshita, Y. Morishita, M. Asada, *eXPRESS Polymer Letters*, **9**(1), 23 (2015).
[16] J. M. Dean, R. B. Grubbs, W. Saad, R. F. Cook, F. S. Bates, *J. Polym. Sci., Part B：Polym. Phys.*, **41**, 2444 (2003).
[17] J. Wu, Y. S. Thio, F. S. Bates, *J. Polym. Sci., Part B：Polym. Phys.*, **43**, 1950 (2005).
[18] E. Serrano, A. Tercjak, C. Ocando, M. Larranaga, M. D. Parellada, S. Corona-Galvan, D. Mecerreyes, N. E. Zafeiropoulos, M. Stamm, I. Mondragon, *Macromol. Chem. Phys.*, **208**, 2281 (2007).
[19] J. Liu, H.-J. Sue, Z. J. Thompson, F. S. Bates, M. Dettloff, G. Jacob, N. Verghese, H. Pham, *Macromolecules*, **41**, 7616 (2008).
[20] J. Liu, Z. J. Thompson, H.-J. Sue, F. S. Bates, M. A. Hillmyer, M. Dettloff, G. Jacob, N. Verghese, H. Pham, *Macromolecules*, **43**, 7238 (2010).

Chap 17

高性能分離膜

High Performance Separation Membranes

比嘉　充
（山口大学大学院
創成科学研究科）

谷口　育雄
（九州大学カーボンニュートラル・
エネルギー国際研究所）

Overview

一つの相の間に挟まれた膜を用いて二つ以上の分子を分ける役目をもつのが分離膜であり，二つの相の状態によって，気–気（気体分離膜），液–液（液体分離膜），気–液（気液分離膜）がある．高性能な分離膜には，高い選択性と流束が求められる．この要求性能を満たすためには，高機械的強度を与えるポリマーセグメントと高分離性を与える同セグメントが共有結合した構造が適している．分離膜には限外ろ過膜などの多孔膜もあるが，本章では，ガス分離膜，透析膜，イオン交換膜，および電池用セパレータなどに使用されている非多孔膜における膜分離の原理，高性能分離膜に求められる基本構造について説明し，分離膜用ブロック共重合体の合成と構造，そしてこれらを用いた実際の分離膜への応用例について紹介する．

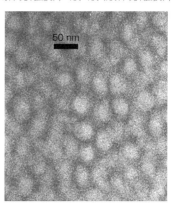

▲Liイオン電池用高分子電解質
POE（暗部）グラフト高分子のミクロ相分離

■ **KEYWORD** □マークは用語解説参照

- 溶解・拡散モデル（solution-diffusion model）
- 流束（flux）
- 選択性（selectivity）
- ガス分離（gas separation）
- 浸透気化（pervaporation）
- イオン交換（ion-exchange）
- 電池用セパレータ（battery separator）
- CO_2回収貯留技術（CO_2 Capture & Storage：CCS）
- 燃料電池（fuel cell）

1 膜分離の原理

膜分離の原理について，溶解・拡散モデルを用いて説明する．左側容器と右側容器の間に膜が存在する系を考える．左側相に存在する分子Aと分子Bは，膜相に溶解した後に膜内を拡散し，右側相界面で脱溶解して右側相に移動する．この場合，膜相により多く溶解する分子または膜相の拡散の速い分子が，より多く膜を透過する．分子iの容器内の濃度(C_i^s)と膜相の濃度(C_i^m)の比を分配係数($K_i \equiv C_i^m/C_i^s$)と定義し，膜内の拡散の度合いを拡散係数(D_i)と定義する．膜の形状(面積，膜厚)に依存しない膜材料自身における分子iの透過しやすさは，透過係数(P_i)と定義され，次式で示される．

$$P_i = D_i \times K_i$$

分子AとBの間の選択透過性を示す選択係数(P_B^A)は，透過係数の比で定義され，

$$P_B^A = \frac{P_A}{P_B} = \frac{D_A}{D_B}\frac{K_A}{K_B}$$

となるため，この式は分子AとBは拡散係数の比(D_A/D_B)または分配係数の比(K_A/K_B)の違いによって分離可能であることを示している．また気体分離膜においては，膜中に溶解しているガスiの濃度C_iと気相の分圧p_iを用いて溶解度係数を$S_i \equiv C_i/p_i$と定義すると，透過係数は$P_i = D_i \times S_i$と表される．

2 分離膜に求められる基本構造

実際の分離膜では選択性だけではなく，目的分子の単位面積，単位時間当たりの透過量である流束(J_i)が高いことも求められる．膜厚をdとすると，流束は次式となる．

$$J_i = \frac{P_i}{d}$$

よって高流束を得るためには薄膜化，つまり高機械的強度の膜材料が求められる．膜構造には大きく分けて，ゲル膜と完全固体膜がある．ゲル膜は，高分子膜が溶媒で膨潤し，特定分子に選択性をもつ官能基が存在するチャネルを形成する．これは，イオン交換膜や燃料電池，リチウムイオン電池用セパレータなどで応用されている．また完全固体膜は溶

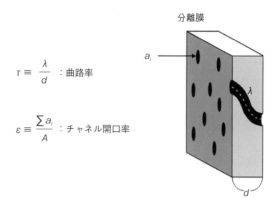

$$\tau \equiv \frac{\lambda}{d} : 曲路率$$

$$\varepsilon \equiv \frac{\sum a_i}{A} : チャネル開口率$$

図17-1　分離膜チャネル透過モデルのパラメータ

媒を含まず，高T_gのセグメント鎖が熱運動することによって生じる自由体積あるいは空隙(チャネル)を分子が拡散する．これは気体分離膜や完全固体型電池用セパレータなどで応用されている．

このように分離膜中で分子が移動するチャネルは溶媒で膨潤し，またはセグメント鎖が熱運動するために，高機械的強度を保つことは困難である．そのため骨格となるマトリックスが高い機械的強度をもち，そのなかに分子が移動するチャネルをもつ構造が望ましい．高選択性をもつためには，このチャネルが特定の分子に対する選択性が高いことが必要である．また膜が高流束を示すためには，図17-1に示すように膜面に対するこのチャネルの面積の総和の比(チャネル開口率)が1に近く，このチャネルが直線状に膜を貫通し，膜厚が小さいことが求められる．

3 分離膜用ブロック共重合体の合成と構造（研究例）

ブロック共重合体を分離膜材料として用いた研究例に，藤本らによるポリスチレン-ポリビニルピリジンブロック共重合体を出発物質としたモザイク荷電(charge mosaic：CM)膜[1]がある(図17-2)．スチレンのスルホン化による陽イオン交換基をもつドメインと，ビニルピリジンを四級アミノ化した陰イオン交換基をもつドメインが，交互に規則性をもってモザイク状に配列した膜構造の設計が行われた．この研究に端を発し，ブロック共重合体が形成する特異なミクロ相分離構造や，物理的・化学的特性を

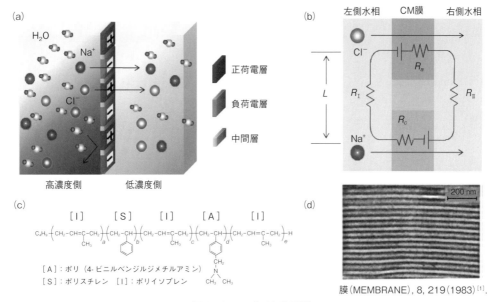

図 17-2　モザイク荷電膜
(a) モザイク荷電膜イオン透過の概略図，(b) モザイク荷電膜の等価回路，(c) ISIAI 型五元ブロック共重合体の化学構造式，(d) 五元ブロック共重合体で作製した膜の TEM 像．
[カラー口絵参照]

生かした分離膜の研究が盛んに行われている．これらはおもに，CO_2 分離膜などの気体分離膜，浸透気化膜などの気液分離膜，イオン交換膜や多孔構造を利用したろ過膜などの液体分離膜に分類される．ここでは，これら分離膜の研究について最近のトレンドを紹介する．

3-1　気体分離膜

気体分離膜としてのブロック共重合体の分離特性については，最も初期の研究の一つとして，小谷らによるポリスチレン-ポリブタジエン-ポリスチレントリブロック共重合体の研究がある[2, 3]．気体分子の拡散性は，ガラス状のポリスチレン相よりゴム状のポリブタジエン相のほうが高いこと，また気体分子の溶解性はその分圧に依存することなど，気体分子の輸送特性の測定手法も合わせて，今日の気体分離膜研究の基礎となる報告である．

気体分離膜は，除湿膜や酸素富化膜などとしてすでに実用化されているが，ここでは近年最も盛んに研究されている CO_2 分離膜の研究について紹介する．温暖化および気候変動は，現在われわれが直面している地球規模での重大な問題であり，早期の解決が切望されている．その有用な解決策の一つとして，CO_2 回収貯留技術（CO_2 Capture & Storage：CCS）[4]があげられるが，その実用化には CO_2 分離回収時の省エネルギー化が必須であり，CO_2 分離膜による膜分離法は次世代の CO_2 分離回収技術として期待されている．

CO_2 分離膜材料として，ポリエチレンオキシド（polyethylene oxide：PEO）が CO_2 分離膜の研究開発に多く用いられている[5]．大きな極性をもつ PEO 鎖のエーテル結合と CO_2 間での四重極子相互作用によって，CO_2 は PEO に高い溶解性を示す．図 17-3 に，代表的な PEO 含有高分子膜として研究されているブロック共重合体の例を示す．PEO ジアミンとカルボン酸無水物との間の重縮合反応によって得られるポリイミド-PEO ブロック共重合体，芳香族ジカルボン酸であるテレフタル酸とジオールとの縮合反応に PEO も混在させることによって得られるポリエステル-PEO ブロック共重合体，そしてジカルボン酸とジアミンに PEO を共重合させて得られるポリアミド-PEO ブロック共重合体が報告されている．

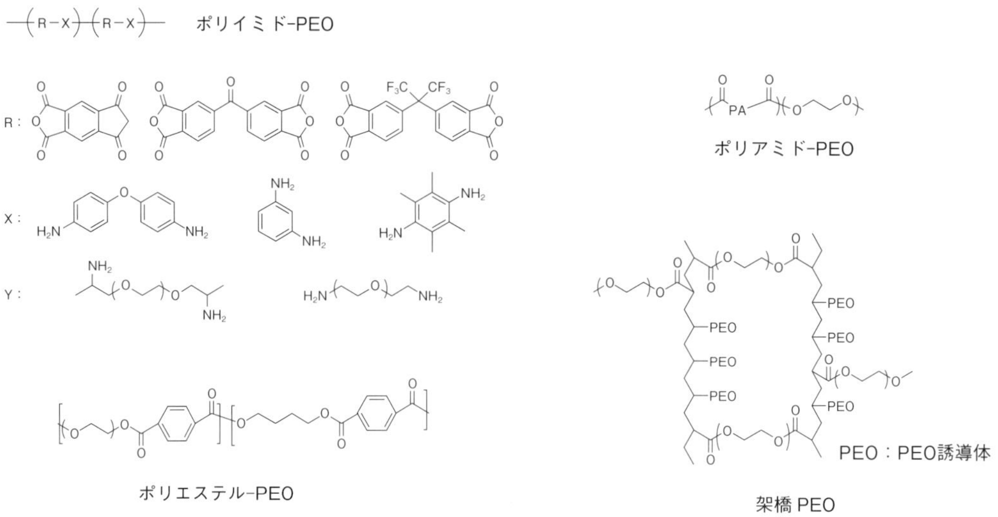

図17-3 CO_2分離膜材料として用いられる種々のPEO含有ブロック共重合体

とくに，PEBAXとして市販されているポリアミド-PEOブロック共重合体は，35℃および圧力（CO_2分圧）10 atmにおいて，CO_2透過係数は66〜350 barrer〔1 barrer = $7.5×10^{-18}$ m^3(STP)m(m^{-2} s^{-1} Pa^{-1})〕であり，CO_2/H_2およびCO_2/N_2理想分離係数は，それぞれ4〜10および20〜55と良好なCO_2分離性能を示す[6]．また，PEOはゴム状高分子であるため，高い気体拡散性も期待されるが，結晶性をもつため高分子量のPEOを用いた場合は，その結晶化による気体透過性が減少することがある．よって，いかにPEOブロックの結晶化を抑制するかがCO_2透過性向上の鍵となる．

上述のブロック共重合体はPEOブロックを主鎖中に含むポリマーであるが，PEOをグラフト化したブロック共重合体の研究も行われている．とくに，Freemanらは重合度の低いPEOジアクリレートやその誘導体の光架橋重合によって，PEO結晶化を抑制することで，非常に高いCO_2分離性能をもつブロック共重合体膜の開発に成功し，高いCO_2/H_2選択性とCO_2透過性を報告している[7]．

3-2 気液分離膜[4]

高分子分離膜を用いた浸透気化法によるアルコール/水混合溶液からの水分離は，1980年代に実用化されている．しかしながら，ブロック共重合体の浸透気化膜への応用例は，気体分離膜と比較して少なく，ポリアミド-PEOブロック共重合体であるPEBAXを用いたフェノール水溶液からのフェノール分離が知られている[8]．また，ポリイミド-PEOブロック共重合体を用いたガソリンの精製に関しても報告があり[9]，PEOのドメインサイズが分離性能と密接に関連していることを明らかにしている．気体分離膜と同様に，ブロック共重合体のミクロ相分離に由来する微細構造が分離性能に密接に関連しており，PEOの重量分率や分子量が分離性能を決定する重要な因子である．

3-3 液体分離膜

この分野において，最も盛んに研究されている分離膜はイオン交換膜であり，リチウムイオン電池用の高分子電解質や燃料電池用プロトン交換膜の研究が最近のトレンドである[10, 11]．たとえば，デュポン社により開発されたナフィオン〔図17-4(a)〕は，プロトンがミクロ相分離により形成される親水性のスルホン酸ナノチャネルを移動するメカニズムが明らかにされており，高いプロトン伝導性を示す．しかし，高温や低湿度下での性能低下が課題となっており，この問題点を克服するために，プロトン移動チャネルを形成するポリアリーレンエーテルスルホンブロックをもつ種々のブロック共重合体が合成されてきた〔図17-4(d)〕．スルホン酸導入量が多くなるとイオン交換容量が増加し，プロトン伝導度は向

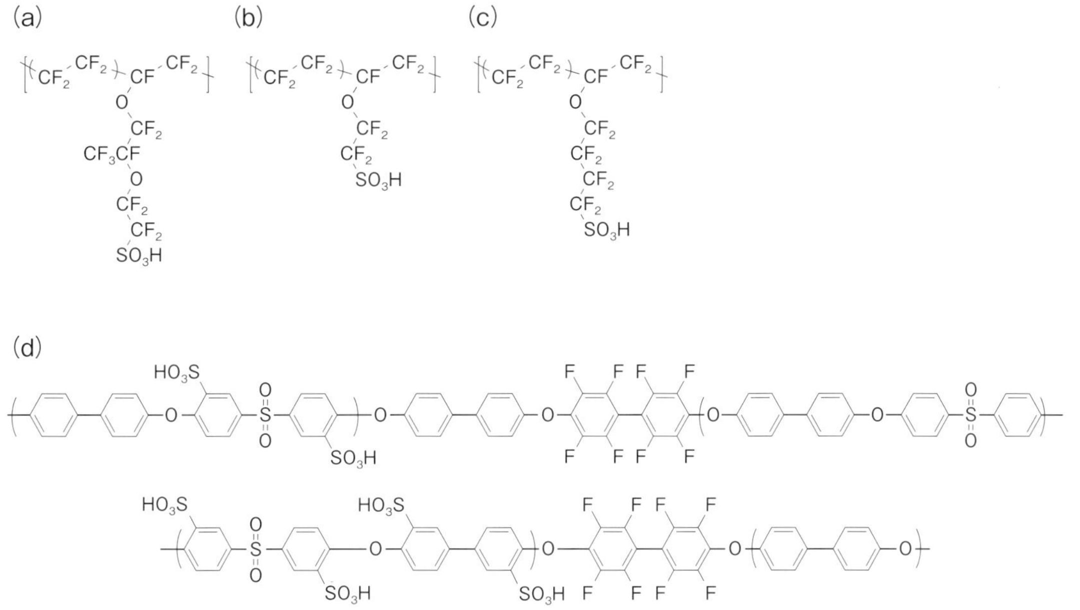

図 17-4 電池用セパレータとして用いられるブロック共重合体
(a) ナフィオン, (b) アクイビオン, (c) 3M イオノマー, (d) ポリアリーレンエーテルスルホン含有ブロック共重合体.

上するが,親水性向上による水の透過や機械的性質の低下が起こるため,ブロック共重合体の微細構造制御によりこの課題の解決が検討されている.また,ブロック共重合体のミクロ相分離構造を利用し,オゾン処理やUV照射などにより特定ブロックの部分選択的エッチングを行い,ナノ孔を形成させた精密ろ過(microfiltration:MF)膜の研究も盛んに行われている[12].

4 ブロック共重合体の分離膜への応用例

4-1 液–液分離膜の例

ブロック共重合体を用いて分離膜を作製した成功例として,宮木・藤本らによるCM膜の開発がある.図17-2(a)に示すように,CM膜は正荷電(陰イオン交換)層と負荷電(陽イオン交換)層が膜を貫通して存在する構造をもつ.電解質溶液を含む二つの溶液間にこの膜を配置すると,圧力差や濃度差により,陽イオンが負荷電層を,陰イオンが正荷電層を透過するため,この膜は非常に高い電解質選択透過性をもつ.このとき,図17-2(b)の等価回路に示すように正荷電層,右側水相,負荷電層,左側水相で循環回路が形成されるため,両水相でイオンが移動する距離,つまり正と負の荷電層間の距離(ドメイン間隔)が短いほど,CM膜はより高い電解質透過性を示す.これまでのCM膜はビーズ状のイオン交換樹脂を膜母材に埋め込むなど,このドメイン間隔がサブマイクロ〜ミリメートルのオーダーであった.

彼らは,このドメイン間隔をナノオーダーにするためにブロック多元共重合体を用いた.はじめは三元ブロック共重合体でCM膜の作製を試みたが,後にリビングアニオン重合法により図17-2(c)に示すイソプレン–スチレン–イソプレン–4-ビニルベンジルジメチルアミン–イソプレンのISIAI型五元ブロック共重合体を合成した.この重合体からフィルムを形成し,A部分をヨウ化メチル蒸気で四級化し,I部分を一塩化硫黄のニトロメタン溶液で架橋した後,S部分をクロロスルホン酸のクロロホルム溶液でスルホン化することでモザイク荷電構造を形成した〔図17-2(c)〕.この膜は図17-2(d)に示すTEM(transmission electron microscope,透過型電子顕微鏡)写真から,約20 nmのドメイン間隔をもつCM膜であることが確認された.この膜は圧力により塩

の濃縮が可能であり，また糖などの中性溶質よりも電解質を選択的に通すことが示された．

4-2 電池用セパレータの例

電池用セパレータとして，イオン伝導膜が種々検討されてきた．これらはおもに，燃料電池，レドックスフロー電池，およびリチウムイオン電池に応用されている．先述のとおり，プロトン伝導膜であるナフィオンやその類似体〔図17-4(a)～(c)〕は，燃料電池用セパレータとして現在最も着目されている全フッ素置換ブロック共重合体である．

また，リチウムイオン電池用セパレータとして，たとえばLi^+とPEOのエーテル酸素との間の強い相互作用を利用して，PEOブロックをもつブロック共重合体とLi塩との複合化による固体高分子電解質の研究が行われてきたが，イオン伝導度が実用レベル（10^{-3} S cm^{-1}）を満たしておらず，さらなる研究開発が必要である[13]．

4-3 気体分離膜の例

ポリアミド-PEOブロック共重合体であるPebax®は，ポリアミドの剛直性とPEOの柔軟性によって良好な物理化学的特性をもつ熱可塑性エラストマーとして，スポーツ機器や医用材料として実用化されてきたが，先述のとおり，優れたCO_2分離性能やアルコール選択透過性を利用した分離膜材料として応用が検討されている．

また，ナフィオンに代表されるペルフルオロスルホン酸ポリマーは非常に優れたプロトン伝導性を示すが，作動条件の制約や製造コストの点から，非フッ素系材料の開発が求められている．その例として，スルホン化スチレン-オレフィンブロック共重合体がSigma-Aldrich社より市販（製造番号448885）されている．

5 まとめと今後の展望

分離膜の研究は，生体膜がもつ特定溶質に対する高選択性，非常に高い透過性，外部刺激応答性などの機能を人工膜で実現することを目標にこれまで研究が行われてきた．この目標に近づくためには，精密重合による高度に制御された高分子構造を膜内に形成することが必要不可欠である．今後，これらの高分子によるチャネル形成や，またこの高分子をチャネル固定土台とすることで，チャネルタンパク質やカーボンナノチューブまたは無機粒子などを複合した膜の開発により，これまでの分離膜の性能をはるかに超えた高性能膜の実現を期待したい．

◆ 文 献 ◆

[1] (a) T. Fujimoto, K. Ohkoshi, Y. Miyaki, M. Nagasawa, *Science*, **244**, 74 (1984); (b) 宮木義行, 藤本輝雄, 膜 (MEMBRANE), **8**, 219 (1983).
[2] S. P. Nunes, A. Car, *Ind. Eng. Chem. Res.*, **52**, 993 (2013).
[3] H. Odani, K. Taira, T. Tamaguchi, N. Nemoto, M. Murata, *Bull. Inst. Chem. Res., Kyoto Univ.*, **53**, 216 (1975).
[4] 茅 陽一,『CCS技術の新展開』,シーエムシー出版 (2011).
[5] S. L. Liu, L. Shao, M. L. Chu, C. H. Lau, H. Wang, S. Quan, *Prog. Polym. Sci.*, **38**, 1089 (2013).
[6] V. I. Bonder, B. D. Freeman, I. Pinnau, *J. Polym. Sci., Part B：Polym. Phys.*, **38**, 2051 (2000).
[7] H. Lin, E. V. Wagner, B. D. Freeman, L. G. Toy, R. P. Gupta, *Science*, **311**, 639 (2006).
[8] D. Boddeker, EP0264113 (1988).
[9] F. W. Lu, F. W. Lu, Y. Kong, H. L. Lv, J. Ding, J. R. Yang, *Adv. Mater. Res.*, **150**, 317 (2011).
[10] W.-S. Young, W.-F. Kuan, T. H. Epps, III, *J. Polym. Sci., Part B：Polym. Phys.*, **52**, 1 (2014).
[11] Y.-L. Liu, *Polym. Chem.*, **3**, 1373 (2012).
[12] M. A. Hillmyer, *Adv. Polym. Sci.*, **190**, 137 (2005).
[13] K.-D. Kreuer, *Chem. Mater.*, **26**, 361 (2014).

Part II
研究最前線

Chap 18

高分子ミセルとドラッグデリバリーシステム(DDS)
Polymer Micelle and Drug Delivery System (DDS)

遊佐 真一
(兵庫県立大学大学院工学研究科)

Overview

光線力学的療法(photodynamic therapy：PDT)とはがんなどの患部周辺に光増感剤を集積して，患部に光を照射することで活性酸素を発生させ，患部周辺組織のみにダメージを与える低侵襲な治療法である．しかし，患部以外に存在する光増感剤に日光などの光が当たると光過敏症のような副作用を生じる．この問題を解決するには，光増感剤を患部のみに集積化する必要がある．

フラーレン(C_{60})は，光照射で高効率に活性酸素を発生するのでPDTへの利用が期待されるが，水への溶解性が低い．水溶性のポリ(N-ビニル-2-ピロリドン)〔poly(N-vinyl-2-pyrrolidone)：PNVP〕は，側鎖のピロリドンとC_{60}の相互作用で複合体を形成してC_{60}を水に可溶化する．PNVPブロックを含む感温性ジブロック共重合体を合成し，C_{60}とコンプレックス形成することで，C_{60}を水に可溶化した．

このコンプレックスは加熱により凝集してサイズが大きくなるので，患部を加熱することでC_{60}を集積化できる．さらに，光照射で活性酸素を発生してDNAにダメージを与えることを確認したので，PDTへの利用が期待される．

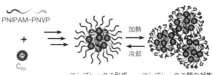

▲水溶性の感温性ジブロック共重合体とフラーレン(C_{60})によるコンプレックス形成
［カラー口絵参照］

■ KEYWORD 📖マークは用語解説参照

- 制御ラジカル重合(controlled/living radical polymerization)
- 光線力学的療法(photodynamic therapy：PDT) 📖
- 感温性ポリマー(thermo-responsive polymer)
- 非共役モノマー(non-conjugated monomer) 📖
- 有機テルル化合物を用いた制御ラジカル重合(organotellulium mediated living radical polymerization：TERP)
- フラーレン(fullerene)
- 活性酸素種(reactive oxygen species)
- コンプレックス形成(complexation)
- ブロック共重合体(block copolymer) 📖
- 水溶性高分子(water-soluble polymer)

はじめに

一般に両親媒性ジブロック共重合体は，水中でコア−シェル型高分子ミセルを形成する．高分子ミセルはコア中に疎水性薬物を取り込むことで，水に可溶化できるため，ドラッグデリバリーシステム(drug delivery system：DDS)への応用の観点から有用である．また，100 nm 程度の大きさの高分子ミセルは，網内系(reticuloendothelial system：RES)に捕捉されることなく，体内を循環してがん組織に集積化する．これは enhanced permeability and retention effect(EPR 効果)とよばれる[1]．がん組織周辺の血管透過性が高く，高分子ミセルは血管から流出しやすい．またリンパ系が未発達なため，がん組織に到達した高分子ミセルは集積する傾向がある．

外部刺激に応答した高分子ミセルの形成・解離を制御可能な刺激応答性ジブロック共重合体は，薬物の制御放出を行えるので DDS の有用なキャリヤーとなる．通常このようなジブロック共重合体は水溶性ブロックと，温度，pH，光，イオン強度の変化などの外部刺激に応答して，水への溶解性が変化するブロックから構成されている．なかでも温度に応答して会合・解離を制御できるジブロック共重合体は，外部からの添加物が不要で，繰り返し応答を制御できる．ポリ(N−イソプロピルアクリルアミド)〔poly(N−isopropylacrylamide)：PNIPAM〕は，感温性ポリマーとして知られている．下限臨界溶液温度(lower critical solution temperature：LCST)の32℃より低温で，PNIPAM 側鎖のアミド基と水分子の水素結合で，ポリマー鎖は水和して溶解する．しかし LCST 以上の温度で，分子の熱運動増加のため水素結合が壊れて，脱水和により PNIPAM 鎖は相分離を起こす．感温性ブロックとして PNIPAM 鎖を含むブロック共重合体による温度応答高分子ミセルに関する報告は，さまざまな研究グループから行われている[2, 3]．

フラーレン(C_{60})とその誘導体は，酵素阻害剤，抗菌活性，DNA の切断，ラジカル除去，光線力学的療法(photodynamic therapy：PDT)などの薬理活性が報告されている[4]．PDT とはがんなどの患部周辺に，フタロシアニンやポルフィリン誘導体などの光増感剤を集積して，患部に光を照射することで活性酸素を発生させ，がん組織のみにダメージを与える治療法である．光増感剤が患部のみに集積せずに，健常な部位に分散すると日光や普段の生活の光で活性酸素を発生するため，正常組織にもダメージを与えてしまう．このような副作用は光過敏症とよばれ，PDT の問題点である．

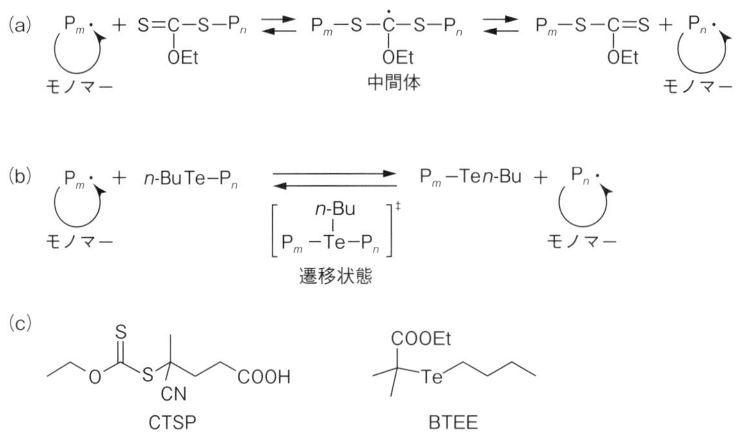

図 18-1 MADIX(a)，TERP(b)による重合の制御メカニズム，4-シアノ-4-〔(チオエトキシ)スルファニル〕ペンタン酸(CTSP)およびエチル-2-メチル-2-ブチルテラニルプロピオネート(BTEE)の化学構造(c)

C_{60} に光を照射すると非常に高い効率で，活性酸素を発生するので，PDT 用の新しい光増感剤として期待されている．しかし C_{60} を PDT の光増感剤として利用しようとすると，水に可溶化して，さらに患部のみに集積化する必要がある．C_{60} の骨格は炭素で構成されているため，一般に水に対する溶解性はきわめて低い．C_{60} の水に対する溶解性を改良するために，水溶性の官能基を共有結合で導入した水溶性の C_{60} 誘導体が合成されている．さらに化学修飾以外にも，シクロデキストリン，カリックスアレーン，ミセル，リポソーム，水溶性高分子などを用いることで，C_{60} の水への可溶化が試みられている．とくに水溶性のポリ(N-ビニル-2-ピロリドン)〔poly(N-vinyl-2-pyrrolidone): PNVP〕は，側鎖のピロリドンに含まれるアミド結合が C_{60} と相互作用することで，C_{60} を水に可溶化する．また PNVP は細胞毒性が低いため，パーソナルケア用品，農業，医療などさまざまな分野で利用されている[5]．

酢酸ビニル，N-ビニルホルムアミド(N-vinyl-formamide: NVF)，N-ビニル-2-ピロリドン(N-vinyl-2-pyrrolidone: NVP)などの非共役モノマーは成長ラジカルの活性が高く，比較的ラジカル重合の制御が難しい．非共役モノマーの重合を制御するには，ザンテート型連鎖移動剤を用いた MADIX (macromolecular design via interchange of xanthate)が用いられる[6]．ほかには共役・非共役モノマーの種類に関係なく，重合制御可能な有機テルル化合物を用いた制御ラジカル重合法 (organotellurium mediated radical polymerization: TERP)が知られている[7,8]．MADIX および TERP の重合機構を図 18-1 に示す．これらの重合法は通常のラジカル重合の反応系に，ザンテート型連鎖移動剤または有機テルル化合物を添加するだけで重合を制御できる．反応機構は両者ともに，成長ラジカルと連鎖移動剤との間の連鎖移動機構が重要な鍵となる．両者ともに連鎖移動定数が大きいため，成長ラジカルによる副反応が抑制され，リビング的に重合反応が進行する．連鎖移動の際 MADIX の場合，中間体が存在するが TERP の場合は遷移状態となる．

共役モノマーの N-イソプロピルアクリルアミド(N-isopropylacrylamide: NIPAM)と非共役モノマーの NVP からなるジブロック共重合体 (PNIPAM-PNVP)を合成すると，LCST 以上で PNIPAM をコア，PNVP をシェルにもつ高分子ミセルを形成すると予想される．LCST より低温で両方のブロックが親水性になるため，ユニマー状態となる．PNVP は生体適合性があるので，このような感温性高分子ミセルは，薬物の制御放出可能な DDS 用キャリヤーとして期待できる．さらに PNVP と C_{60} の相互作用を利用すれば，PNIPAM-PNVP で C_{60} を水に可溶化できる(図 18-2)．この

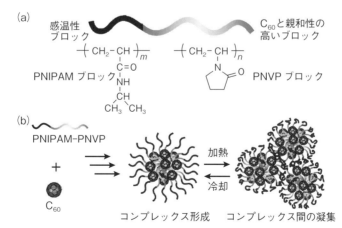

図 18-2 共役モノマーの NIPAM と非共役モノマーの NVP からなる感温性ジブロック共重合体(PNIPAM-PNVP)の構造(a)，C_{60} とのコンプレックス形成と加熱による凝集体生成(b)の概念図

場合PNVPとC$_{60}$の相互作用でコアを形成し，その周囲を感温性のPNIPAMシェルが覆う形状のコンプレックスを形成する．LCST以上の温度でコンプレックス表面が疎水性になり凝集する．さらに表面が疎水性になったコンプレックスは，細胞との相互作用により細胞内に取り込まれやすくなると期待される．このような温度応答挙動は，C$_{60}$を光増感剤として使用したPDTに都合がよい．つまり患部周辺を加温することでC$_{60}$を含むコンプレックスのサイズが増加するために，その場に滞留しやすくなり，さらに細胞内にC$_{60}$が取り込まれやすくなる．この状態で光を照射することで，C$_{60}$から局所的に活性酸素を発生するため，光過敏症などの副作用を低減できると期待される．

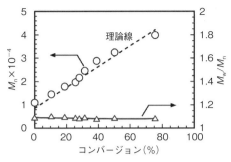

図18-3 TERPでPNIPAMからNVPを重合してジブロック共重合体を合成する際のNVPのコンバージョンと，得られるジブロック共重合体の数平均分子量(M_n)および分子量分布(M_w/M_n)の関係
破線はリビング重合を仮定した場合の理論線．

1 TERPによる感温性ジブロック共重合体の合成

非共役モノマーであるNVPの重合制御可能なTERPとMADIXを比較した．TERPの場合はエチル-2-メチル-2-ブチルテラニルプロピオネート(BTEE)，MADIXの場合は4-シアノ-4-〔(チオエトキシ)スルファニル〕ペンタン酸(CTSP)を連鎖移動剤に用いて(図18-1)，同じ重合条件でNVPの重合を比べた．3時間の重合でTERPとMADIXのコンバージョンはそれぞれ，90%および45%となった．TERPおよびMADIXで合成したPNVPの排除体積クロマトグラフィー(size exclusion chromatography：SEC)から得られた数平均分子量(M_n)をNVPのコンバージョンに対してプロットすると，M_nはTERPおよびMADIXともにコンバージョンの増加に比例して増加した．またSECで得られた各コンバージョンでのM_nの実測値は，重合がリビング的に進行したと仮定したときに計算されるM_nの理論値に近い値を示した．TERPおよびMADIXで合成したPNVPの分子量分布(M_w/M_n)は，それぞれ1.1と1.2程度だった．これらの結果からTERPおよびMADIXによるNVPの重合はともにリビング的に進行した．しかしTERPを用いるほうが重合速度が速く，M_w/M_nはせまくなった．

MADIXはNVPのような非共役モノマーの重合を制御できるが，NIPAMのような共役モノマーの重合は制御できない．一方TERPは，非共役・共役モノマー両者の重合を制御できる．そこで，TERPで非共役モノマーのNVPと共役モノマーのNIPAMによるジブロック共重合体を合成した．最初にNIPAMのTERPによる溶液重合を行い，重合時間とコンバージョンの関係を調べると，2時間でコンバージョンは100%に達した．得られたPNIPAMのM_w/M_nは1.1とせまかったので，リビング的に重合した．次に，ワンポットでPNIPAMとPNVPのジブロック共重合体を合成した．最初にNIPAMのTERPを3時間行い，この反応容器にNVPを添加してジブロック共重合体を合成した．NVPの共重合におけるNVPのコンバージョンと，得られたジブロック共重合体のM_nとM_w/M_nの関係を調べた(図18-3)．コンバージョンの増加に伴い共重合体のM_nは，理論値に近い値で増加した．得られたPNIPAM-PNVPのM_w/M_nはコンバージョンに依存せずに1.1程度の値を示した．以上の結果からTERPを用いることで，構造の制御されたPNIPAM-PNVPを合成できた[9]．

2 感温性ジブロック共重合体の水中での会合挙動

水中での温度に応答した会合挙動の変化を調べるため，PNIPAMが110量体で，PVPが234量体の

ジブロック共重合体($PNIPAM_{110}$-$PNVP_{234}$)をTERPで合成した．下付きの添え字は各ブロックの重合度を示す．ジブロック共重合体の水溶液を昇温したとき，単一ポリマー鎖のユニマー状態から，会合して高分子ミセルを形成し始める温度を臨界会合温度(T_a)と定義した．ポリマー水溶液の透過率を温度に対して調べると，41℃以上で透過率は100%から減少し始めたので，このポリマーのT_aは41℃だった．また室温での動的光散乱(dynamic light scattering：DLS)測定から求めた流体力学的半径(R_h)は10 nmだった．昇温するとT_a付近の温度からミセルを形成し始めるためR_hの増加が観測され，60℃で70 nmに達した．

高分子ミセルを形成したときの静的光散乱(static light scattering：SLS)測定からミセルの重量平均分子量(M_w)と回転二乗半径(R_g)を求めた．ミセルのM_wと1本のポリマー鎖のM_wを比較することで，一つのミセルを形成するポリマー鎖の数である会合数(N_{agg})を計算できる．60℃で形成されるミセルのN_{agg}およびR_gは，それぞれ808と55 nmだった．R_gとR_hの比(R_g/R_h)は，溶液中の会合体の形状を示すパラメータとなる．理論的に剛体球のR_g/R_hは0.778となり，会合体の密度の低下や，多分散度の増加によりR_g/R_hは大きくなる[10]．60℃の水中でのR_g/R_hは0.79だったので，高分子ミセルは球状に近い形状である．

3 感温性ジブロック共重合体とC_{60}のコンプレックス形成とPDTへの応用

$PNIPAM_{95}$-$PNVP_{240}$を用いてC_{60}の水への可溶化と，温度に応答した会合挙動の変化について調べた．このジブロック共重合体のM_w/M_nは1.2とせまく，単独で水に溶解するとT_aは44℃だった．

コンプレックス作製法は，すでに報告されているPNVPを用いてC_{60}を水に可溶化する方法[11]にならって，まず粉末のC_{60}とジブロック共重合体を乳棒と乳鉢でよく混合してから水を添加し，遠心分離で溶け残りを除去して上澄みを回収した．さらに，不溶物を除くためにろ過を行った．PNVP側鎖のアミド基とC_{60}の二重結合の相互作用により，

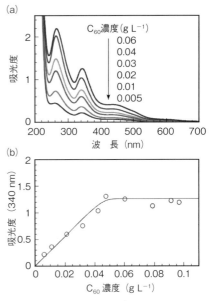

図 18-4 ポリマー濃度 1 g L^{-1} で，さまざまな濃度のC_{60}を含むコンプレックスを作製したときの可視紫外吸収スペクトル(a)，C_{60}の使用量に対するC_{60}を含むコンプレックスの340 nmの吸光度の関係(b)

PNVPはC_{60}を水に可溶化できる．コンプレックスの水溶液は，261 nmと340 nmにC_{60}由来の吸収ピークが観測され，700 nm付近の長波長側まで吸収が観測された(図18-4)．この長波長側へのテーリングはC_{60}間の相互作用のためだと考えられる．340 nmのC_{60}の吸光度の変化とモル吸光係数から，ポリマー濃度 1 g L^{-1} に固定したときの，水へ可溶化できたC_{60}の濃度([C_{60}])を計算できる．C_{60}のモル吸光係数は，C_{60}をγ-シクロデキストリンで水に可溶化したときの値(42,700 L mol^{-1} cm^{-1})を用いたが[12]，モル吸光係数の値は会合状態に大きく依存するため，[C_{60}]は大まかな値となる．粉末状態で使用するC_{60}の量を増加しても，[C_{60}]は0.06 g L^{-1} 程度で飽和した．

C_{60}を含むコンプレックスの水溶液を昇温すると，42℃以上で%Tの減少が観測された．C_{60}を含まない場合，室温でユニマー状態で水に溶解するが，44℃以上でPNIPAMブロックが脱水和してコアを形成し，その周囲を親水性のPNVP鎖がシェルとして覆った形状のミセルを形成する．C_{60}を含むコ

> | Part II | 研究最前線 |

> ★ COLUMN ★
>
> ★いま一番気になっている研究者
>
> **Andrew B. Lowe**
> (オーストラリア・カーティン大学 教授)
>
> Lowe らは可逆的付加-開裂連鎖移動(RAFT)型の制御ラジカル重合を用いることで,さまざまな刺激応答性の水溶性ブロック共重合体の合成を行っている.なかでも2-ビニル-4,4-ジメチルアズラクトン(2-vinyl-4,4-dimethylazlactone: VDA)は,側鎖にジメチルアズラクトン環をもつモノマーで,VDAをRAFTで制御重合を行った後,さまざまな種類の一級アミンをもつ機能性物質と反応することで,機能性基を効率よく側鎖に導入できる.ポリ(N-イソプロピルアクリルアミド)〔poly(N-isopropylacrylamide):PNIPAM〕とVDAポリマー(PVDA)によるジブロック共重合体を合成している.
>
> PVDA ブロック側鎖と一級アミンを含むピリジンの誘導体を反応させることで,pH と温度の両方に応答する多重刺激応答性ジブロック共重合体の合成に成功した〔J. Y. Quek, Y. Zhu, P. J. Roth, T. P. Davis, A. B. Lowe, *Macromolecules*, 46, 7290 (2013)〕.PVDAは一級アミンを含む機能性基と反応して側鎖を修飾できるため,PVDAからpH応答を示すポリマーや,下限臨界溶液温度(lower critical solution temperature:LCST)または上限臨界溶液温度(upper critical solution temperature:UCST)を示すポリマーに誘導できることを示している.

ンプレックスの場合,室温で C_{60} と PNVP からなるコアを形成し,その周囲を親水性の PNIPAM が覆った形状なので,昇温で PNIPAM 鎖の脱水和が起こるとコンプレックス間の凝集が起こる.C_{60} を含むコンプレックスの転移温度は 44℃ で,ジブロック共重合体の T_a である 42℃ よりも高温側にシフトした.コンプレックスの場合,昇温に伴い最初に PNIPAM シェルの脱水和が起こり,その後コンプレックス間の凝集が起こるため,相転移温度が高温側にシフトしたと考えられる.[13] ジブロック共重合体は 25℃ でユニマーとして水に溶解するので,DLS から求めた R_h は 8 nm と小さく,50℃ で高分子ミセルを形成するため 50 nm に増加した.コンプレックスは 25℃ で C_{60} と PNVP が相互作用によりコアを形成し,その周囲を親水性の PNIPAM が覆っているため,R_h は 79 nm と大きい.温度を 60℃ に昇温すると,コンプレックス間で凝集するため R_h は 108 nm に増加した.

SLS 測定で求めた C_{60} を含むコンプレックスの M_w から一つのコンプレックスを形成するポリマー鎖の数である N_{agg} を計算すると,25℃ で N_{agg} は 2,000 で,一つのコンプレックス中に C_{60} は 2,000 個取り込まれている.さらに 60℃ で N_{agg} は 2,800 に増加した.60℃ でのコンプレックスの R_g は 82 nm で 25℃ のときの R_g(= 76 nm)より大きい.コンプレックスの 25℃ と 60℃ での R_g/R_h は,それぞれ 1.04 と 0.70 だったので,60℃ で PNIPAM 鎖の脱水和による疎水性相互作用でコンプレックスが凝集したときに,密度が高くなったと考えられる.

C_{60} に光を照射すると,効率よく活性酸素を発生する[14].9,10-アントラセンジプロピオン酸(9,10-anthracenedipropionic acid:ADPA)は,活性酸素で酸化されて 400 nm の吸収が消失する.そこで,ADPA の吸光度の減少から活性酸素の生成を確認できる.ADPA 存在下で C_{60} を含むコンプレックスに可視光を照射したときの ADPA の吸収の変化を調べた(図 18-5).ADPA を直接励起しないように,ADPA の吸収がない 420 nm 以上の光を照射して C_{60} のみを励起した.ADPA の吸収が観測される波長範囲に C_{60} の吸収が重なるため,ADPA の吸収から C_{60} の吸収を差し引いた.ADPA の吸収は,光の照射時間の増加に伴い減少した.一方,C_{60} を添加

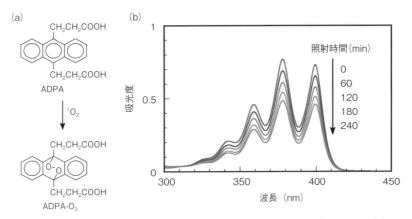

図 18-5 9,10-アントラセンジプロピオン酸(ADPA)の活性酸素の一重項酸素($^1O_2$)による酸化反応(a), C_{60} を含むコンプレックス存在下で 420 nm 以上の波長の光を照射したときの ADPA の UV-vis 吸収スペクトルの変化(b)
図中に光の照射時間を示している.

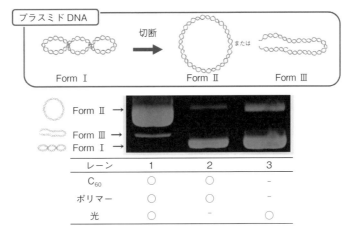

図 18-6 C_{60} を含むコンプレックスからの活性酸素発生による Supercoiled プラスミド pBR322 DNA(Form I)の切断の実験結果
混合物はゲル電気泳動で分離した. レーン 1 は C_{60} を含むコンプレックス存在下で 6 時間の可視光を照射した. レーン 2 は C_{60} を含むコンプレックス存在下で光を照射せずに静置した. レーン 3 は添加物なしで DNA のみに可視光を照射した.

してない ADPA の水溶液に光を照射しても吸光度は一定だった. つまり, 光照射により C_{60} から活性酸素が発生して ADPA が酸化されたことを示す.

C_{60} 誘導体存在下で光を照射すると, 活性酸素を発生して DNA を切断できるので[15], C_{60} を含むコンプレックスへの光照射でプラスミド DNA を切断できるかを調べた. Supercoiled DNA(Form I)は, 切断により Nicked DNA(Form II)と Linear DNA(Form III)を生じる 70% 以上の Supercoiled DNA を含むプラスミド DNA を用いて実験を行った. C_{60} を含むコンプレックスとプラスミド DNA を含む溶液に, 420 nm 以上の可視光を照射した. ゲル電気泳動で Form II と Form III の生成を調べることで, DNA の分解を評価した. C_{60} を含むコンプレックス存在下で Supercoiled DNA は 6 時間の可視光照射で, 完全に Form II と Form III に分解した(図 18-6, レーン 1). 同じ条件で可視光を照射しない場合(図 18-6, レーン 2)と, 可視光のみを照射した場合(図

18-6,レーン3)は,ほとんどForm ⅡとⅢを生じなかった.さらにC_{60}を含むコンプレックス存在下暗所で,Supercoiled DNAは分解されなかった.これらの結果からコンプレックスへの可視光照射により,発生した活性酸素でDNAを切断できることがわかった.

4 まとめと今後の展望

C_{60}を含むコンプレックスをPDTに用いた場合,がん組織周辺の加温によるサイズ増加で集積可能で,さらに可視光照射による活性酸素の発生によりがん組織へダメージを与えられる.まだポリマーの生体適合性や使用する光の波長など,さまざまな問題があるがPDTへの利用の可能性を示すことができた.

近年の高分子の精密合成法の技術の発展は,目を見張るものがある.当然のことながら合成技術の発展に伴い,これまでにない新しい機能性をもつさまざまなポリマーが合成されてきている.今回紹介した非共役と共役モノマーからなるジブロック共重合体と,そのPDTへの応用も高分子精密合成技術の進歩のおかげで実現できた研究である.今後も,新しい機能をもつブロック共重合体の研究から目を離せない.

◆ 文 献 ◆

[1] Y. Matsumura, H. Maeda, *Cancer Res.*, **46**, 6387 (1986).
[2] M. Artoçareńa, B. Heise, S. Ishaya, A. Laschewsky, *J. Am. Chem. Soc.*, **124**, 3787 (2002).
[3] S. Yusa, Y. Shimada, Y. Mitsukami, T. Yamamoto, Y. Morishima, *Macromolecules*, **37**, 7507 (2004).
[4] Y. Tabata, Y. Ikeda, *Pure Appl. Chem.*, **71**, 2047 (1999).
[5] F. Haaf, A. Sanner, F. Straub, *Polym. J.*, **17**, 143 (1985).
[6] D. Charmot, P. Corpart, H. Adam, S. Zard, T. Biadatti, G. Bouhadir, *Macromol. Symp.*, **150**, 23 (2000).
[7] S. Yamago, K. Ikeda, J. Yoshida, *J. Am. Chem. Soc.*, **124**, 2874 (2002).
[8] S. Yamago, *Chem. Rev.*, **109**, 5051 (2009).
[9] S. Yusa, S. Yamago, M. Sugahara, S. Morikawa, T. Yamamoto, Y. Morishima, *Macromolecules*, **40**, 5907 (2007).
[10] T. Konishi, T. Yoshizaki, H. Yamakawa, *Macromolecules*, **24**, 5614 (1991).
[11] Y. N. Yamakoshi, T. Yagami, K. Fukuhara, S. Sueyoshi, N. Miyata, *J. Chem. Soc., Chem. Commun.*, **1994**, 517.
[12] A. Ikeda, Y. Doi, M. Hashizume, J. Kikuchi, T. Konishi, *J. Am. Chem. Soc.*, **129**, 4140 (2007).
[13] S. Yusa, S. Awa, M. Ito, T. Kawase, T. Takada, K. Nakashima, D. Liu, S. Yamago, Y. Morishima, *J. Polym. Sci., Part A, Polym. Chem.*, **49**, 2761 (2011).
[14] J. W. Arbogast, C. S. Foote, *J. Am. Chem. Soc.*, **113**, 8886 (1991).
[15] H. Tokuyama, S. Yamago, E. Nakamura, T. Shiraki, Y. Sugiura, *J. Am. Chem. Soc.*, **115**, 7918 (1993).

Part III

役に立つ
情報・データ

APPENDIX

Part III 役に立つ情報・データ

この分野を発展させた
革新論文 43

1 プルロニック系ブロック共重合体の界面活性

T. H. Vaughn, H. R. Suter, L. G. Lindsted, M.G. Kramer, Properteis of Some Newly Developed Nonionic Detergents, *J. Am. Oil. Che. Soc.*, **28**, 294 (1951).

1949年代後半にWyandotte社で開発されたPluronicは，ポリプロピレンオキシド鎖(PPO)と，それを挟む2個のポリエチレンオキシド鎖(PEO)からなるトリブロック共重合体である．PPOブロックはPEO部より親油性が高いため両親媒性を示し，非イオン性界面活性剤として用いられる．本論文はその界面活性や曇点を報告した最初の論文である．その後，このブロック共重合体の会合体構造は多くの研究者によって研究されている〔たとえば総説として C. Booth, D. Atwood, *Macromol. Rapid. Commun.*, **21**, 501 (2000)〕．またPluronicは毒性が低いことから，医薬品や化粧品への多くの応用例がある．

2 リビング重合による初のブロック共重合体の合成

M. Szwarc, M. Levy, R. Milkovich, "Polymerization Initiated by Electron Transfer to Monomer. A New Method of Formation of Block Polymers," *J. Am. Chem. Soc.*, **78**, 2656 (1956).

リビング重合の発見者であるMichael Szwarcが，同年に発表した"Living" Polymersと題した論文〔*Nature*, **178**, 1168, (1956)〕に先立ち，ナトリウムナフタレンを用いたスチレンのリビングアニオン重合を実証するとともに，イソプレンを添加することで，ABA型のブロック共重合体が生成することを初めて報告した革新的な論文である．ABCBA型，AB型，ABC型のブロック共重合体の合成の可能性についても言及している．

3 混合液体の統計熱力学

P. J. Flory, "Statistical Thermodynamics of Liquid Mixtures," *J. Am. Chem. Soc.*, **87**, 1833 (1965).

混合液体の状態方程式に基づき，コンビナトリアルエントロピー(格子モデルで表される形態数に基づいたエントロピー)以外のエントロピー項の寄与について，混合による体積変化に着目して考察した．混合エンタルピーの寄与が少ない系(たとえばポリオレフィンブレンド)では相溶性に大きな影響を及ぼす．

4 高分子材料の相構造観察のためのオスミウム酸染色法の開発

K. Kato, "Osmium tetroxide fixation of rubber lattices, *Polymer Letters*", **4**, 35 (1966).

東レの加藤嵩一博士は，オスミウム酸の不飽和系高分子の-CH-=CH-(二重結合)に対する選択的な反応を顕微鏡観察用試料の調製に応用した．加藤は，不飽和系高分子を代表とするゴム相に架橋反応により重金属元素の導入と分子鎖の拘束が起こるため，電子線コントラストの付与と同時に電子線ダメージを軽減することを見いだした．この染色剤は最初はラテックスゴムの固定化などに用いられその後，アクリロニトリル-ブタジエン-スチレンブロック共重合体(ABS)やハイインパクトポリスチレン(HIPS)，さまざまなブロック

共重合体の相構造に応用されポリマーアロイの科学と工学の発展に大きな役割を果たした．関連論文として〔Polym. Eng. Sci., 7, 38 (1967)〕，総説として〔加藤嵩一，材料，19, No. 197, 77 (1970)〕．

5 ポリウレタンエラストマーの物性

S. L. Cooper, A. V. Tobolsky, "Properties of Linear Elastomeric Polyurethanes," *J. Appl. Polym. Sci.,* 10, 1837 (1966).

ポリウレタンエラストマーは，現在でも，ほかに代替ができない個性的な性質を有する材料として広く利用されている．本論文では，構成成分の大部分の成分のガラス転移温度が使用温度よりもきわめて低いにもかかわらず，きわめて高いヤング率や力学強度を有することを明らかにしている．さらに，その発現メカニズムは，セグメント化されたハードセグメント部分が自己凝集し，フィラーとしての役割を果たしていることに由来するということに，初めて言及している．

6 ブロック共重合体エラストマーの動的粘弾性

M. Matsuo, T. Ueno, H. Horino, N. S. Chujyo, H. Asai, "Fine Structures and Physical Properties of Styrene-Butadiene Block Copolymers," *Polymer,* 9, 425 (1968).

本論文が発表された当時，高分子材料の物性を制御するために，異種高分子の物理的混合による高分子ブレンドの調製や異種モノマーのランダム共重合化が進められていた．これに対して，同一分子内に異なる高分子鎖が連結された，特に，ガラス転移温度が大きく異なる成分からなるブロック共重合体は，ブレンドともランダム共重合体とも異なる性質を示すことが知られ始めていた．本論文は，種々のブロック共重合組成を有するスチレン-ブタジエンブロック共重合体について，動的粘弾性の温度依存性測定に基づき，不均一ミクロ相分離構造の存在を世界に先駆けて測定した例を報告したものである．

7 ブロック共重合体のミクロ相分離構造の組成依存性

G. E. Molau, "Colloidal and Morphological Behaviour of Block and Graft Copolymers," "Block polymers," ed. by S. L. Aggarwal, Plenum Press (1970).

Polystyrene-b-polyisoprene などのジブロック共重合体において，組成比が50/50である場合にはラメラ構造を形成し，組成比が偏るにつれて，シリンダー構造，球構造をとるといういわゆる Molau 則を見いだした．また，溶媒中でのブロック共重合体のミセル構造に関する議論も行っている．

8 ポリ(α-メチルスチレン)-b-ポリ(プロピレンスルフィド)-b-ポリ(α-メチルスチレン)の合成

M. Morton, R. F. Kammereck, L. J. Fetters, "Synthesis and Properties of Block Polymers. II. Poly(α-methylstyrene)-Poly(propylene sulfide)-Poly(α-methylstyrene)," *Macromolecules,* 4, 11 (1971).

リビングアニオン重合法を用いたブロック共重合体の合成では，活性種であるアニオンの求核性とモノマーの反応性の強弱により，モノマーの添加順序に制限を受ける．ところが，L. J. Fetters らは，α-メチルスチレン，プロピレンスルフィドの順にアニオン重合させ，生成した AB ジブロック共重合体の活性末端に対して1/2当量のホスゲンを加え，高分子反応(カップリング反応)させることにより，モノマーの添加法では達成不可能なポリ(α-メチルスチレン)-b-ポリ(プロピレンスルフィド)-b-ポリ(α-メチルスチレン)の合成に成功し，リビングアニオン重合における高分子反応の有用性を示した．

APPENDIX

⑨ ゲル浸透クロマトグラフィー：低角度レーザー光散乱による分子量検出

A. C. Ouano, W. J. Kaye, "Gel-Permeation Chromatography: X. Molecular Weight Detection by Low-Angle Laser Light Scattering," *J. Polym. Sci. Polym. Chem. Ed.*, **12**, 1151 (1974).

今日クロマトグラフィーの検出器として普及しつつある多角度光散乱計（MALS）の一世代前の低角度レーザー光散乱計を提唱した論文．レーザーを用いて低角度での光散乱計をGPCの検出器として用いることで，ポリスチレンとポリメタクリル酸メチルの溶出成分の分子量を，標準試料を用いずに直接決定した．今日のMALS検出器に比べれば得られる情報が限られているものの，検出器に粘度計を用いて普遍較正曲線によって溶出成分の分子量を決める方法を除けば，GPCによって分別された成分の分子量を初めて直接確かめた点は意義深い．

⑩ ジブロック共重合体のミクロ相分離構造を表す理論

E. Helfand, Z. R. Wasserman, "Block Copolymer Theory. 4. Narrow Interphase Approximation," *Macromolecules*, **9**, 879 (1976).

ジブロック共重合体の溶融系がラメラ構造を形成する際の自由エネルギーを経路積分型の統計計算によって求めた初めの報告であり，さらに実験との比較についても行っている．著者らは，この後1978年にBCCミクロ相分離構造の同様の論文を，1980年にシリンダー相分離構造の論文を発表しており，これら一連の論文は，数値的に解くSCF法の元となった論文であるといっても過言でない．

⑪ エチレン重合にきわめて高い活性を示すZiegler触媒

H. Sinn, W. Kaminsky, H.-J. Vollmer, R. Woldti, ""Living Polymers" on Polymerization with Extremely Productive Ziegler Catalysts," *Angew. Chem. Int. Ed.*, **19**, 390 (1980).

1980年に，Kaminskyらはジルコノセンジメチル錯体とメチルアルミノキサン（MAO）からなる触媒系（Kaminsky触媒）が，エチレン重合にきわめて高い活性を示すことを発見した．従来の不均一系触媒であるチーグラー–ナッタ触媒とは異なり，この触媒系は有機溶媒に可溶な分子性錯体触媒であることから，錯体の構造設計によるポリオレフィン類の立体規則性を制御することが可能となった．この発見のインパクトは大きく，メタロセン錯体触媒だけではなく非メタロセン錯体触媒も幅広く研究され，オレフィン類の精密重合を飛躍的に発展させるきっかけとなった．

⑫ Polystyrene-*b*-polyisopreneのラメラ構造のドメイン間隔の分子量依存性

T. Hashimoto, M. Shibayama, H. Kawai, "Domain-Boundary Structure of Styrene–Isoprene Block Copolymer Films Cast from Solution. 4. Molecular-Weight Dependence of Lamellar Microdomains," *Macromolecules*, **13**, 1237 (1980).

分子量の異なる組成比が50/50のPolystyrene-*b*-polyisopreneジブロック共重合体のドメイン間隔および界面厚みの分子量依存性を小角X線散乱法により測定し，ドメイン間隔が分子量の2/3乗に比例することを明らかにして，理論の予測と一致することを明らかにした．また界面厚みは分子量に依存性せず2nm程度であることも明らかにし，強偏析状態における理論の予測と一致する結果を得た．

⑬ ジブロック共重合体の弱偏析系の理論

L. Leibler, "Theory of Microphase Separation in Block Copolymers," *Macromolecules*, **13**, 1602 (1980).

ジブロック共重合体の溶融系の弱偏析の理論における初めの論文である．散乱関数で表した自由エネルギーを四次まで展開することで得られる自由エネルギー式を用いて，各相の自由エネルギーを求め，対称性を考慮することで，χNを縦軸にした相図を初めて報告した論文である．この論文で報告された相図には，ラメラ，シリンダー，BCC球の相しか示されていなかったが，1994年にMastenとSchickらによる非常に有名な

APPENDIX

論文が報告され，Gyroid を加えた SCF 法で求められた相図へと繋がることになる．

⑭ ゴム—熱可塑性プラスチックコンポジット：EPDM—ポリプロピレン系熱可塑性架橋体

A. Y. Coran, R. P. Patel, "Rubber-Thermoplastic Compositions. Part I. EPDM-Polypropylene Thermoplastic Vulcanizates," *Rubber Chem. Technol.*, 53, 141 (1980).

熱可塑性プラスチック（ポリプロピレン）とゴム（EPDM）を溶融混合しながらゴム成分の架橋を行い，熱可塑性エラストマーを製造する方法を提案．動的架橋（dynamic vulcanization）とよばれる本方法で製造することにより，ゴム弾性や力学強度，さらには流動性に優れた熱可塑性エラストマーが得られる．なお，本材料は実用化にも成功している．

⑮ ポリ乳酸におけるステレオコンプレックス形成の発見

Y. Ikada, K. Jamshidi, H. Tsuji, S.-H. Hyon, "Stereocomplex Formation between Enantiomeric Poly(lactides)," *Macromolecules*, 20, 904 (1987).

ステレオコンプレックス（SC）とは立体化学だけが異なる同種ポリマーがコンプレックスを形成する現象であり，本論文が発表された時点では PMMA やポリ(L-グルタミン酸-γ-ベンジル)を含むいくつかの例が知られていた．ポリ乳酸における SC 形成を初めて報告したのがこの論文である．SC 型ポリ乳酸はポリ(L-ラクチド)（PLLA）とポリ(D-ラクチド)（PDLA）を混合することで得ることができ，それら単体と比較して優れた機械特性や耐熱性を示す．PLLA と PDLA からなるブロック共重合体であるステレオブロック共重合体においても SC 形成することが後に報告されており，PLLA と PDLA を混合するよりも効率的に SC を形成させることができる．また，SC 形成を利用したブロック共重合体の自己組織化制御など興味深い研究が続々と報告されている．

⑯ 高分子の「臨界状態」での液体クロマトグラフィーによる研究 I ポリエチレンオキシドとポリプロピレンオキシドの共重合体における機能性，組成の分布

A. V. Gorshkov, H. Much, H. Becker, H. Pasch, V. V. Evreinov, S. G. Entelis, "Chromatographic Investigations of Macromolecules in the "Critical Range" of Liquid Chromatography I Functionality Type and Composition Distribution in Polyethylene Oxide and Polypropylene Oxide Copolymers," *J. Chromatogr.*, 523, 91 (1990).

臨界状態クロマトグラフィー（LCCC）を使ってブロック共重合体を分析した最初期の論文．LCCC の理論的背景を説明し，ポリエチレンオキシド（PEO）とポリプロピレンオキシド（PPO）のブロック共重合体や異なる末端を持った PEO を PEO の臨界状態で分析し，PPO ブロックの分子量や末端基の種類によって分別している．LCCC の理論的裏付けを与え，ブロック共重合体において一方のブロック鎖に影響を受けずに他方のブロック鎖について分析する有用性を示し，LCCC がその後ブロック共重合体に広く利用される端緒となった．

⑰ 希土類メタロセン触媒によるメタクリル酸メチル（MMA）の重合

H. Yasuda, H. Yamamoto, K. Yokota, S. Miyake, A. Nakamura, "Synthesis of Monodispersed High Molecular Weight Polymers and Isolation of an Organolanthanide(III) Intermediate Coordinated by a Penultimate Poly (MMA) Unit," *J. Am. Chem. Soc.*, 114, 4908 (1992).

広島大の安田らは，メタロセン型希土類ヒドリド触媒を用いることにより，メタクリル酸メチル（MMA）のリビング重合を達成し，高分子量（最高56万）で，きわめて狭い分子量分布（1.02-1.04）かつシンジオタクティシティー（rr = 77-95%）を有するポリ（MMA）の合成に初めて成功した．MMA が2分子反応した重合活性種の単離と構造解析にも成功した．それまでは希土類重合触媒に関する研究は主にエチレン重合を中心

に行われていたが，この報告以降，希土類メタロセン触媒を用いた他のモノマーの重合反応も活発に研究されるようになり，エチレンとアクリル酸エステルやラクトン類とのブロック共重合などへも展開された．

⑱ ポリスチレン鎖およびポリブタジエン鎖から成る非対称スターポリマーの合成

R. P. Quirk, B. Lee, L. E. Schock, "Anionic Synthesis of Polystyrene and Polybutadiene Heteroarm Star Polymers," *Makromol. Chem., Macromol. Symp.*, 53, 201（1992）．

R. P. Quirk らは，1,1-ジフェニルエチレンがスチレンなどのリビングアニオンポリマーと選択的かつ定量的に1：1付加反応し，単独重合性がないこと，また付加反応後にも定量的にカルバニオンを生成できることに着目し，スターポリマーの合成に応用した．具体的には，スチレンのリビングアニオンポリマーに対して1/2当量の1,3-ビス(1-フェニルビニル)ベンゼンを加え，高分子付加反応させることにより，ポリマーの連結点に2個のカルバニオンを生成させ，さらに1,3-ブタジエンを加えて重合することで，4本鎖 A_2B_2 型ミクトアームスター共重合体の合成に成功した．同年，藤本らも1,1-ジフェニルエチレンの反応性に着目した3本鎖 ABC 型ミクトアームスター共重合体の合成に成功している〔T. Fujimoto, H. Zhang, T. Kazama, Y. Isono, H. Hasegawa, T. Hashimoto, *Polymer*, 33, 2208（1992）〕．本手法は，シリルクロリド法(カップリング反応使用)とともに，構造の明確な分岐ポリマーを得るための有力な手法となった．

⑲ 相分離構造のダイナミクスシミュレーション手法

J. G. E. M. Fraaije, "Dynamic Sensity Functional Theory for Microphase Separation Kinetics of Block Copolymer Melts," *J. Chem. Phys.*, 99, 9202（1993）．

自己無撞着場(SCF)法をダイナミクスに用いることを提案した初めの論文である．この当時の計算機の能力ではかなりたいへんだったと思われるが，ジブロック共重合体の溶融系の二次元の計算として，A8B8 の対称ブロックポリマーと A6B10 の非対称ブロックポリマーの相分離のダイナミクスの結果について報告している．この動的 SCF 法が提案されることにより，任意の形状のポリマーの相分離のダイナミクスの計算が行えるようになった．

⑳ 束縛場における高分子物性

J. L. Keddie, R. A. L. Jones, R. A. Cory, "Size-Dependent Depression of The Glass-Transition Temperature in Polymer-Films," *Europhys. Lett.* 27, 59（1994）．

基板上に調製したポリスチレン薄膜のガラス転移温度(T_g)を，フィルムの厚さの関数として測定した論文である．ある膜厚を境にして T_g が膜厚の減少とともに低下すること，また，T_g の膜厚依存性には分子量依存性が明確でないことなどを見いだしている．薄膜で観測される T_g の低下は，膜表面に液体的な層があると考えることで説明しており，その後の薄膜や表面・界面における高分子ダイナミクスの研究に大きな影響を与えた論文である．

㉑ ポリビニルピロリドンによるフラーレンの水への可溶化

Y. N. Yamakoshi, T. Yagami, K. Fukuhara, S. Sueyoshi, N. Miyata, "Solubilization of Fullerenes into Water with Polyvinylpyrrolidone Applicable to Biological Tests," *J. Chem. Soc., Chem. Commun.*, 1994, 517.

水溶性のポリ(N-ビニル-2-ピロリドン)(PNVP)を用いて，疎水性のフラーレン類の C_{60} および C_{70} を水に可溶化できることを示した論文．PNVP は生体適合性が高いためウシ胎児血清中でも凝集することなくフラーレン類を水に可溶化できることが示されている．

APPENDIX

㉒ 混合バルクヘテロ接合を用いた最初のポリマー太陽電池

G. Yu, J. Gao, J. C. Hummelen, F. Wudl, A. J. Heeger, "Polymer Photovoltaic Cells: Enhanced Efficiencies via a Network of Internal Donor-Acceptor Heterojunctions," *Science*, **270**, 1789 (1995).

当時は，1986年のTangのドナー/アクセプターの二層型ヘテロ接合構造の報告によって，有機半導体を用いて光電変換が可能であることが示されていたが，変換効率としては非常に低いものであった．この論文では半導体ポリマーと可溶化フラーレンの混合薄膜を使って有機薄膜太陽電池を初めて作成し，2.9%という桁違いに高いエネルギー変換効率を達成している．バルクヘテロ接合という言葉を初めて用いて，現在のポリマー薄膜太陽電池の火付け役となった論文である．

㉓ Polystyrene-b-polyisoprene ジブロック共重合体の相図

A. K. Khandpur, S. Forster, F. S. Bates, I. W. Hamley, A. J. Ryan, W. Bras, K. Almdal, K. Mortensen, "Polyisoprene-Polystyrene Diblock Copolymer Phase Diagram near the Order-Disorder Transition," *Macromolecules*, **28**, 8796 (1995).

Polystyreneの組成が0.24から0.82の範囲のPolystyrene-b-polyisopreneジブロック共重合体のモルフォロジーを動的粘弾性，透過電子顕微鏡，小角X線散乱法により測定し，秩序無秩序転移点近傍の相挙動を明らかにした．また，彼らはラメラ構造，六法充填シリンダー構造，体心立方格子を形成する球構造の他にダブルジャイロイド構造を見いだしている．

㉔ 温度勾配高速液体クロマトグラフィーによる高分子の分子量解析

H. C. Lee, T. Chang, "Polymer Molecular Weight Characterization by Temperature Gradient High Performance Liquid Chromatography," *Polymer*, **37**, 5747 (1996).

温度勾配相互作用クロマトグラフィー（TGIC）を提唱し，TGICによってゲル浸透クロマトグラフィー（GPC）よりも高い分解能で高分子試料の分子量分別が可能なことを示した論文．標準ポリスチレンの混合物をTGICとGPCで分別し，TGICの分解能の高さを明確にしている．TGICが標準ポリスチレンの分子量分布に関しても議論できるほどの分解能をもつことを示した．短い論文であるが，TGICの分解能の高さが明瞭に述べられており，以後TGICがブロック共重合体にも広く適用される端緒となった．

㉕ ブロックコポリペプチドの精密合成

T. J. Deming, "Facile Synthesis of Block Copolypeptides of Defined Architecture," *Nature*, **390**, 386 (1997).

比較的短いポリペプチドは固相合成によって容易に合成できるが，100残基を超えるようなポリペプチドの合成にはN-カルボキシ-α-アミノ酸無水物（NCA）の開環重合がしばしば用いられる．NCAの開環重合はアミン（ベンジルアミンなど）を開始剤として行われるのが一般的であるが，さまざまな副反応を伴うために，この方法ではポリペプチドからなるブロック共重合体の合成は困難であった．本論文において，Demingは有機ニッケル錯体を開始剤として用いることでNCAのリビング重合が可能であることを見いだし，さまざまなNCAモノマーのブロック共重合によりジブロックおよびトリブロックコポリペプチドの精密合成に成功した．ブロックコポリペプチドはタンパク質のモデルとしても興味深く，その自己組織化研究を展開するための基礎として本論文は高い価値をもつ．

㉖ ブロック共重合体のミクロ相分離構造を用いたナノ多孔質膜の作製

J.-S. Lee, A. Hirao, S. Nakahama, "Polymerization of Monomers Containing Functional Silyl Groups. 5. Synthesis of New Porous Membranes with Functional Groups," *Macromolecules* **21**, 274 (1988).

ブロック共重合体のミクロ相分離構造を鋳型として利用してナノ構造体の構築ができることを示した先駆的論文である．酸性条件下で架橋が可能なアルコキシシリル基を置換したスチレン誘導体とイソプレンからな

APPENDIX

るABA型トリブロック共重合体が形成したミクロ相分離構造を酸で処理することで固定化し、続いてオゾンで処理することでポリイソプレンセグメントを選択的に分解すると、最初のミクロ相分離構造を正確に反映したナノスケールの空孔をもつ多孔質膜が得られることを見いだしている。

㉗ ESA-CF 高分子環化法の開発

H. Oike, H. Imaizumi, T. Mouri, Y. Yoshioka, A. Uchibori, Y. Tezuka, "Designing Unusual Polymer Topologies by Electrostatic Self-Assembly and Covalent Fixation," *J. Am. Chem. Soc.*, **122**, 9592 (2000).

環状アンモニウム・カチオン基を末端に導入した疎水性直鎖・分枝テレケリクスと多官能カルボキシレート対アニオンとを組み合わせると、静電相互作用による自己組織化とイオン結合の共有結合への選択的変換により、効率的な高分子環化が達成される。このESA-CF法は、種々の反応性基を単環・多環高分子の特定位置に導入した反応性環状高分子前駆体(*kyklo-telechelics*)の合成にも用いられ、クリック反応やクリップ反応と組み合わせて多様な多環高分子の選択的合成を実現した。

㉘ ナノ多孔質ポリスチレン平板の作製

A. S. Zalusky, R. Olayo-Valles, C. J. Taylor, M. A. Hillmyer, "Mesoporous Polystyrene Monoliths," *J. Am. Chem. Soc.* **123**, 1519 (2001).

ポリスチレンとポリ乳酸からなるAB型ジブロック共重合体が形成したミクロ相分離構造を利用してナノスケールの多孔質平板の作製を行っている。具体的には、ポリスチレンマトリックス中にポリ乳酸セグメントの六方充填シリンダー構造を配向させながら形成させ、ポリ乳酸セグメントを塩基性条件下、加水分解によって除去することで、規則正しく配向したシリンダー型のナノ空孔を有するポリスチレン多孔質平板(厚さ0.32 mm)が得られることを明らかにしている。

㉙ 相分離した液晶構造の自己組織化

T. Kato, "Self-Assembly of Phase-Segregated Liquid Crystal Structures," *Science*, **295**, 2414 (2002).

液晶性分子は相分離を利用した自己組織化によって、スメクチック液晶、カラムナー液晶、およびキュービック液晶などを形成する。カラムナー/キュービック液晶の2Dあるいは3Dでのナノ相分離構造の制御によって、イオンや分子などを輸送するパスを精密に構築することができれば既存材料よりも効率的な輸送が可能と考えられるため、輸送機能材料あるいは高性能分離材料への応用が期待できる。液晶分子の化学構造によって分子間相互作用やナノ相分離構造を制御し、刺激や環境応答性機能を付与することも可能であり、分子組織体の新規機能性材料としての可能性を示唆した論文である。

㉚ 環拡大メタセシス重合法の開発

C. W. Bielawski, D. Benitez, R. H. Grubbs, "An "Endless" Route to Cyclic Polymers," *Science*, **297**, 2041 (2002).

環状オレフィンモノマーを巧みに分子設計された環状配位子を導入した遷移金属錯体に連続的に挿入する環拡大重合では、重合成長末端の金属-カルベン種の連鎖移動反応によって安定な構造の高分子量環状高分子が生成するとともに、遷移金属錯体開始剤が再生する。遷移金属錯体による環拡大重合法はアルキンモノマーにも拡張されている。

㉛ 有機テルル化合物を用いた制御ラジカル重合

S. Yamago, K. Iida, J. Yoshida, "Organotellurium Compounds as Novel Initiators for Controlled/Living Radical Polymerizations. Synthesis of Functionalized Polystyrenes and End-Group Modifications," *J. Am. Chem. Soc.*, **124**, 2874 (2002).

APPENDIX

有機テルル化合物を用いることにより，スチレンのラジカル重合の制御を行うことが可能であり，高分子量で分子量分布のせまいポリスチレンが得られることを示した研究である．さらに回収されるポリマー鎖末端に含まれるテルルを除去してさまざまな官能基へ変換する方法を示した．その後の研究でスチレン以外のさまざまなビニルモノマーのラジカル重合に対して有機テルル化合物が有用であることが示された．

㉜ ブロック共重合体の誘導自己組織化（Directed Self-assembly）

S. O. Kim, H. H. Solak, M. P. Stoykovich, N. J. Ferrier, J. J. de Pablo, P. F. Nealey, "Epitaxial Self-Assembly of Block Copolymers on Lithographically Defined Nanopatterned Substrates," *Nature*, **424**, 411 (2003).

高密度に充填されたナノメートルスケール構造のパターニングは，ナノテクノロジーとして重要である．ジブロック共重合体の薄膜は，分子スケール（約 5～50 nm）で自己集合し規則的な周期構造を形成するため，このような微細構造のテンプレートとして有望である．しかしながら，周期的ドメインの秩序化は，マイクロメートル規模の局所的な領域に限られており，基板全体の広範囲の秩序制御は困難であった．この論文では，微細なパターンが描かれた基板を用いることで，ブロック共重合体ドメインの秩序を完全に広範囲にわたって制御した．

㉝ アジドおよびアルキンの銅（I）錯体を用いた効率的なクリックケミストリーによるトリアゾールデンドリマーの合成

P. Wu, A. K. Feldman, A. K. Nugent, C. J. Hawker, A. Scheel, B. Voit, J. Pyun, J. M. J. Fréchet, K. B. Sharpless, V. V. Fokin, "Efficiency and Fidelity in a Click-Chemistry Route to Triazole Dendrimers by the Copper(I)-Catalyzed Ligation of Azides and Alkynes," *Angew. Chem. Int. Ed.*, **43**, 3928 (2004).

アジドとアルキンの環化付加反応によりトリアゾール環が形成されることは，古くから Huisgen によって発見されていた〔R. Huisgen, *Angew. Chem., Int. Ed.*, **2**, 565 (1963)〕．K. B. Sharpless らによって，化学選択性と定量性を要するさまざまな有機反応への本反応の高い利用価値が示され，Huisgen 環化付加反応は「クリック反応」の代表格となった〔H. C. Kolb, M. G. Finn, K. B. Sharpless, *Angew. Chem. Int. Ed.*, **40**, 2005 (2001)〕．このような背景下，C. J. Hawker, K. B. Sharpless, および V. V. Fokin らは，Huisgen 環化付加反応を繰り返し用い，トリアゾール含有デンドリマー（第 4 世代）が効率良く合成できることを報告し，高分子合成においても高い有用性をもつことを証明した．本報告を契機に，クリックケミストリーを用いた高分子合成に関する研究が活発になった．

㉞ ナフィオン膜の微細構造と物性

K. A. Maurits, R. B. Moore, "State of Understanding of Nafion," *Chem. Rev.*, **104**, 4535 (2004).

陽イオン交換膜に分類されるナフィオンは，DuPont によって開発された高分子固体電解質である．ナフィオンは電池用セパレータとして燃料電池分野において汎用されており，この研究分野を普及させた革新的な高分子材料である．本論文は，ナフィオンの微細構造を，X線や中性子線による分光学的手法によって，電子顕微鏡による観察を通して，そしてシミュレーションによって詳細に検討し，また力学的特性の評価とも合わせて，ナフィオンのプロトン伝導機能発現のメカニズムや，プロトン伝導性とミクロ相分離構造によるプロトン伝導チャネル形成との相関を解説したレビューである．

㉟ GISAX によるブロック共重合体薄膜のミクロ相分離構造評価

B. Lee, I. Park, J. Yoon, S. Park, J. Kim, K.-W. Kim, T. Chang, M. Ree, "Structural Analysis of Block Copolymer Thin Films with Grazing Incidence Small-Angle X-ray Scattering," *Macromolecules*, **38**, 4311 (2005).

シリコン基板上でブロック共重合体が形成する相分離構造を斜入射小角X線散乱（GISAXS）で解析した論文である．GISAXS 法はすでにブロック共重合体にも広く利用されてきていたが，高い秩序性をもった相分離構造を題材に GISAXS 法で問題になる歪曲波ボルン近似（DWBA）とともに Paracrystall 理論に基づいて，二

次元GISAXSパターンを非常に丁寧にシミュレーションし解析を行っている。大変参考になる論文であると思われる。その後も種々のモルフォロジーについて報告がなされ、ブロック共重合体薄膜のGISAXS法の応用を広げた一つの研究であると位置づけられる。

36 高分子分離膜の可塑化効果による水素精製

H. Lin, E. V. Wagner, B. D. Freeman, L. G. Toy, R. P. Gupta, "Plasticization-Enhanced Hydrogen Purification Using Polymeric Membranes," *Science*, 311, 639 (2006).

ポリエチレンオキシド高分子膜が CO_2 と相互作用することによって、CO_2/H_2 混合ガスからの CO_2 分離において有効であることを報告している。ポリエチレンオキシドジアクリラートを光重合で架橋した高分子膜は、CO_2 を H_2 より速く透過させることができる。とくに選択性は低温あるいは高圧下において高くなり、これは CO_2 がポリエチレンオキシド高分子膜に溶解し、そして可塑化することによってより CO_2 が透過しやすくなったためである。分離膜のガス透過性について透過性と選択性には相関があり、経験的にある一定の値を超えないといわれる Robeson's upper-bound があるが、この CO_2 分離膜はその値を超える非常に高い CO_2 分離性能を示す。

37 チェーンシャトリング共重合によるブロック共重合体の合成

D. J. Arriola, E. M. Carnahan, P. D. Hustad, R. L. Kuhlman, T. T. Wenzel, "Catalytic Production of Olefin Block Copolymers via Chain Shuttling Polymerization," *Science*, 312, 714 (2006).

2006年にダウケミカルの Arriola らは、ハフニウムとジルコニウムの重合触媒とポリマー連鎖の移動剤としてジエチル亜鉛を用いてエチレンと1-オクテンを反応させ、ポリマー連鎖を異なる2種類の触媒間で行き来させることができるチェーンシャトリング共重合という特異な重合系を見いだし、エチレンと1-オクテンのマルチブロック共重合体の合成に初めて成功した。この共重合を行うためには、それぞれの触媒におけるリビング性や可逆的な連鎖移動特性が必要であるが、この手法はマルチブロック共重合体を作る画期的方法であり、この報告が契機となって、他の重合触媒を組み合わせた系も相次いで報告されるようになってきている。

38 ザンテートによるビニルピロリドンの重合

T. L. U. Nguyen, K. Eagles, T. P. Davis, C. Barner-Kowollik, M. H. Stenzel, "Investigation of the Influence of the Architectures of Poly (vinyl pyrrolidone) Polymers Made via the Reversible Addition-Fragmentation Chain Transfer/Macromolecular Design via the Interchange of Xanthates Mechanism on the Stabilization of Suspension Polymerizations," *J. Polym. Sci. Part A, Polym. Chem.*, 44, 4372 (2006).

ザンテート型連鎖移動剤を用いた MADIX (Macromolecular Design via Interchange of Xanthate) 法で、水溶性のポリ(N-ビニル-2-ピロリドン)(PNVP)を合成した論文。MADIX により分子量分布のせまい（< 1.3）PNVP の合成が可能で、連鎖移動剤の構造に応じて直鎖状だけでなく星形ポリマーの合成も行えることを示した。

39 高分子クリック環化法の開発

B. A. Laurent, S. M. Grayson, "An Efficient Route to Well-Defined Macrocyclic Polymers via "Click" Cyclization," *J. Am. Chem. Soc.*, 128, 4238 (2006).

相補的かつ選択的な反応性を示すアルキン基とアジド基を末端にもつ非対称テレケリクスを用いると、銅触媒の添加により効率的な1分子高分子環化が達成される。この高分子クリック環化法は、ATRP法、RAFT法、ROP（開環重合）法などのリビング重合プロセスと組み合わせて種々の機能性環状高分子の合成に応用されている。

APPENDIX

㊵ 高分子系からなる準結晶構造の構築

K. Hayashida, T. Dotera, A. Takano, Y. Matsushita "Polymeric quasicrystal: Mesoscopic quasicrystalline tiling in ABC star polymers", Phys. Rev. Lett. **98**, 195502 (2007).

非相溶な3種の高分子鎖であるポリスチレン，ポリイソプレン，ポリ2－ビニルピリジンが一点で連結したABC星型共重合体をリビングアニオン重合法により精密合成し，ある特定組成の試料から棒状構造であり，かつその棒状断面が12回対称2次元準結晶タイリングをもった新規ミクロ相分離構造の構築を確認した革新的論文である．これまで準結晶の発現は，合金，カルコゲン，液晶など比較的低分子の物質系に限られていたが，世界で初めて高分子系で発見した．

㊶ 超分子形成を利用した自己修復エラストマー

P. Cordier, F. Tournilhac, C. Souliç-Ziakovic, L. Leibler, "Self-Healing and Thermoreversible Rubber from Supramolecular Assembly," *Nature*, **451**, 977 (2008).

新たなゴム新素材として，水素結合により鎖状結合と架橋の両方を形成して会合するゴムを設計合成された．数百パーセント伸長しても形状回復可能で，荷重下でほとんどクリープを示さない．通常の巨大分子からなる架橋ゴムや熱可逆性エラストマーでは実現できない，破断しても，切断しても，室温でその破断(切断)面どうしを合わせれば自己修復が可能な材料であることが示された．その修復はとても簡単であり，修復後も非常に高い伸長度を取り戻すことを明らかにしている．破断と修復は何回も繰り返すことができることも確認されている．また，この特異な自己修復特性，簡便な原料(脂肪酸と尿素：安価)と簡単な合成，再生可能資源からの合成であることなどが，将来の応用に期待ができる．非常に画期的なコンセプトを基とした材料開発であり，出発原料を調整することでさまざまな特性を付与できることが期待できる．

㊷ 有機分子触媒による初のリビング重合

F. Nederberg, E. F. Connor, M. Möller, T. Glauser, J. L. Hedrick, "New Paradigms of Organocatalyst: The First Organocatalytic Living Polymerization," *Angew. Chem. Int. Ed.*, **40**, 2712 (2011).

MacMillanは有機分子触媒(organocatalyst)のコンセプトを2000年に提唱しており，本論文はその翌年の2001年に発表された．有機分子触媒による不斉合成に関してはその当時，急激に研究が展開されていたが，その一方で高分子分野においては未だに金属触媒重合が中心に研究が行われていた．本論文は有機分子触媒のコンセプトを高分子分野にあてはめた初の例であり，その後の有機分子触媒重合に関する研究の原点となった．Hedrickらは本論文で，ジメチルアミノピリジンを有機分子触媒として採用しており，ラクチドのリビング開環重合に成功している．現在では，他にもさまざまな有機塩基や有機酸がラクチドのリビング開環重合を触媒することが知られている．

㊸ 共鳴軟X線散乱によるブロック共重合体のミクロ相分離構造解析

C. Wang, D. H. Lee, A. Hexemer, M. I. Kim, W. Zhao, H. Hasegawa, H. Ade, T. P. Russell, "Defining the Nanostructured Morphology of Triblock Copolymers Using Resonant Soft X-ray Scattering," *Nano Lett.*, **11**, 3906 (2011).

Poly(1,4-isoprene)-*b*-polystyrene-*b*-poly(2-vinylpyridine)（PI-*b*-PS-*b*-PS2VP）トリブロック共重合体が形成するミクロ相分離構造において，PSをマトリックスにPIとP2VPがシリンダー状ドメインを形成する試料である．通常よく用いられる硬X線(波長～1Å)では，構成成分間の電子密度差(コントラスト)による色分けが困難であるため，PIとP2VPがどのような空間配置であるかは知ることができない．共鳴軟X線(Resonant Soft-X-ray：炭素のK吸収端近傍)を用いて，コントラストをつける手法によって見事にPIとP2VPの配置を決定したものである．散乱実験ではあるが，視覚的にもわかりやすくRSoXS(共鳴軟X線散乱)の有効性が理解できる．

Part III 役に立つ情報・データ

覚えておきたい ★ 関連最重要用語

Kramers–Kronig（クラマース・クロニッヒ）の関係式
光が入射することで物質が応答するという因果律から導かれる．物質の光学定数（屈折率や消衰係数）が決定されることを利用して，分光スペクトルに含まれる材料物性情報の定量的な解析を可能にする．周波数応答関数の実部か虚部のどちらか一方から，もう一方を計算で求められる．たとえば，複素誘電率や複素屈折率の実部と虚部を求めたり，原子散乱因子の実部と虚部を求めたりすることができる．

一軸引っ張り試験
試料を伸長したときの伸長量と荷重より，応力–ひずみ関係を得る試験方法．パラメータとして，ヤング率（引っ張り弾性率），破断強度，破断ひずみが得られる．

温度勾配相互作用クロマトグラフィー
吸着クロマトグラフィーの一種で，高分子をまずカラムに吸着させてからカラムの温度を上げて，徐々に溶出させることで分別するクロマトグラフィーである．ブロック共重合体の化学種によって分離可能であり，分子量に対しても高い分解能をもつ．

開環重合
環状化合物を開環させて直鎖状ポリマーを得る重合法のこと．環ひずみがドライビングフォースとなって重合が進行するため，環ひずみの小さい環状化合物は重合活性を示さない．開環重合活性を示す代表的なモノマーとしては，エポキシド，オキセタン，ラクトン，ラクタム，環状カーボネート，オキサゾリン，シクロアルケンなどがあげられる．

下限臨界溶液温度
下限臨界溶液温度（lower critical solution temperature：LCST）とは，ポリマーなどが溶媒に対して低温で溶解するが，昇温すると相分離を起こす現象．LCSTとは逆に高温で溶解して，低温で相分離する現象を上限臨界溶液温度（upper critical solution temperature：UCST）とよぶ．

希土類
元素の周期表で第三族にある，スカンジウム（Sc），イットリウム（Y）と原子番号57のランタン以下のランタノイド族の計17元素のこと．希土類は重合触媒などに利用されている．

共鳴軟X線散乱
ソフトマテリアルにおいては，X線散乱を元素（炭素，窒素，酸素）の吸収端近傍（約数百eV）で行うことで，物質間のコントラストを変化させることが可能となる手法である．また，この手法はX線吸収分光とX線散乱を足したような手法ともいえる．

共役・非共役モノマー
ラジカル重合を行う際の成長末端に共役構造があるものを，共役モノマー，共役構造のないものを非共役モノマーとよぶ．したがって，スチレンやメタクリル酸メチルは共役モノマーで，酢酸ビニルや塩化ビニルは非共役モノマーである．一般に成長末端の活性は，非共役モノマーのほうが共役モノマーよりも高い．

光線力学的療法
光線力学的療法（photodynamic therapy：PDT）とは，腫瘍親和性のある光増感剤を体内に投与した後，患部に光照射することで腫瘍組織を選択的に破壊する方法で，肺がん，胃がん，皮膚がんなどに対する治療が実用化されている．

高分子反応
高分子を原料に用いる反応の総称．狭義では，高分子どうしの連結を伴う高分子間での反応を指す．高分子反応には，小分子の脱離を伴う縮合反応や小分子の脱離を伴わない付加反応または環化付加反応などがある．

自己組織化
分子が各種分子内・分子間相互作用などにより集まることで，構造に秩序をもった構造体あるいは組織体が形成されること．ブロック共重合体のミクロ相分離構造の形成，結晶性高分子の結晶化（→結晶構造），タンパク質の高次構造形成，固体基板上の単分子膜形成などがある．

小角X線散乱
微小角領域におけるX線散乱強度の角度依存性を測定することで，1～100 nmの粒子，ミセルや相分離のサイズ（平均の大きさ，回転半径），形状（球，楕円体，棒状など），表面の粗さ（平滑度など），粒子間間隔などを求める方法である．

触媒移動型連鎖重合
ポリマー末端とモノマーとの伸長反応が，触媒のポリマー末端への移動を伴いながら進行する重合反応．横

APPENDIX

澤ら(神奈川大学)と McCullough ら(ハーバード大学)によってポリ(3-アルキルチオフェン)の合成において開発された．クロスカップリング反応を用いているにもかかわらず連鎖重合であり，条件によっては擬リビング的に進行する．さまざまなπ共役ポリマーの合成を，分子量や分子量分布，末端構造を制御して行うことができ，ブロック共重合体の合成にも広く応用されている．

粗視化モデル
高分子などの材料をシミュレーションする際に，物質を粗くみることで，必要と思われる要素のみを抽出して計算するためのモデル．粒子で構成されるモデルから，連続体のモデルまでさまざまなモデルが提案されている．

ソフトマター
ソフトマターとは，高分子，液晶，両親媒性分子，コロイド，生体分子，粘土などの物質群に対する総称である．これらの物質に共通する性質は文字通り柔らかいことであり，また構成単位が大きな内部自由度をもちひずみなど外部刺激に対して複雑な応答を示すため，基礎科学および応用の両面から大きな注目を集めている．

太陽光変換効率
太陽電池に入射した太陽光のエネルギー $P_{incident}$ に対して，最大取りだせる電力の割合．電池を短絡状態で得られる最大の電流密度(短絡電流密度) J_{SC}，開放状態で得られる最大の電圧(開放電圧) V_{OC}，曲線因子(フィルファクター) FF を用いて，$(J_{SC} \times V_{OC} \times FF)/P_{incident}$ と表される．

チェーンシャトリング共重合
異なる2種類の重合触媒とポリマー連鎖の移動剤を用いて複数のモノマーを反応させ，ポリマー連鎖を異なる2種類の触媒間で行き来させることにより，マルチブロックコポリマーを合成する手法．

電子線トモグラフィー
電子線トモグラフィーとは，透過電子顕微鏡を用いた三次元顕微像の再構成法の一つで，同一視野をさまざまな方向から投影された電子顕微鏡像をコンピュータの中で三次元像に再構成し，コンピュータを使って断層像(トモグラム)を作成する手法である．

動的架橋
プラスチックと未架橋のゴムを溶融混合しながらゴム成分を，架橋する方法である．ゴムは一般的に流動を生じない"静的"条件で架橋することに対して用いられる．なお，ゴム成分の一部が未架橋状態である材料を部分架橋型，完全に架橋した材料を完全架橋型とよぶことがある．

動的粘弾性測定
試料に微小な正弦振幅(引っ張りあるいはせん断など)を印加した際の印加波と応答波の振幅の変化と位相差から動的粘弾性関数を算出する．温度あるいは周波数を掃引することで，時空間階層的な分子運動のさまざまな情報が得られる．

動的光散乱
液中でブラウン運動している粒子の光散乱の散乱光は，ブラウン運動によって時間的に揺らいでいる．この揺らぎの自己相関関数を算出することで，粒子の拡散係数，径およびその分布を求める方法である．

熱可塑性エラストマー
室温でゴム弾性を示し，加熱条件下で流動性を示すことで成形加工可能な材料．ABA 型トリブロック共重合体(A＝ハードセグメント，B＝ソフトセグメント)やセグメント化ポリウレタンは，優れた破断伸びと引っ張り強度を示す熱可塑性エラストマーの一つである．

ハーフサンドイッチ型錯体
シクロペンタジエニル配位子を二つもつ錯体をサンドイッチ型錯体とよぶのに対し，この配位子を一つもつものをハーフサンドイッチ型錯体とよぶ．この錯体は立体的に配位不飽和になりやすく，高い反応性が期待できる．

パッキング長
一分子鎖が占める体積を，回転半径の二乗で除した値をパッキング長(packing length)という．凝集エネルギー密度や統計的セグメント長などとも関係付けられ，とくにポリオレフィンなどの相溶性予測に役立つ．なお，Helfand と Fetter らがそれぞれ別にパッキング長を定義しているが，基本的な考え方は同じであり，前者は後者の6倍となる．

反応誘起型相分離
未硬化段階の樹脂モノマーもしくはオリゴマーが改質剤ポリマーの溶媒となり均質化した系において，このモノマーおよびオリゴマーが硬化剤と反応する過程で相分離する現象．この相分離は樹脂と硬化剤が反応し，混合系の自由エネルギーが増加することにより引き起こされる．分子量増加や架橋による粘度上昇は，一方では相分離の成長を抑制する作用ももつ．つまり，相分離サイズがどこまでも拡大するのではなく，熱力学平衡状態に至る前にゲル化による相構造固定が生じる．

フォトニック結晶
異なる屈折率の物質を周期的に配列させた構造体のこと．フォトニックバンドギャップとよばれる電磁波(光)の侵入を許さない波長帯域(禁制帯域)を有し，最も単純な一次元フォトニック結晶では，層の厚み，層の屈折率に応じて特定波長の光を反射する．

APPENDIX

複素屈折率
X 線(電磁波)や中性子を物質に入射すると，表面で反射，屈折などの物理現象が起こる．その複素屈折率 n は，一般に次のように表現される．
$$n = 1 - \delta + i\beta$$
X 線の場合(r_0：古典電子半径，ρ_c：電子密度，μ：線吸収係数とすると)
$$\delta = \frac{r_0 \rho_c \lambda^2}{2\pi} \quad \beta = \frac{\mu\lambda}{4\pi}$$
中性子の場合〔N：原子数密度，b：散乱長，Nb：散乱長密度(scattering length density：SLD)，α_a：吸収断面積とすると〕
$$\delta = \frac{Nb\lambda^2}{2\pi} \quad \beta = \frac{N\alpha_a \lambda}{4\pi}$$
複素屈折率の実部と虚部(消衰係数)の間には，Kramers–Kronig(クラマース・クロニッヒ)の関係式が成り立つ．

ブロック共重合体
複数の異種高分子を共有結合でつないで得られる共重合体のこと．異種高分子成分間での斥力が大きいと成分間は互いに嫌い合って離れようとするが，化学結合によって強制的につながれているために分子サイズ(10〜100 nm)程度の周期構造(ミクロ相分離構造)を自発的に形成する．

分子動力学法
計算機シミュレーションの一つの方法で，個々の原子の座標と速度の時間変化を解く．分子の形態と運動が出力され，それに基づいて物質の熱物性や機械的物性も得られる．量子論的効果は考えないことが多い．

マルチブロック共重合体
複数のブロックの繰り返しより構成されるブロック共重合体をマルチブロック共重合体とよぶ．代表的なものに水素結合で凝集するハードセグメントブロックと，ガラス転移温度の低いソフトセグメントブロックからなるセグメント化ポリウレタンがあり，ハードセグメントブロックが凝集したドメインが架橋点として働き，優れた弾性体としてさまざまな応用がなされている．

ミクトアームスター共重合体
2 種類以上の異なるポリマーセグメントが，一つの原子あるいは分子団を核として 3 本以上結合した星型高分子の総称．「ミクト，Mikto」はギリシャ語で「混ざる」を意味する．非対称スター共重合体やヘテロアームスター共重合体とよばれることもある．

ミクロ相分離構造
ブロック共重合体が自発的に形成する数ナノ〜百ナノメートルスケールの相分離構造のこと．構造周期サイズが微視的であることからミクロ相分離構造とよばれてきた．最近ではナノ相分離という表現も見られる．体積分率，分子量，成分間の相互作用などに応じて，ラメラ状，共連続，柱状，球状などの界面形態をとる．

ミセル
一分子の中に相反する性質の異なる成分を併せもつ分子が，溶液中で形成する組織化された構造．たとえば，親・疎水性ブロックからなるジブロック共重合体の場合，水中では，外側の親水ブロック成分が内側の疎水ブロック成分を包み込むような凝集構造が形成される．

有機分子触媒
金属元素を含まず，水素，酸素，炭素，硫黄，リンなどの元素で構成された触媒活性を示す有機分子の総称．2000 年ごろから有機合成の分野で確立されてきたコンセプトである．2001 年に Hedrick らがジメチルアミノピリジンを触媒としたラクチドのリビング重合を報告して以降，多数の有機分子触媒重合が検討された．これまでに，各種開環重合やグループ移動重合などに有効な有機分子触媒が多数見いだされている．

リビング重合
リビング重合とは，重合反応の中でも，移動反応・停止反応などの副反応を伴わない重合のことである．リビング重合の特徴としては，ポリマーの生長末端は常に重合活性であるため，モノマーが完全に消費されたあと新たにモノマーを加えると重合がさらに進行すること，鎖の長さのそろったポリマーが得られること，などの点がある．この末端が重合活性な性質を利用してブロック共重合体が合成されている．連鎖重合系の活性種としてはアニオン，カチオン，ラジカルがある．

臨界状態クロマトグラフィー
固定相(カラム)と移動相(溶離液)におけるエントロピー差とエンタルピー差がちょうど打ち消しあって，溶出時間に分子量依存性がなくなる状態(臨界状態)で行うクロマトグラフィーをいう．ブロック共重合体において，一方のブロックの臨界状態で分析を行えば，他方のブロックに対してだけ分離・分析ができる．

励起子
有機半導体に光を照射すると，光子を吸収して分子内の電子がよりエネルギーの高い状態に励起される．この励起状態は仮想的に分子内に形成した電荷対の粒子(励起子)として扱うことができ，生成から短い間(ピコ秒〜ナノ秒)程度の寿命の間に薄膜中を数〜10 nm の距離を拡散する．

APPENDIX

Part III 役に立つ情報・データ

知っておくと便利！関連情報

1 おもな本書執筆者のウェブサイト (所属は2018年4月現在)

彌田　智一
同志社大学ハリス理化学研究所専任研究所員
http://harris-riken.doshisha.ac.jp/

上垣外　正己
名古屋大学大学院工学研究科
http://chembio.nagoya-u.ac.jp/labhp/polymer2/

岸　肇
兵庫県立大学大学院工学研究科
http://www.eng.u-hyogo.ac.jp/group/group41/index.html

高原　淳/小椎尾　謙
九州大学先導物質化学研究所
http://takahara.ifoc.kyushu-u.ac.jp/index.html

佐藤　尚弘
大阪大学大学院理学研究科
http://www.chem.sci.osaka-u.ac.jp/lab/sato/

佐藤　敏文/磯野　拓也
北海道大学大学院工学研究院
http://poly-bm.eng.hokudai.ac.jp/mol/

陣内　浩司
東北大学多元物質科学研究所
http://etomo.tagen.tohoku.ac.jp/php/jinnailab

高橋　倫太郎
北九州市立大学国際環境工学部
http://www.sakurai-lab.jp/index.php

竹中　幹人
京都大学化学研究所
http://www.scl.kyoto-u.ac.jp/~polymat/index.html

但馬　敬介
国立研究開発法人理化学研究所創発物性科学研究センター
http://empoly.riken.jp/index.html

田中　敬二
九州大学大学院工学研究院
http://www.cstf.kyushu-u.ac.jp/~tanaka-lab/

谷口　育雄
九州大学カーボンニュートラル・エネルギー国際研究所
http://i2cner.kyushu-u.ac.jp/~ikuot/

手塚　育志
東京工業大学物質理工学院
http://www.op.titech.ac.jp/lab/tezuka/ytsite/index.html

松下　裕秀/野呂　篤史
名古屋大学大学院工学研究科
http://morpho.apchem.nagoya-u.ac.jp/index.html

早川　晃鏡
東京工業大学物質理工学院
http://www.op.titech.ac.jp/lab/hayakawa/jpn/index.html

比嘉　充
山口大学大学院創成科学研究科
http://piano.chem.yamaguchi-u.ac.jp/

東原　知哉
山形大学大学院有機材料システム研究科
http://higashihara-lab.yz.yamagata-u.ac.jp
https://polymorg.yz.yamagata-u.ac.jp/laboratory/all/labo_e/

侯　召民/西浦　正芳
理化学研究所侯有機金属化学研究室
http://www.riken.jp/lab-www/organometallic/index.html

松田　靖弘
静岡大学学術院工学領域
https://wwp.shizuoka.ac.jp/matsuda-yasuhiro/

森田　裕史
産業技術総合研究所 機能材料機能材料コンピュテーショナルデザイン研究センター
https://staff.aist.go.jp/h.morita/

APPENDIX

山口　政之
北陸先端科学技術大学院大学マテリアルサイエンス系
http://www.jaist.ac.jp/ms/labs/yamaguchi/index.html

山本　勝宏
名古屋工業大学大学院工学研究科
http://yamamotolab.web.nitech.ac.jp/

遊佐　真一
兵庫県立大学大学院工学研究科
http://www.eng.u-hyogo.ac.jp/msc/yusa/

❷ 読んでおきたい洋書・専門書

[1] C. Hepburn, "Polyurethane Elastomers, 2nd Ed.", Elsevier Science Publishers, (1992).
[2] 高分子学会編『ポリマーアロイ〔第2版〕基礎と応用』，東京化学同人（1993）．
[3] L. H. Sperling, "Polymeric Multicomponent Materials: An Introduction," Wiley/VCH (1997).
[4] I. W. Hamley, "The Physics of Block Copolymers," Oxford University Press (1998).
[5] L. F. Fieser, K. L. Williamson, "Organic Experiments, 8th ed.," Houghton Mifflin (1998).
[6] R.-J. Roe "Methods of X-Ray and Neutron Scattering in Polymer Science (Topics in Polymer Science)," Oxford University Press (2000).
[7] "Amphiphilic Block Copolymers," ed. by P. Alexandridis, B. Lindman, Elsevier (2000).
[8] Y. Osada, A. R. Khokhlov, "Polymer Gels and Networks," CRC Press (2001).
[9] G. D. Christian, "Analytical Chemistry, 6th ed.," Wiley (2003).
[10] "Block Copolymers in Nanoscience," ed. by M. Lazzari, G. Liu, S. Lecommandoux, Wiley-VCH (2006).
[11] "Materials Science of Membranes for Gas and Vapor Separation," ed. by Y. Yampolskii, I. Pinnau, B. Freeman, John Wiley & Sons (2006).
[12] L. Sawyer, D. T. Grubb, G. F. Meyers, "Polymer Microscopy," Springer (2008).
[13] "Handbook of RAFT Polymerization," ed. by C. Barner-Kowollik, Wiley-VCH (2008).
[14] "Soft-Matter Characterization," ed. by R. Borsali, R. Pecora, Springer (2008).
[15] "Controlled and Living Polymerizations," ed. by A. H. E. Müller, K. Matyjaszewski, Wiley-VCH (2009).
[16] "Handbook of Ring-Opening Polymerization," ed. by P. Dubois, O. Coulembier, J.-M. Raquez, Wiley-VCH (2009).
[17] Y. Tanaka, "Ion Exchange Membrane Electrodialysis: Fundamentals, Desalination, Separation (Water Resource Planning, Development and Management)," Nova Science Pub. (2010).
[18] "Complex Macromolecular Architectures: Synthesis, Characterization, and Self-Assembly," ed. by N. Hadjichristidis, A. Hirao, Y. Tezuka, F. D. Prez, John Wiley & Sons (2011).
[19] R. W. Baker, "Membrane Technology and Applications, 3rd Ed.," John Wiley & Sons (2012).
[20] "Topological Polymer Chemistry: Progress of cyclic polymers in synthesis, properties and functions," ed. by Y. Tezuka, World Scientific (2013).
[21] R. Singh, "Membrane Technology and Engineering for Water Purification: Application, Systems Design and Operation, 2nd Ed.," Butterworth-Heinemann (2014).
[22] "Anionic Polymerization: Principles, Practice, Strength, Consequences and Applications," ed. by N. Hadjichristidis, A. Hirao, Springer (2015).
[23] Y. Tanaka, "Ion Exchange Membranes: Fundamentals and Applications (Membrane Science and Technology 12), 2nd Ed.," Elsevier Science (2015).
[24] "Miktoarm Star Polymers: From Basics of Branched Architecture to Synthesis, Self-assembly and Applications (Polymer Chemistry Series)," ed. by A. Kakkar, Royal Society of Chemistry (2017).
[25] "Conjugated Objects: Development, Synthesis, and Applications," ed. by A. Nagai, K. Takagi, Pan Stanford

Publishing (2017).

[26] 橋本竹治,『X線・光・中性子散乱の原理と応用』, 講談社サイエンティフィク (2017).

❸ 有用 HP およびデータベース

Polymer Chemistry
http://pubs.rsc.org/en/journals/journalissues/py#!recentarticles&adv

Soft Matter
http://www.rsc.org/journals-books-databases/about-journals/soft-matter

Polymer Journal
https://www.nature.com/pj/

高分子論文集
https://www.jstage.jst.go.jp/browse/koron/-char/ja/

日本顕微鏡学会
http://microscopy.or.jp

日本放射光学会
http://www.jssrr.jp

接着学会
http://www.adhesion.or.jp

日本ゴム協会
https://www.srij.or.jp/

日本レオロジー学会
http://www.srj.or.jp/

アメリカ化学会高分子化学部門
http://www.polyacs.org/Home

アメリカ化学会高分子材料工学部門
http://pmse.sites.acs.org

アメリカ物理学会高分子物理部門
https://www.aps.org/units/dpoly/

SPring-8
http://www.spring8.or.jp/ja/

日本プラスチック工業連盟
http://www.jpif.gr.jp

NIST center for Neutron Research
https://www.ncnr.nist.gov/

J-PARC
http://j-parc.jp/researcher/index.html

KEK
http://www.kek.jp/ja/index.html

GISAXS and GIWAXS tutorial
https://www.classe.cornell.edu/~dms79/gisaxs/GISAXS.html

有機化合物のスペクトルデータベース SDBS
http://sdbs.db.aist.go.jp/sdbs/cgi-bin/cre_index.cgi

特許情報プラットフォーム
https://www.j-platpat.inpit.go.jp/web/all/top/BTmTopPage

PolyInfo NMR データベース
http://polymer.nims.go.jp/NMR/

Macromolecules
https://pubs.acs.org/journal/mamobx

Langmuir
https://pubs.acs.org/journal/langd5

高分子学会
http://main.spsj.or.jp

化学工学会
http://www.scej.org

日本化学会
http://www.chemistry.or.jp

日本膜学会
http://www.maku-jp.org/index.html

繊維学会
http://www.fiber.or.jp/jpn/index.html

日本 DDS 学会
http://square.umin.ac.jp/js-dds/

索　引

●英数字

ABCトリブロック共重合体	27
ABジブロック共重合体	21
ADPA	188
AFM(atomic force microscope)	85
9,10-anthracenedipropionic acid	188
ATRP(atom transfer radical polymerization)法	86
CCS(CO$_2$ Capture & Storage)	179
C–H結合重付加反応	75
CM膜	181
CO$_2$回収貯留技術	179
DDS(drug delivery system)	184
DG構造	118
DLS(dynamic light scattering)測定	187
double gyroid構造	118
DSAリソグラフィー	93, 94
EPR(enhanced permeability and retention)効果	184
ESA-CF(electrostatic self-assemble and covalent fixation)法	86
Fddd構造	23
fill factor(FF)	154
Gibbsエネルギー	33
hard X-ray	127
Huisgen環化付加反応	81
J_{SC}	151
K$_{3,3}$グラフ構造	91
Kiessigフリンジ	130, 138
Kramers-Kronig式	126
$kyklo$-telechelics	87
Langmuir-Blodgett膜	136
LCST(lower critical solution temperature)	58, 184
MADIX(macromolecular design via interchange of xanthate)	185
N_{agg}	187
NHC(N-heterocyclic carbene)	85
NR法	135, 136, 141
N-カルボキシ-α-アミノ酸無水物	62
OCTA(Open Computational Tools for Advanced materials design)	7, 94, 95
Ohta-Kawasaki理論	7, 43
organotellurium-mediated radical polymerization	185
PEBAX	180
PEOシリンダー	147, 148
photodynamic therapy(PDT)	184
RAFT(reversicle addition-fragmentation chain transfer)法	86
ROP(ring-opening polymerization)法	86
SCF法	94
SFGスペクトル	140
SFG分光	135
size exclusion chromatography	91
SLS(static light scattering)測定	187
soft X-ray	127
SPR	135, 141
SUSHI(Simulation Utilities for Soft and Hard Interfaces)	7
X線吸収端微細構造	131
X線光子相関分光法	124
π共役系高分子	79

●あ

圧縮永久ひずみ	168
アニオン開環重合	60
アニオン重合	40
アニソール	75
イオン液体	161
イオン交換膜	180
異常散乱	124
異常小角X線散乱	125
異常分散	124
一軸引っ張り試験	111, 107
一分子鎖分布	97
液晶ブロック共重合体	146, 147
液体分離膜	179
液体力学的半径	103
エポキシ	171, 174, 175
エラストマー	107, 110, 111, 113, 114
応力―ひずみ曲線	108～110
温度勾配相互作用クロマトグラフィー	101

●か

開環重合	55, 56
会合数	187
回転半径	103
外場応答性	163
外部刺激応答性	182
開放電圧	152
界面偏析	135
開裂重合法	86
可逆的付加開裂連鎖移動法	86
拡散係数	178
下限臨界溶液温度	184
可視光	160
カチオン性	70
活性酸素	184
活性種変換	16
カップリング反応	79
過渡吸収スペクトル	154
カプロラクトン	72
可溶化フラーレン化合物	151

索　引

ガラス転移点　153
感圧接着剤　57
環拡大重合　84, 85
環—鎖ブロック共重合体　88
環状エステル　56
環状カーボネート　58
環状高分子　84
気液分離膜　179
吸収端　125
強靱化　175, 176
共鳴軟X線散乱　127
熊田触媒移動型重縮合　79
クラマース・クロニッヒ式　126
クリック　19, 63, 86
結合様式　78
結晶配向性　80
原子間力顕微鏡　85, 152
原子散乱因子　125
高エネルギー加速器研究機構　130
光学多層膜　158
高次構造形成　20
較正曲線　102
光線力学的療法　184
構造—構造転移　119
構造周期　158
降伏応力　169
高分子環化手法　84
高分子薄膜　129
高分子反応　76
固有粘度　103
混合バルクヘテロ接合　151
コントラスト変調法　125

●さ

サイズ排除クロマトグラフィー　91, 100, 101
材料科学　142
散逸粒子動力学法　94
散乱長　125
散乱ベクトル　137
刺激応答性ジブロック共重合体　184
自己集合　32, 34
自己組織化　26, 53, 93
自己無撞着場法　94, 98
ジブロック共重合体の相図　22
脂肪酸ポリエステル　56
脂肪酸ポリカーボネート　58
斜入射共鳴軟X線散乱　131
斜入射小角散乱法　123
斜入射小角X線散乱法　129
重縮合　42
縮合形多環トポロジー　90
準結晶　28
小角X線散乱　123, 152

小角中性子散乱　123
触媒移動型連鎖重合反応　153
自立膜　147
シングルサイト触媒　70
シンジオタクチックポリスチレン　71
靱性　175, 176
水素核スピン偏極　133
ステレオコンプレックス　57
ステレオブロック共重合体　57
スピロ形多環トポロジー　89
スマートメンブレン　148
静的光散乱測定　187
精密合成技術　12
精密ラジカル重合　51, 52, 53
絶対分子量　102
選択透過性　178
全反射臨界角　130
相互作用クロマトグラフィー　100, 101
走査型透過電子顕微鏡法　120
相図　22
相分離　20, 80
相溶　80, 165, 173
粗視化モデル　94
塑性ひずみ　170

●た

耐熱性エラストマー　72
多階層シミュレーション　95
多角度光散乱計　104
単層膜　138
短絡電流密度　151
チェーンシャトリング　74
秩序無秩序転移　20, 29
チャネル形成　182
中性子反射率法　135, 136
超小角X線散乱　162
テレケリクス　86
テンプレートプロセス　144〜146, 148
透過型電子顕微鏡　117, 152, 161
透過型電子線トモグラフィー　117
動的架橋法　164
動的損失弾性率　110, 112
動的貯蔵弾性率　110, 112
動的粘弾性　107, 110〜112, 168
動的光散乱測定　187
トポロジーブロック共重合体　88
ドラッグデリバリーシステム　184

●な

ナノ相分離構造　158
ナフィオン　140, 180
軟X線　127
二次元クロマトグラフィー　101

209

索　引

熱可塑性エラストマー	57, 58, 72, 77, 164
燃料電池用プロトン交換膜	180

●は

バイオ材料	45
バイオマス	63
ハイブリッド形多環トポロジー	92
薄膜	135
薄膜ミクロ相分離構造の解析	139
破断強度	107, 108
破断ひずみ	107, 108
バルクヘテロ接合型	80
反射率測定	162
半導体エラストマー	81
反応性環状高分子	87
反応誘起型相分離	172, 173
光増感剤	184
非相溶	173
非溶媒界面構造解析	139
表面プラズモン共鳴	135
フィルファクター	154
フォトニック結晶	157
付加重合	50～52, 56
不揮発性	161
複素屈折率	127
含窒素ヘテロ環カルベン	85
部分選択的エッチング	181
普遍較正曲線	104
プラスミドDNA	189
ブラッグミラー	158
ブリッジ形多環状トポロジー	88
フローリー–ハギンスχパラメータ	95
ブロック共重合体	13, 50～51, 53, 55～56, 76, 123, 157
ブロック共重合体リソグラフィー	44, 54, 56
プロトン性イオン液体	159
プロトン性溶媒	162
分岐ポリマー	76
分子キャラクタリゼーション	30
分子モンテカルロ法	94, 95, 96
分子量	78
ヘキサゴナルシリンダー構造	143
ヘテロ二官能性開始剤	16
偏析	135
ペンタジエン	73
放射光	124
星形ポリマー	61
ボトルブラシブロック共重合体	159
ポリ(3-ヘキシルチオフェン)	79
ポリアミノ酸	62
ポリエーテル	60
ポリカプロラクトン	56
ポリスチレン構造解析	139
ポリ乳酸	56
ポリプロピレン	164
ポリマーカップリング	16
ポリマーブレンド	171

●ま

末端官能基化ポリマー	61
マルチブロック共重合体	74, 107, 108, 109
ミクトアームスター共重合体	82
ミクロ相分離	43, 52～57, 107～109, 111, 123, 143, 153
ミセル	35, 36
無機フィラー	162
無秩序状態	21, 22, 29
メタセシス反応	86
モザイク荷電構造	181
モルフォロジー	23, 27, 83

●や

ヤング率	107, 109
有機太陽電池材料	79
有機薄膜太陽電池	151
有機分子触媒重合	56
溶解・拡散モデル	178

●ら

ラジカル重合	41
ラメラ構造	139, 161
力学物性	106, 109
リサイクルSEC	91
リチウムイオン電池用高分子電解質	180
立体規則性	70
リビング重合	15, 50, 51, 56, 77, 78
リビング性	72
流束	178
流動特性	164
両親媒性ジブロック共重合体	184
臨界状態クロマトグラフィー	101
レオロジー	111, 112
連鎖移動反応	60

●わ

和周波発生分光	135

◆ 執筆者紹介 ◆

(敬称略，50音順)

石曽根 隆（いしぞね たかし）
東京工業大学物質理工学院教授〔博士（工学）〕
1963年 埼玉県生まれ
1989年 東京工業大学大学院工学研究科博士課程中途退学
〈研究テーマ〉「高分子合成」「アニオン重合」

侯 召民（こう しょうみん）
理化学研究所侯有機金属化学研究室主任研究員〔工学博士〕
1961年 中国山東省生まれ
1989年 九州大学大学院工学研究科博士課程修了
〈研究テーマ〉「有機金属化学」「高分子合成化学」「有機合成化学」

磯野 拓也（いその たくや）
北海道大学大学院工学研究院助教〔博士（工学）〕
1988年 北海道生まれ
2014年 北海道大学大学院総合化学院博士後期課程修了
〈研究テーマ〉「有機分子触媒による精密重合法の開発」「特殊構造高分子の精密合成と物性評価」

小椎尾 謙（こじお けん）
九州大学先導物質化学研究所准教授〔博士（工学）〕
1972年 福岡県生まれ
1999年 九州大学大学院工学研究科博士課程修了
〈研究テーマ〉「高分子材料科学」

犬束 学（いぬつか まなぶ）
九州大学大学院工学研究院特任助教〔博士（科学）〕
1986年 東京都生まれ
2013年 東京大学大学院新領域創成科学研究科博士課程修了
〈研究テーマ〉「高分子の構造・物性」

佐藤 尚弘（さとう たかひろ）
大阪大学大学院理学研究科教授〔理学博士〕
1957年 大阪府生まれ
1985年 大阪大学大学院理学研究科博士後期課程単位取得退学
〈研究テーマ〉「高分子溶液学」

彌田 智一（いよだ ともかず）
同志社大学ハリス理化学研究所教授〔工学博士〕
1956年 大阪府生まれ
1984年 京都大学大学院工学研究科博士課程修了
〈研究テーマ〉「膜材料科学」

佐藤 敏文（さとう としふみ）
北海道大学大学院工学研究院教授〔博士（工学）〕
1968年 北海道生まれ
1996年 北海道大学大学院工学研究科博士後期課程修了
〈研究テーマ〉「新規精密重合法の開発」「精密重合法による特殊構造高分子の合成」「構造制御されたナノ構造体の調製」

上垣外 正己（かみがいと まさみ）
名古屋大学大学院工学研究科教授〔博士（工学）〕
1965年 愛知県生まれ
1993年 京都大学大学院工学研究科博士後期課程修了
〈研究テーマ〉「精密制御重合系の開発」「精密高分子合成に基づく機能性高分子設計」「新規バイオベースポリマーの開発」

陣内 浩司（じんない ひろし）
東北大学多元物質科学研究所教授〔博士（工学）〕
1965年 大阪府生まれ
1993年 京都大学大学院工学研究科博士後期課程修了
〈研究テーマ〉「自己組織化ソフトマテリアルの作製」「電子顕微鏡を用いた構造解析」

岸 肇（きし はじめ）
兵庫県立大学大学院工学研究科教授〔工学博士〕
1961年 大阪府生まれ
1986年 京都大学大学院農学研究科修士課程修了
〈研究テーマ〉「高分子材料工学」「複合材料工学」「接着工学」

高野 敦志（たかの あつし）
名古屋大学大学院工学研究科准教授〔工学博士〕
1963年 新潟県生まれ
1991年 東京工業大学大学院理工学研究科博士課程修了
〈研究テーマ〉「環状高分子の溶液物性と粘弾性」「ブロック共重合体の凝集構造制御」

執筆者紹介

高橋 倫太郎（たかはし　りんたろう）
北九州市立大学大学院国際環境工学研究科博士研究員（理学博士）
1987年　埼玉県生まれ
2016年　大阪大学大学院理学研究科博士後期課程修了
〈研究テーマ〉「高分子溶液物性」

手塚 育志（てづか　やすゆき）
東京工業大学物質理工学院教授（工学博士）
1953年　京都府生まれ
1982年　東京大学大学院工学系研究科博士課程中途退学
〈研究テーマ〉「高分子トポロジー化学」

高原 淳（たかはら　あつし）
九州大学先導物質化学研究所・主幹教授（工学博士）
1955年　長崎県生まれ
1983年　九州大学大学院工学研究科博士課程修了
〈研究テーマ〉「高分子の階層構造と物性」「ソフト界面の科学」

西浦 正芳（にしうら　まさよし）
理化学研究所侯有機金属化学研究室，同研究所環境資源科学研究センター先進機能触媒研究グループ専任研究員（博士（理学））
1971年　北海道生まれ
2000年　千葉大学大学院自然科学研究科博士課程修了
〈研究テーマ〉「有機金属化学」「高分子合成化学」「有機合成化学」

竹中 幹人（たけなか　みきひと）
京都大学化学研究所教授（博士（工学））
1963年　愛知県生まれ
1992年　京都大学大学院工学研究科博士後期課程単位取得退学
〈研究テーマ〉「自己組織化による高性能高分子材料の創製」

野呂 篤史（のろ　あつし）
名古屋大学大学院工学研究科講師（博士（工学））
1978年　三重県生まれ
2006年　名古屋大学大学院工学研究科博士課程後期課程修了
〈研究テーマ〉「非共有結合性ソフト高分子材料，高分子ハイブリッド材料の設計・創製」

但馬 敬介（たじま　けいすけ）
国立研究開発法人理化学研究所創発物性科学研究センター チームリーダー（博士（工学））
1974年　徳島県生まれ
2002年　東京大学大学院工学系研究科博士課程修了
〈研究テーマ〉「ポリマー半導体合成」「ポリマー太陽電池」「有機界効果トランジスタ」

早川 晃鏡（はやかわ　てるあき）
東京工業大学物質理工学院教授（博士（工学））
1971年　愛知県生まれ
2000年　山形大学大学院理工学研究科博士後期課程修了
〈研究テーマ〉「高分子合成」「高分子薄膜」「自己組織化材料」

田中 敬二（たなか　けいじ）
九州大学大学院工学研究院教授（博士（工学））
1970年　福岡県生まれ
1997年　九州大学大学院工学研究科博士後期課程修了
〈研究テーマ〉「高分子物性」「界面科学」

比嘉 充（ひが　みつる）
山口大学大学院創成科学研究科教授（工学博士）
1961年　沖縄県生まれ
1991年　東京工業大学大学院理工学研究科博士課程修了
〈研究テーマ〉「高機能性イオン交換膜の開発」「分離膜用機能材料の開発」

谷口 育雄（たにぐち　いくお）
九州大学カーボンニュートラル・エネルギー国際研究所准教授（工学博士）
1969年　大阪府生まれ
1999年　京都大学大学院工学研究科博士課程修了
〈研究テーマ〉「低温成形性高分子」「生分解性高分子材料」「ガス分離膜」「CO_2分離回収」

東原 知哉（ひがしはら　ともや）
山形大学大学院有機材料システム研究科准教授（博士（工学））
1977年　香川県生まれ
2005年　東京工業大学大学院理工学研究科博士課程修了
〈研究テーマ〉「高分子反応・π共役系高分子の精密合成」「半導体エラストマーの開発」

CSJ Current Review 29

構造制御による革新的ソフトマテリアル創成
―― ブロック共重合体の精密階層制御・解析・機能化

2018年5月28日　第1版第1刷　発行

編著者　公益社団法人日本化学会
発行者　曽　根　良　介
発行所　株式会社化学同人

JCOPY　〈(社)出版者著作権管理機構委託出版物〉

本書の無断複写は著作権法上での例外を除き禁じられています．複写される場合は，そのつど事前に，(社)出版者著作権管理機構（電話 03-3513-6969，FAX 03-3513-6979，e-mail: info@jcopy.or.jp）の許諾を得てください．

本書のコピー，スキャン，デジタル化などの無断複製は著作権法上での例外を除き禁じられています．本書を代行業者などの第三者に依頼してスキャンやデジタル化することは，たとえ個人や家庭内の利用でも著作権法違反です．

〒600-8074　京都市下京区仏光寺通柳馬場西入ル
編集部　TEL 075-352-3711　FAX 075-352-0371
営業部　TEL 075-352-3373　FAX 075-351-8301
　　　　　　　　　　　　振　替　01010-7-5702
E-mail　webmaster@kagakudojin.co.jp
URL　https://www.kagakudojin.co.jp
印刷・製本　日本ハイコム㈱

Printed in Japan © The Chemical Society of Japan 2018　無断転載・複製を禁ず　ISBN978-4-7598-1389-0
乱丁・落丁本は送料小社負担にてお取りかえいたします．

執筆者紹介

平井 智康（ひらい　ともやす）
大阪工業大学応用化学科特任准教授〔博士（工学）〕
1981年 山梨県生まれ
2010年 東京工業大学大学院理工学研究科博士後期課程修了
〈研究テーマ〉「イオン重合を基盤とした新規高分子界面創成」「放射光を利用した高分子階層構造解明」

山口 政之（やまぐち　まさゆき）
北陸先端科学技術大学院大学マテリアルサイエンス系教授（工学博士）
1964年 富山県生まれ
1989年 京都大学大学院工学研究科修士課程修了
〈研究テーマ〉「高分子成形加工とレオロジー」

松下 裕秀（まつした　ゆうしゅう）
名古屋大学理事・副総長，同大学院工学研究科教授（工学博士）
1954年 愛知県生まれ
1982年 名古屋大学大学院工学研究科博士後期課程修了
〈研究テーマ〉「複合高分子系の設計とモルフォロジー制御」

山本 勝宏（やまもと　かつひろ）
名古屋工業大学大学院工学研究科准教授（工学博士）
1971年 石川県生まれ
1999年 名古屋工業大学大学院工学研究科博士後期課程修了
〈研究テーマ〉「多波長X線利用による高分子薄膜の構造解析」

松田 靖弘（まつだ　やすひろ）
静岡大学学術院工学領域准教授〔博士（理学）〕
1979年 静岡県生まれ
2006年 大阪大学大学院理学研究科博士課程修了
〈研究テーマ〉「高分子会合体・ゲルの構造解析」「高分子表面コーティング」

遊佐 真一（ゆさ　しんいち）
兵庫県立大学大学院工学研究科准教授〔博士（理学）〕
1969年 神奈川県生まれ
1997年 大阪大学大学院理学研究科博士後期課程中途退学
〈研究テーマ〉「水溶性高分子の精密合成」

森田 裕史（もりた　ひろし）
産業技術総合研究所 機能材料コンピューテーショナルデザイン研究センター研究チーム長〔博士（工学）〕
1969年 兵庫県生まれ
1997年 京都大学大学院工学研究科博士後期課程修了
〈研究テーマ〉「ソフトマター物理（おもに表面・界面）」

横山 英明（よこやま　ひであき）
東京大学大学院新領域創成科学研究科 物質系専攻准教授（Ph.D）
1965年 東京都生まれ
1999年 コーネル大学大学院材料科学専攻博士課程修了
〈研究テーマ〉「ブロック共重合体などの自己組織化と応用研究」